高等学校文科类专业"十一五"计算机规划教材

根据《高等学校文科类专业大学计算机教学基本要求》组织编写

丛书主编　卢湘鸿

Access 2010数据库应用教程

李湛　主编

清华大学出版社

北京

内 容 简 介

本书针对高等院校文科类计算机课程教学的基本要求及非计算机专业学生的特点,从数据库的基础理论开始,由浅入深、循序渐进地介绍了 Access 2010 各种对象的功能及创建方法。全书共分 9 章,分别介绍了数据库的基本知识、数据库和表的基本操作、查询的创建与应用、关系数据库标准语言 SQL 的基础知识和基本操作、窗体的创建与控件的应用、报表的创建与应用、宏的创建与应用、模块的基础知识与简单编程技巧、数据库安全的基础知识和基本操作。

本书体系完整、结构清晰,在介绍基本理论的同时,通过对大量典型示例的讲解,增强知识的应用性和可操作性。本书既可以作为高等院校本科、高职学生学习数据库应用技术课程的教材,也可以作为全国计算机等级考试二级 Access 的培训或自学用书。

图书在版编目(CIP)数据

Access 2010 数据库应用教程/李湛主编.--北京:清华大学出版社,2013(2023.12重印)
高等学校文科类专业"十一五"计算机规划教材
ISBN 978-7-302-31887-3

Ⅰ. ①A… Ⅱ. ①李… Ⅲ. ①关系数据库系统－高等学校－教材 Ⅳ. ①TP311.138

中国版本图书馆 CIP 数据核字(2013)第 074839 号

责任编辑:谢 琛 李 晔
封面设计:常雪影
责任校对:李建庄
责任印制:沈 露

出版发行:清华大学出版社
   网 址:https://www.tup.com.cn,https://www.wqxuetang.com
   地 址:北京清华大学学研大厦 A 座   邮 编:100084
   社 总 机:010-83470000   邮 购:010-62786544
   投稿与读者服务:010-62776969,c-service@tup.tsinghua.edu.cn
   质量反馈:010-62772015,zhiliang@tup.tsinghua.edu.cn
   课件下载:https://www.tup.com.cn,010-62795954
印 装 者:三河市龙大印装有限公司
经 销:全国新华书店
开 本:185mm×260mm 印 张:20.25 字 数:505 千字
版 次:2013 年 7 月第 1 版 印 次:2023 年 12 月第 12 次印刷
定 价:59.00 元

产品编号:047837-03

本书编委会

主　编：李　湛

副主编：于　平　刘　丽　戴　红

委　员：王　琦　马　涛　魏　威

　　　　魏绍谦　杨凤娟　庄延峰

前　言

计算机科学的发展极大地加快了社会信息化的进程。数据库技术已经广泛应用于各个领域。学习和掌握数据库的基本知识和基本操作,利用数据库系统进行数据处理是大学生必须具备的能力之一。针对非计算机专业学生的特点,我们组织编写了本教材。

Access 关系型数据库管理系统是 Microsoft Office 的一个组件。Access 与许多优秀的关系数据库管理系统一样,可以有效地组织、管理和共享数据库的信息,并将数据库与Web 结合在一起。

本书重点介绍了 Access 2010 关系型数据库管理系统的各项功能和操作方法。

本书共分 9 章,从数据库的基础理论开始,由浅入深、循序渐进地介绍了 Access 2010各种对象的功能及创建方法。

- 第 1 章主要介绍数据库的基础知识、数据模型、关系型数据库、关系运算及数据库系统设计的一般步骤。
- 第 2 章主要介绍数据库和表的一般创建方法,详细介绍了 Access 2010 数据库中表的基本操作。
- 第 3 章主要介绍利用查询向导和查询设计视图来创建选择查询(包括简单查询、条件查询、统计查询、查找重复项查询和查找不匹配项查询)、参数查询、添加计算列查询、交叉表查询、操作查询和 SQL 查询。
- 第 4 章主要介绍数据库标准语言——结构化查询语言 SQL 的功能及用法。
- 第 5 章主要介绍 Access 2010 中窗体设计及窗体中控件的使用。
- 第 6 章主要介绍 Access 2010 中报表的创建与编辑等功能。
- 第 7 章主要介绍 Access 2010 中宏和宏组的基本概念,宏和宏组的创建、调试和运行方法。
- 第 8 章主要介绍 Access 2010 中模块和 VBA 的基础知识和基本操作。
- 第 9 章主要介绍 Access 2010 中数据库安全的基础知识,创建数据库访问密码、压缩和恢复数据库、创建签名包、提取和使用签名包、更改注册表项和在 Access 2010 中数字签名的使用等操作功能。

本教材获得北京联合大学"十二五"规划教材建设项目资助,由北京联合大学的李湛、王琦、马涛、魏威、魏绍谦、于平、刘丽、戴红等和北京市大兴区第一职业学校的杨凤娟、庄延峰等共同编写完成。在本书的编写和出版过程中,得到了各级领导和清华大学出版社的大力支持,在此表示衷心的感谢。

为了便于教学,我们将为选用本教材的任课教师提供电子教案和数据库模型。

由于编者水平有限,教材中难免有疏漏和欠缺之处,敬请广大读者提出宝贵意见。

作　者

2013 年 5 月

目　　录

第1章　数据库基础知识

数据库技术是 20 世纪 60 年代后期兴起的一种数据管理技术,数据库技术和系统已经成为信息基础设施的核心技术和重要基础。数据库技术作为数据管理的最有效的手段,极大地促进了计算机应用的发展。它的应用范围已经遍及办公自动化、信息管理、情报检索、专家系统等各个领域,与人们的生活息息相关、密不可分。学习和掌握数据库的基本知识和操作技能,利用数据库系统进行数据处理非常重要。本章将介绍数据库、数据库系统、数据管理系统、数据模型等基础理论知识,为后面各章的学习打下基础。

1.1　数据库系统的基本概念

1.1.1　数据与信息

1. 数据

数据是知识阶层中最底层也是最基础的一个概念。数据是形成信息的源泉。关于数据的定义,比较典型的有以下几种:

(1) 数据是对现实生活的理性描述,尽可能地从数量上反映现实世界,也包括汇总、排序、比例等处理。

(2) 数据是一系列外部环境的事实,是未经组织的数字、词语、声音和图像等。

(3) 数据是计算机程序加工的"原料"。例如,一个代数方程求解程序中所用的数据是整数和实数,而一个编译程序或文本编辑程序中使用的数据是字符串。随着计算机软硬件的发展,计算机的应用领域的扩大,数据的含义也扩大了。例如,当今计算机可以处理的图像、声音等,都被认为是数据的范畴。

(4) 数据泛指对客观事物的数量、属性、位置及其相互关系的抽象表示,以适合于用人工或自然的方式进行保存、传递和处理。

由于本书是面向于计算机的应用领域,所以对于数据的定义偏向于第三种定义。

2. 信息

"信息"是当代使用频率很高的一个概念,由于很难给出基础科学层面上的信息定义。系统科学界曾下决心暂时不把信息作为系统学的基本概念,留待条件成熟后再做弥补。到目前为止,围绕信息定义所出现的流行说法已不下百种。20 世纪 90 年代以后一些经典的定义有:

(1) 数据是从自然现象和社会现象中搜集的原始材料,根据使用数据的人的目的按一定的形式加以处理,找出其中的联系,就形成了信息。

(2) 信息(Information)是有一定含义的、经过加工处理的、对决策有价值的数据。信息＝数据＋处理。

（3）信息是人们对数据进行系统组织、整理和分析，使其产生相关性，但没有与特定用户行动相关联，信息可以被数字化。

本书中认为信息是具有时效性的有一定含义的、有逻辑的、经过加工处理的、对决策有价值的数据流。信息＝数据＋时间＋处理。

1.1.2　数据管理技术的发展

计算机对数据的管理是指对数据的组织、分类、编码、存储、检索和维护提供操作手段。

计算机数据管理随着计算机硬件、软件技术和计算机应用范围的发展而不断发展，多年来大致经历了如下几个阶段。

1. 人工管理阶段

20 世纪 50 年代以前，计算机主要用于数值计算。从当时的硬件看，外存只有纸带、卡片、磁带，没有直接存取设备；从软件看，没有操作系统以及管理数据的软件；从数据看，数据量小，数据无结构，由用户直接管理，且数据之间缺乏逻辑组织，数据依赖于特定的应用程序，缺乏独立性。

2. 文件系统阶段

20 世纪 50 年代后期到 60 年代中期，出现了磁盘等直接存取数据的存储设备。计算机开始应用于以加工数据为主的事务处理阶段。这种基于计算机的数据处理系统也就从此迅速发展起来。这种数据处理系统是把计算机中的数据组织成相互独立的数据文件，系统可以按照文件的名称对其进行访问，对文件中的记录进行存取，并可以实现对文件的修改、插入和删除，这就是文件系统。文件系统实现了记录内的结构化，即给出了记录内各种数据间的关系。但是，从整体来看文件是无结构的。其数据面向特定的应用程序，因此数据共享性、独立性差，且冗余度大，管理和维护的代价也很大。

3. 数据库系统阶段

20 世纪 60 年代后期，计算机性能得到提高，更重要的是出现了大容量磁盘，存储容量大大增加。为解决数据的独立性问题，实现数据的统一管理，达到数据共享的目的，数据库技术得到了极大的发展。数据库的特点是数据不再只针对某一特定应用，而是面向全组织，具有整体的结构性，共享性高，冗余度小，具有一定的程序与数据间的独立性，并且实现了对数据进行统一的控制。

4. 分布式数据库系统

到 20 世纪 70 年代，网络技术的发展为数据库提供了分布式运行的环境，结构从原有的主机-终端体系结构发展到客户/服务器系统结构，使数据库技术与网络技术相结合，并成为当代数据库技术发展的主要特征。

分布式数据库系统可分为物理上分布、逻辑上集中的分布式数据库结构和物理上分布、逻辑上分布的分布式数据库结构两种。目前使用最多的是第二种结构的客户/服务器（C/S）系统结构。Access 为创建功能强大的客户/服务器应用程序提供了专用工具。客户/服务器应用程序具有本地用户界面，但访问远程服务器上数据的功能。

5. 面向对象数据库系统

将数据库技术与面向对象程序设计技术相结合，就产生了面向对象数据库系统。面向对象数据库吸收了面向对象程序设计方法的核心概念和基本思想，因此，面向对象数据库技术有望成为继数据库技术之后的新一代数据管理技术。

1.1.3 数据库系统组成

数据库系统(Database System,DBS)是带有数据库的计算机系统，一般由数据库、数据库管理系统(及其开发工具)、相关的硬件、软件和各类人员组成。

1. 数据库

数据库是长期存储在计算机内、有组织的和可共享的数据集合。数据库中数据的特点是“集成”和“共享”，即数据库中集中了各种应用的数据，进行统一的构造和存储，而使它们可被不同应用程序所使用。数据库的建设规模、数据库信息量的大小和使用频度已成为衡量一个国家信息化程度的重要标志。数据库中的数据具有以下主要特点：

(1) 数据结构化。

(2) 相对的独立性，即数据独立于程序存在。

(3) 支持数据共享，可同时为多个用户或应用程序提供服务。

(4) 可控的数据冗余，理论上数据存储可以不需要冗余，但是为了提高检索速度，可以适当地增加冗余，而这种冗余完全可以由用户控制。

2. 数据库管理系统(Database Management System,DBMS)

数据库管理系统是专门用于管理数据库的计算机系统软件。数据库管理系统能够为数据库提供数据的定义、建立、维护、查询和统计等操作功能，并完成对数据完整性、安全性进行控制的功能。它位于应用程序和操作系统之间，是整个数据库系统的核心。

常用的 DBMS 有：

* 小型的数据库管理软件——只具备数据库管理系统的一些简单功能，如 Foxpro 和 Access 等。
* 严格意义上的 DBMS 系统——应具备其全部功能，包括数据组织、数据操纵、数据维护、控制及保护和数据服务等，如 ORACLE、PowerBuilder、SQL Server 等。

为完成数据库管理系统的功能，数据库管理系统提供了相应的数据语言(Data Language)，常有的数据语言有：

* 数据定义语言(Data Definition Language,DDL)——该语言负责数据的模式定义与数据的物理存取构建。
* 数据操纵语言(Data Manipulation Language,DML)——该语言负责数据的操纵，包括添加、删除、修改及查询等操作。
* 数据控制语言(Data Control Language,DCL)——该语言负责数据完整性、安全性的定义与检查以及并发控制、故障恢复等功能。

3. 人员组成

数据库系统中的人员包括数据库管理员(Database Administrator,DBA)、系统分析员、数据库设计人员、应用程序员及用户。其中数据库管理员是负责数据库的建立、使用和维护的专门人员。

数据库管理员的主要职责：设计与定义数据库系统；帮助最终用户使用数据库系统；监督与控制数据库系统的使用和运行；改进和重组数据库系统，调整数据库系统的性能；转储与恢复数据库；重构数据库。

系统分析员的主要职责：负责应用系统的需求分析和规范说明，确定系统的基本功能、数据库结构，设计应用程序和硬软件配置并组织整个系统的开发。

数据库设计人员的主要职责：负责确定数据库中的数据，设计数据库各级模式。

应用程序员的主要职责：负责设计和编写应用系统的程序模块，并进行调试和安装。

用户：指最终用户，他们通过应用系统的用户接口使用数据库。

1.2　数　据　模　型

在数据库的设计过程中，一般用数据模型来表示数据的结构、数据的性质、数据的约束条件、数据的变换规则以及数据之间的联系等。数据模型（Data Model）是数据库系统的形式框架，是用来描述数据的一组概念和定义，包括描述数据、数据联系、数据操作、数据语义以及数据一致性的概念工具。它是数据库系统的核心和基础。

1.2.1　数据模型的组成要素

数据模型定义了数据库系统中数据组织、存储和管理必须遵循的规范。这种规范精确地描述了系统的静态特征、动态特征和完整性约束条件。因此，数据模型通常可以看作由数据结构、数据操作和完整性约束3个要素组成。

1. 数据结构

数据结构用于描述系统的静态特征。它从语法角度表述了客观世界中数据对象本身的结构和数据对象间的关联关系。

在数据库系统中，通常按照数据模型中数据结构的类型来区分、命名各种不同的数据模型。例如层次结构、网状结构、关系结构的数据模型分别命名为层次模型、网状模型和关系模型。

2. 数据操作

数据操作用于描述系统的动态特征，是一组对数据库中各种数据对象允许执行的操作和操作规则组成的集合。

数据操作可以是检索、插入、删除和更新等。数据模型必须定义这些操作的确切含义、操作符号、操作规则（如优先级）以及实现操作的数据库语言。

3. 数据完整性约束

数据完整性约束是一组完整性规则的集合，它定义了数据模型必须遵守的语义约束，也规定了根据数据模型所构建的数据库中数据内部及其数据相互间联系所必须满足的语义约束。

完整性约束是数据库系统必须遵守的约束，它限定了根据数据模型所构建的数据库的状态以及状态的变化，以便维护数据库中数据的正确性、有效性和相容性。

1.2.2 常用的数据模型

按照在数据建模和数据管理中的不同作用,可以将数据模型分为概念数据模型、数据结构模型和物理数据模型。

1. 概念数据模型

概念数据模型也可简称为概念模型,是按用户的观点对数据和信息进行建模,是现实世界到信息世界的第一层抽象,强调其语义表达功能,易于用户理解,是用户和数据库设计人员交流的语言,主要用于数据库设计。

最常用的概念数据模型是实体-联系模型(简称 E-R 模型),实体-联系模型是由P. P. Chen 于 1976 年首先提出的。它提供不受任何 DBMS 约束的面向用户的表达方法,在数据库设计中被广泛用作数据建模的工具。E-R 数据模型是利用实体、实体型、实体集、实体之间的联系和属性等基本概念,抽象描述现实世界中客观数据对象及其特征、数据对象之间的关联关系。E-R 模型的优点在于直观、易于理解,并且与具体计算机实现机制无关。下面仅对一些基本概念和基本的 E-R 数据模型进行介绍。

1) 基本概念

(1) 实体。

客观存在的并且可以相互区别的"事物"称为实体。实体可以是具体的,如一台计算机、一本书、一个人等;也可以是抽象的,如一堂课、一场演出等。

(2) 属性。

描述实体的"特征"称为该实体的属性。如学生的学号、姓名、性别等。属性有"型"和"值"之分,型即为属性名,值即为属性的具体内容。

(3) 实体型。

具有相同属性的实体必然具有共同的特征,所以若干个属性的型所组成的集合可以表示一个实体的类型,简称为实体型,一般用实体名和属性名的集合来表示。

(4) 实体集。

性质相同的同类实体的集合称为实体集,如所有学生、所有课程等。

(5) 实体之间的联系。

实体之间的对应关系称为联系,它反映现实世界事物之间的相互关联。如学生和课程是两个不同的实体,但当学生进行选课时,两者之间就发生了关联,建立了联系。实体间联系的种类是指一个实体型中可能出现和每一个实体与另一个实体型中多少个具体实体存在联系,即存在 1:1(1 对 1)联系、1:M(1 对多)联系或 M:N(多对多)联系。

① 1:1(1 对 1)联系:实体集 A 中的一个实体至多与实体集 B 中的一个实体相对应;反之,实体集 B 中的一个实体至多对应实体集 A 中的一个实体,则称实体集 A 与实体集 B 为一对一联系,如电影院中观众与座位之间、乘客与车票之间、病人与病床之间等。

② 1:M(1 对多)联系:实体集 A 中的一个实体与实体集 B 中的 $M(M \geqslant 0)$个实体相对应;反之,实体集 B 中的一个实体至多与实体集 A 中的一个实体相对应,如学校与系部

之间、班级与学生之间、省与市之间等。

③ $M:N$(多对多)联系：实体集 A 中的一个实体与实体集 B 中的 $N(N \geqslant 0)$ 个实体相对应；反之，实体集 B 中的一个实体与实体集 A 中的 $M(M \geqslant 0)$ 个实体相对应，如教师与学生之间、学生与课程之间、工厂与产品之间、商店与顾客之间等。

2)基本的 E-R 数据模型

(1) E-R 模型的结构。

E-R 模型的构成成分是实体集、属性和联系集，其表示方法如下：

- 实体集用矩形框表示，矩形框内写上实体名。
- 实体的属性用椭圆框表示，框内写上属性名，并用无向边与其实体集相连。
- 实体间的联系用菱形框表示，联系以适当的含义命名，名字写在菱形框中，用无向连线将参加联系的实体矩形框分别与菱形框相连，并在连线上标明联系的类型。

因此，E-R 模型也称为 E-R 图。例如班主任、学生和课程的联系的 E-R 模型表示如图 1-1 所示。

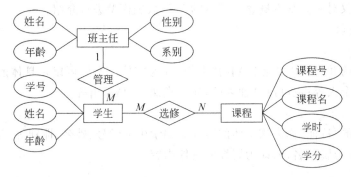

图 1-1　E-R 图示例

例 1.1　班主任、学生和课程作为实体集；一个班主任管理多个学生，而一个学生仅属于一个班主任管理，所以班主任和学生之间是一对多的联系；一个学生可以选修多门课程，而一门课程有多个学生选修，所以学生和课程之间是多对多的联系。

(2) E-R 模型对几种特殊的实体联系的表示。

E-R 模型在表示复杂实体和实体之间的复杂联系方面有较强的能力。除了可以明确表示两个实体集之间 $1:1$、$1:M$ 或 $M:N$ 的联系。还可以：

- 表示 3 个以上的实体集之间的联系。

例 1.2　一个教师(Teacher)可以为一个学生(Student)讲授多种课程(Course)，同时一个教师也可以将一门课程教授给多个学生；一个学生的一门课程可以由多个教师讲授。教师、学生和课程 3 个实体集之间的联系是多对多的三元联系，其 E-R 模型表示如图 1-2 所示。

- 表示一个实体集内部的联系。

例 1.3　雇员(EMP)这个实体集中，总经理下设多个部门经理，而部门经理下面有多个雇员。因此，雇员这个实体集中实体之间存在一对多的联系，其 E-R 模型如图 1-3 所示。

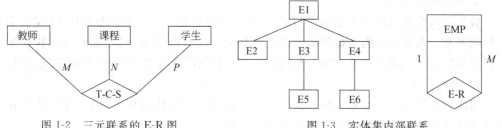

图 1-2　三元联系的 E-R 图　　　　　　图 1-3　实体集内部联系

- 表示两个实体集之间的多种联系。

例 1.4　雇员(EMP)和设备(EQUIP)之间可以有多种联系,一种联系是一个设备可以由多个雇员操作(operation),另一种联系是一个雇员可以维修(maintain)多个设备,其 E-R 模型如图 1-4 所示。

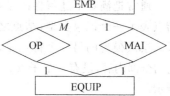

(3) 绘制 E-R 图的步骤。

- 确定实体和实体的属性。
- 确定实体之间的联系及联系的类型。
- 给实体和联系加上属性。

图 1-4　实体之间的多种联系

关于如何划分实体及其属性,有两个原则可作参考:一是作为实体属性的事物本身没有再需要刻画的特征而且和其他实体没有联系。二是属性的一个值可以和多个实体对应,而不是相反。尽管 E-R 模型中的属性可以是单值属性也可以是多值属性,为简单计,多值属性常常被作为多个属性或作为一个实体。

例 1.5　学生和班级,一般情况下,一个班级有多个学生,而一个学生仅属于一个班级。所以学生应作为实体,而班级既可作为学生的属性——班级本身仅有一个名称;也可以作为实体,即班级具有班级号、班级名称及班级教室等,如图 1-5 所示。

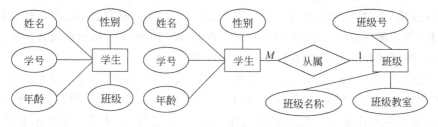

图 1-5　班级的两种处理方法

如何划分实体和联系也有一个原则可作参考:当描述发生在实体集之间的行为时,最好采用联系集。如读者和图书之间的借书、还书行为,顾客和商品之间的购买行为,均应该作为联系集。

划分联系的属性主要采用两种方式:一是发生联系的实体的标识属性应作为联系的缺省属性,二是和联系中的所有实体都有关的属性。例如,学生和课程的选课联系中的成绩属性,顾客、商品和雇员之间的销售联系中的商品的数量等。

2. 数据结构模型

数据结构模型也称为表示型或实现型的数据模型,是机器世界中与具体 DBMS 相关的数据模型。数据结构模型提供的概念能够被最终用户所理解,同时也不会与数据在计算机中实际的组织形式相差太远。数据结构模型包括层次模型、网状模型和关系模型。

1) 层次模型

层次模型是最早发展起来的数据库模型。它的基本结构是树形结构,这种结构方式在现实世界中很普遍,如家族结构、行政组织结构等。

在图论中,树的定义是任一树结构均有以下特性:

(1) 一棵树有且仅有一个无双亲结点的结点,称为根结点。

(2) 除根结点以外其他的结点有且仅有一个双亲,无子女的结点称为叶子结点。

通常把满足上述特性的基本层次联系的集合称为层次模型。在层次模型中,每一个结点表示一个记录类型,结点之间的连线表示记录类型间的联系,这种联系只能是父子联系。层次模型的另一个特点是,任何一个给定的记录值只有按其路径查看时,才能显示出它的全部内容,没有一个子女记录值能够脱离双亲记录值而独立存在。层次模型如图 1-6 所示。

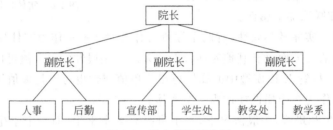

图 1-6　层次模型示意图

层次模型支持的操作主要有查询、插入、删除和更新。在对层次模型进行操作时,要满足层次模型的完整性约束条件。进行插入操作时,如果没有双亲结点值,就不能插入子女结点值;进行删除操作时,如果删除双亲结点值,则相应的子女结点值也被删掉;进行更新操作时,应更新相应记录,以保证数据的一致性。

层次模型的优点是:数据结构比较简单,操作也比较简单;对于实体间联系是固定的、且预先定义好的应用系统,层次模型比较适用;层次模型提供了良好的完整性支持。由于层次模型受文件系统影响大,模型受限制,物理成分复杂,不适用于表示非层次性的联系;对插入和删除操作的限制比较多;查询子女结点必须通过双亲结点。

2) 网状模型

网状模型(Network Model)是一种更具有普遍性的结构,从图论的角度讲,网状模型是一个不加任何条件限制的无向图。网状模型是以记录为结点的网状结构,它满足以下条件:

(1) 可以有任意个结点无双亲。

(2) 允许结点有一个以上的双亲。

(3) 允许两个结点之间有一种或两种以上的联系。

在网状模型的 DBTG(Database Task Group)标准中,基本结构是简单二级树称作系,系的基本数据单位是记录,它相当于 E-R 模型中的实体集,记录又有若干数据项组成,它相当于 E-R 模型中的属性。网状模型示意图如图 1-7 所示。

网状模型明显优于层次模型,具有良好的性能,存取的效率较高。但是,它的数据结构比较复杂,不利于用户的掌握,其数据模式与系统的实现均不理想。

3)关系模型

关系模型是采用二维表来表示实体以及实体之间联系的模型。关系模型的数据结构是单一的"二维表"结构,这种二维表结构又可被称为关系。利用"关系"这种数据结构,可以将现实世界中的实体以及实体之

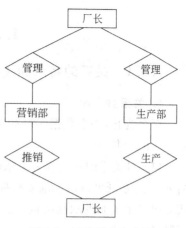

图 1-7 网状模型示意图

间的各种联系恰当地表示出来,可以看出,关系不仅可以表示数据的存储,也可以表示数据之间的联系。目前,关系模型是数据库领域中目前最重要的一种数据模型。关系模型的本质是一张二维表,如表 1-1 所示,在关系模型中,一张二维表就称为一个关系。自 20世纪 80 年代以来,计算机厂商推出的 DBMS 几乎都支持关系模型。关系模型采用二维表来表示,简称表。

表 1-1 学生登记表

学　　号	姓名	性别	出生日期	所在系编号	邮政编码	联系电话
2012021203201	魏明	男	1994-10-14	001	100011	13333324132
2012021203202	杨悦	女	1993-11-10	001	100100	13696664563
2012021204101	陈诚	男	1994-4-18	003	100015	13546987885
2012021204102	马振亮	男	1994-3-18	003	100011	13698775699
2012021205101	谢芳	女	1993-12-3	002	100224	13711112221
2012021205102	王建一	男	1994-1-11	002	100013	12536654566
2012021206101	张建越	男	1994-10-18	004	100088	18667547735
2012021206102	李享	女	1993-6-6	004	100055	15734789383
2012021207101	刘畅	女	1993-4-26	005	100033	18737458734
2012021207102	王四铜	男	1994-11-11	005	100088	15683459358

3. 物理数据模型

物理数据模型属于底层数据模型,通过诸如记录格式、记录顺序和存取路径等表示信息,描述数据在数据库系统中的实际存储方式。存取路径是一个特殊的结构,用于在数据库文件中有效地搜索一个特定的数据库记录。

1.3 关系数据库概述

1.3.1 关系的特点和类型

1. 关系数据库

至今为止,关系数据库是最常用的数据库类型。关系型数据库是由数据表之间的关联组成的。其中:

(1) 对关系的描述称为关系模式,其格式为:关系名(属姓名1,属性名2,……,属性名n)。关系既可以用二维表格描述,也可以用数字形式的关系模式来描述。一个关系模式对应一个关系的数据结构,也就是表的数据结构,如:表名(字段名1,字段名2,……,字段名n)。

(2) 数据表通常是一个由行和列组成的二维表,每一个数据表分别说明数据库中某一特定的方面或部分的对象及其属性。

如表 1-1 是一张学生登记表,它由行(元组)和列(属性)组成。一个表中可以存放m 个元组,则 m 称为表的基数。

(3) 数据表中的行通常叫做元组,它代表众多具有相同属性的对象中的一个。在 Access 中,一个元组对应表中一条记录。

(4) 数据表中的列通常叫做属性,它代表相应数据库中存储对象的共有属性。每个属性都有一个属性名,属性值则是各个元组属性的取值。在 Access 中,一个属性对应表中的一个字段,属性名对应字段名,属性值对应各个记录的字段值。

(5) 属性的取值范围称为域。域作为属性的集合,其类型与范围具体由属性的性质及其所表示的意义确定。同一属性只能在相同域中取值。

二维表一般具有下面几个性质:

(1) 元组个数有限性——表中的元组个数是有限的。

(2) 元组的唯一性——二维表中的元组各不相同。

(3) 元组次序的无关性——二维表中元组的次序可以任意交换。

(4) 元组分量的原子性——二维表中元组分量是不可分割的数据项。

(5) 属性名的唯一性——二维表中的属性名各不相同。

(6) 属性的次序无关性——二维表中的属性与次序无关,可任意交换。

(7) 分量值域的同一性——二维表中的属性分量属于同一值域。

以二维表为基本结构所建立的模型称为关系模型。关系模型要求关系必须是规范化的,即要求关系必须满足一定的规范条件。其中最基本的一条是:关系的每一个分量必须是一个不可分的数据项,即不允许表中还有表。

2. 主键与外键

在二维表中,用来唯一标识一个元组的某个属性或属性组合称为该表的键或码,也称关键字。如表 1-1 中的属性"学号"。关键字必须唯一。一个关系中,关键字的值不能为空。

如果一个二维表中存在多个关键字或码,它们称为该表的候选关键字或候选码。在候选关键字中指定一个关键字作为用户使用的关键字称为主关键字或主码。

二维表中某个属性或属性组合虽不是该表的关键字或只是关键字的一部分,但却是另外一个表的关键字时,称该属性或属性组合为这个表的外部关键字或外键。

3. 关系模型的数据操作

关系模型的数据操作一般有查询、插入、删除及修改四种操作。

(1) 数据查询。数据查询是数据库的核心操作。它包括单表查询和多表查询。

单表查询是指仅在一个数据库表进行的查询,比如要查询某一元组的分量,要进行横向和纵向的定位以确定元组的分量,之后再将数据取出放到指定内存。

多表查询是指同时涉及两个以上的表或查询。首先将相关的关系合并成一个关系,再对合并后的关系作横向或纵向的定位。确定要查询的数据,之后进行操作。

(2) 数据插入。数据插入仅对一个关系而言,在指定的关系中插入一个或多个元组。

(3) 数据删除。数据删除的基本单位是一个表中元组,它将满足条件的元组从表中删除。数据删除可以分解为一个表内的元组选择与表中的元组删除两个基本操作。

(4) 数据修改。数据修改又称更新操作。它可以分解为删除和插入两个基本操作。

以上 4 种操作的对象都是关系(表),而操作的结果也是关系(表)。

1.3.2 关系的完整性约束

关系模型定义了 3 种数据约束条件,包括实体完整性约束条件、参照完整性约束条件、用户定义的完整性约束条件。其中前两者约束条件由关系数据库系统自动支持。对后者,则由关系数据库系统提供完整性约束语言,用户利用该语言定义出约束条件,运行时由系统自动检查。

1. 实体完整性(Entity Integrity)约束条件

实体完整性是指:关系的主属性即主关键字的组成不能为空,也就是关系的主属性不能是空值,在关系系统中一个关系通常对应一个表。在机器上实际存储数据的表称为基本表,除此之外的查询结果表是临时表,视图表是虚表,是不实际存储数据的表,而实体完整性是针对基本表的。因此,具体地讲,实体完整性是指在实际存储数据的基本表中,主属性不能取空值。

定义实体完整性的必要性是:关系对应于现实世界中的实体,而现实世界中实体是可区分的。也就是说,每个实体具有唯一性标志,在关系模型中,用主关键字来做唯一标识。若主关键字为空值,则说明这个实体无法标识,即不可区分,这显然是错误的,与现实世界应用环境矛盾,因此不存在这样的不可标识实体,从而引入实体完整性的概念。

如本书中所讲的成绩表,由于其主码是组合属性(学号,课程编号),则该实体的任意元组中,学号和课程编号这两个属性的值均不能为空值,否则就违反了实体完整性要求。

2. 参照完整性(Referential Integrity)约束条件

参照完整性约束是对关系间引用数据的一种限制。即在关系中的外关键字要么是所关联关系中的实际存在的元组,要么就为空值。比如在关系:

职工关系(职工编号,姓名,性别,年龄,身份证号码,部门编号)

部门关系(部门编号,部门名称,部门经理)

职工编号是职工关系的主码,而外码为部门编号,职工关系与部门关系通过部门编号关联,参照完整性要求职工关系中的部门编号的值在部门关系中必有相应元组。

3. 用户定义的完整性约束条件

用户定义的完整性约束条件是某一具体数据库的约束条件,是用户自己定义的某一具体数据必须满足的语义要求。关系模型的 DBMS 应给用户提供定义它的手段和自动检验它的机制,以确保整个数据库始终符合用户所定义的完整性约束条件。

关系模型中,实体及实体间联系以"表"来表示,在数据库的物理组织中,表以文件形式存储。一个数据表对应一个操作系统文件。文件结构由系统自己设计。

关系数据模型是建立在严格的数学概念的基础上的。概念单一,无论是实体,还是实体间联系,都是以"关系"表示。对数据的检索结果也是"关系"(即表),其数据结构简单、清晰,用户易懂易用。存取路径对用户透明,从而具有更高的数据独立性,更好的安全保密性,简化了程序员的工作。但是,查询效率不如非关系模型高。

1.3.3 关系运算

对于关系数据库进行查询时,需要找到用户感兴趣的数据,这就需要对关系进行一定的关系运算。关系的基本运算有两类:一类是传统的集合运算(并、差、交、笛卡儿乘积等),另一类是专门的关系运算(选择、投影、联接),有些查询需要几个基本运算的组合。

1. 传统的集合运算

进行并、差、交、笛卡儿乘积集合运算的两个关系必须具有相同的关系模式,即元组具有相同结构。

1)并

两个相同结构关系的并是由属于这两个关系的元组组成的集合。例如,有两个结构相同的学生关系 R1 和 R2,分别存放两个班的学生,将第二个班的学生记录追加到第一个班的学生记录后面就是两个关系的并集。

2)差

设有两个相同结构的关系 R 和 S,它们的差是由属于 R 而不属于 S 的元组组成的集合。即差运算的结果是不包含 S 中的元组以及 S 中与 R 共同的元组。例如,有选修计算机基础和选修数据库 Access 的学生关系 R,选修数据库 Access 和选修程序设计的学生关系 S。要求结果中仅包含选修了计算机基础的学生,就应当进行差运算。

3)交

两个具有相同结构的关系 R 和 S,它们的交是由既属于 R 又属于 S 的元组组成的集合。即交运算的结果是 R 和 S 中的共同元组。例如,有选修计算机基础和选修数据库 Access 的学生关系 R,选修数据库 Access 和选修程序设计的学生关系 S。要求结果中仅包含选修了数据库 Access 的学生,就应当进行交运算。

4)广义笛卡儿乘积

数学家将关系定义为一系列域上的笛卡儿积的子集。这一定义与我们对表的定义几乎完全相符。我们把关系看成一个集合,这样就可以将一些直观的表格以及对表格的汇总和查询工作转换成数字的集合以及集合的运算问题。即关系 R 为 n 目,关系 S 为 m 目,则关系 R 和关系 S 的广义笛卡儿乘积为($n+m$)目元组的集合。其中,元组的前 n 个分量是关系 R 的一个元组,后 m 个分量是关系 S 的一个元组。

在 Access 中没有直接提供传统的集合运算,可以通过其他操作或编写程序来实现。

2. 专门的关系运算

在 Access 中,查询是高度非过程化的,用户只需明确提出"要干什么",而不需要指出"怎么去干"。系统将自动对查询过程进行优化,可以实现对多个相关联的表的高速存取。然而,要正确表示复杂的查询并非是一件简单的事。了解专门的关系运算有助于正确给出查询表达式。

1）选择（selection）

从关系中找出满足给定条件的元组的操作称为选择。选择的条件以逻辑表达式给出,使得逻辑表达式的值为真的元组将被选取。例如,要从教师表中找出职称为"教授"的教师,所进行的查询操作就属于选择运算。

2）投影（projection）

从关系模式中指定若干属性组成新的关系称为投影。

投影是从列的角度进行的运算,相当于对关系进行垂直分解。经过投影运算可以得到一个新的关系,其关系模式所包含的属性个数往往比原有关系少,或者属性的排列顺序不同。投影运算提供了垂直调整关系的手段,体现出关系中列的次序无关紧要这一特点。

例如,要从学生关系中查询学生的姓名和班级所进行的查询操作属于投影运算。

3）联接（join）

联接是关系的横向结合。联接运算将两个关系模式拼接成一个更宽的关系模式,生成新的关系中包含满足联接条件的元组。

联接过程是通过联接条件来控制的,联接条件中将出现两个表中的公共属性名,或者具有相同的语义、公共的属性。联接结果是满足条件的所有记录。

选择和投影运算的操作对象只是一个表,相当于对一个二维表进行切割。联接运算需要两个表作为操作对象。如果需要联接两个以上的表,应当两两进行联接。

4）自然联接（natural join）

在联接运算中,按照字段值对应相等为条件进行的联接操作称为等值联接。自然联接是去掉重复属性的等值联接。自然联接是最常用的联接运算。

总之,在对关系数据库的查询中,利用关系的选择、投影和联接运算可以方便地分解或构造新的关系。

1.4　数据库应用系统设计概述

数据库应用系统的开发过程是分阶段进行的,每个阶段的工作成果就是写出相应的文档。每个阶段都是在上一阶段工作成果的基础上继续进行的,整个开发过程是有依据、有组织、有计划、有条不紊地展开工作。数据库应用系统的开发过程属于软件工程范畴。

一般可分为以下几个阶段。

1.4.1 系统规划

系统规划的主要任务就是作必要性及可行性分析。

在收集整理有关资料的基础上，要确定将建立的数据库应用系统与周边的关系，要对应用系统定位，其规模的大小、所处的地位、应起的作用做全面的分析和论证。

明确应用系统的基本功能，划分数据库支持的范围。分析数据来源、数据采集的方式和范围，研究数据结构的特点，估算数据量的大小，确立数据处理的基本要求和业务的规范标准。

规划人力资源调配。对参与研制和以后维护系统运作的管理人员、技术人员的技术业务水平提出要求，对最终用户、操作员的素质作出评估。

拟定设备配置方案。论证计算机、网络和其他设备在时间、空间两方面的处理能力，要有足够的内外存容量，其系统的响应速度、网络传输和输入输出能力应满足应用需求并留有余量。要选择合适的操作系统，DBMS和其他软件。设备配置方案要在使用要求、系统性能、购置成本和维护代价各方面综合权衡。

对系统的开发、运行、维护的成本做出估算。预测系统效益的期望值。

拟定开发进度计划，还要对现行工作模式如何向新系统过渡作出具体安排。

系统规划阶段的工作成果是写出详尽的可行性分析报告和数据库应用系统规划书。内容应包括系统的定位及其功能、数据资源及数据处理能力、人力资源调配、设备配置方案、开发成本估算、开发进度计划等。

可行性分析报告和数据库应用系统规划书经审定立项后，成为后续开发工作的总纲。

1.4.2 需求分析

需求分析大致可分成3步来完成：

(1) 需求信息的收集，需求信息的收集一般以机构设置和业务活动为主干线，从高层、中层到低层逐步展开。

(2) 需求信息的分析整理，对收集到的信息要做分析整理工作。包括以下步骤：

① 数据流图(Data Flow Diagram，DFD)是业务流程及业务中数据联系的形式描述。

② 数据字典(Data Dictionary，DD)详细描述系统中的全部数据。

数据字典包含以下几个部分：

- 数据项——是数据的原子单位。
- 数据组项——由若干数据项组成。
- 数据流——表示某一数据加工过程的输入/输出数据。
- 数据存储——是处理过程中要存取的数据。
- 数据加工过程——数据加工过程的描述包括数据加工过程名、说明、输入、输出、加工处理工作摘要、加工处理频度、加工处理的数据量、响应时间要求等。

数据流图既是需求分析的工具，也是需求分析的成果之一。数据字典是进行数据收集和数据分析的主要成果。

（3）需求信息的评审。开发过程中的每一个阶段都要经过评审，确认任务是否全部完成，避免或纠正工作中出现的错误和疏漏。聘请项目外的专家参与评审，可保证评审的质量和客观性。

评审可能导致开发过程回溯，甚至会反复多次。但是，一定要使全部的预期目标都达到才能让需求分析阶段的工作暂告一个段落。

需求分析阶段的工作成果是写出一份既切合实际又具有预见性的需求说明书，并且附以一整套详尽的数据流图和数据字典。

1.4.3　概念模型设计

概念模型不依赖于具体的计算机系统，它是纯粹反映信息需求的概念结构。

建模是在需求分析结果的基础上展开，常常要对数据进行抽象处理。常用的数据抽象方法是"聚集"和"概括"。

E-R 方法是设计概念模型时常用的方法。用设计好的 E-R 图再附以相应的说明书可作为阶段成果。

概念模型设计可分 3 步完成。

1. 设计局部概念模型

设计局部概念模型主要步骤如下：

（1）确定局部概念模型的范围。

（2）定义实体。

（3）定义联系。

（4）确定属性。

（5）逐一画出所有的局部 E-R 图，并附以相应的说明文件。

2. 设计全局概念模型

建立全局 E-R 图的步骤如下：

（1）确定公共实体类型。

（2）合并局部 E-R 图。

（3）消除不一致因素。

（4）优化全局 E-R 图。

（5）画出全局 E-R 图，并附以相应的说明文件。

3. 概念模型的评审

概念模型的评审分两部分进行：

• 第一部分是用户评审。

• 第二部分是开发人员评审。

1.4.4　逻辑设计

逻辑设计阶段的主要目标是把概念模型转换为具体计算机上 DBMS 所支持的结构数据模型。

逻辑设计的输入要素包括：概念模式、用户需求、约束条件、选用的 DBMS 的特性。

逻辑设计的输出信息包括：DBMS 可处理的模式和子模式、应用程序设计指南、物理设计指南。

1. 设计模式与子模式

关系数据库的模式设计可分 4 步完成：

(1) 建立初始关系模式。

(2) 规范化处理。

(3) 模式评价。

(4) 修正模式。

经过多次的模式评价和模式修正，确定最终的模式和子模式。写出逻辑数据库结构说明书。

2. 编写应用程序设计指南

根据设计好的模式和应用需求，规划应用程序的架构，设计应用程序的草图，指定每个应用程序的数据存取功能和数据处理功能梗概，提供程序上的逻辑接口。编写出应用程序设计指南。

3. 编写物理设计指南

根据设计好的模式和应用需求，整理出物理设计阶段所需的一些重要数据和文档。例如，数据库的数据容量、各个关系（文件）的数据容量、应用处理频率、操作顺序、响应速度、各个应用的 LRA 和 TV、程序访问路径建议等。这些数据和要求将直接用于物理数据库的设计。编写出物理设计指南。

1.4.5 物理设计

物理设计是对给定的逻辑数据模型配置一个最适合应用环境的物理结构。

物理设计的输入要素包括：模式和子模式、物理设计指南、硬件特性、操作系统和 DBMS 的约束、运行要求等。

物理设计的输出信息主要是物理数据库结构说明书。其内容包括物理数据库结构、存储记录格式、存储记录位置分配及访问方法等。

物理设计的步骤如下：

1. 存储记录结构

设计综合分析数据存储要求和应用需求，设计存储记录格式。

2. 存储空间分配

存储空间分配有两个原则：

(1) 存取频度高的数据尽量安排在快速、随机设备上，存取频度低的数据则安排在速度较慢的设备上。

(2) 相互依赖性强的数据尽量存储在同一台设备上，且尽量安排在邻近的存储空间上。

从提高系统性能方面考虑，应将设计好的存储记录作为一个整体合理地分配物理存储区域。尽可能充分利用物理顺序特点，把不同类型的存储记录指派到不同的物理群中。

3. 访问方法的设计

一个访问方法包括存储结构和检索机构两部分。存储结构限定了访问存储记录时可以使用的访问路径；检索机构定义了每个应用实际使用的访问路径。

4. 物理设计的性能评价

1）查询响应时间

从查询开始到有结果显示之间所经历的时间称为查询响应时间。查询响应时间可进一步细分为服务时间、等待时间和延迟时间。

在物理设计过程中，要对系统的性能进行评价。性能评价包括时间、空间、效率、开销等各个方面。

- CPU 服务时间和 I/O 服务时间的长短取决于应用程序设计。
- CPU 队列等待时间和 I/O 队列等待时间的长短受计算机系统作业的影响。
- 设计者可以有限度地控制分布式数据库系统的通信延迟时间。

2）存储空间

存储空间存放程序和数据。程序包括运行的应用程序、DBMS 子程序、操作系统子程序等。数据包括用户工作区、DBMS 工作区、操作系统工作区、索引缓冲区、数据缓冲区等。

存储空间分为主存空间和辅存空间。设计者只能有限度地控制主存空间，例如可指定缓冲区的分配等。但设计者能够有效地控制辅存空间。

3）开销与效率

设计中还要考虑以下各种开销，若开销增大，则系统效率将下降。

- 事务开销指从事务开始到事务结束所耗用的时间。更新事务要修改索引、重写物理块、进行写校验等操作，增加了额外的开销。更新频度应列为设计的考虑因素。
- 报告生成开销指从数据输入到有结果输出这段时间。报告生成占用 CPU 及 I/O 的服务时间较长。设计中要进行筛选，除去不必要的报告生成。
- 对数据库的重组也是一项大的开销。设计中应考虑数据量和处理频度这两个因素，做到避免或尽量减少重组数据库。

在物理设计阶段，设计、评价、修改这个过程可能要反复多次，最终得到较为完善的物理数据库结构说明书。

建立数据库时，DBA 依据物理数据库结构说明书，使用 DBMS 提供的工具可以进行数据库配置。

在数据库运行时，DBA 监察数据库的各项性能，根据依据物理数据库结构说明书的准则，及时进行修正和优化操作，保证数据库系统能够保持高效率地运行。

1.4.6 程序编制及调试

在逻辑数据库结构确定以后，应用程序设计的编制就可以和物理设计并行地展开。

程序模块代码通常先在模拟的环境下通过初步调试，然后再进行联合调试。联合调试的工作主要包括以下几点。

1. 建立数据库结构

根据逻辑设计和物理设计的结果,用 DBMS 提供的数据定义语言(DDL)编写出数据库的源模式,经编译得到目标模式,执行目标模式即可建立实际的数据库结构。

2. 调试运行

数据库结构建立后,装入试验数据,使数据库进入调试运行阶段。运行应用程序,测试。

3. 装入实际的初始数据

在数据库正式投入运行之前,还要做好以下几项工作:

(1) 制定数据库重新组织的可行方案。

(2) 制定故障恢复规范。

(3) 制定系统的安全规范。

1.4.7 运行和维护

数据库正式投入运行后,运行维护阶段的主要工作包括如下几个方面。

1. 维护数据库的安全性与完整性

按照制定的安全规范和故障恢复规范,在系统的安全出现问题时,及时调整授权和更改密码。及时发现系统运行时出现的错误,迅速修改,确保系统正常运行。把数据库的备份和转储作为日常的工作,一旦发生故障,立即使用数据库的最新备份予以恢复。

2. 监察系统的性能

运用 DBMS 提供的性能监察与分析工具,不断地监控系统的运行情况。当数据库的存储空间或响应时间等性能下降时,立即进行分析研究找出原因,并及时采取措施改进。例如,可通过修改某些参数、整理碎片、调整存储结构或重新组织数据库等方法,使数据库系统保持高效率地正常运作。

3. 扩充系统的功能

在维持原有系统功能和性能的基础上,适应环境和需求的变化,采纳用户的合理意见,对原有系统进行扩充,增加新的功能。

本 章 小 结

本章主要讲述了数据库系统的基本概念,以及数据模型的组成要素和常见的数据模型,同时着重讲述了常用的关系数据库模型和关系中的完整性约束条件和关系的常见运算,并且简单介绍了数据库应用系统开发设计的基本过程。由于本章主要讲述的是数据库的概念性内容,读者可结合后面章节内容的学习体会本章的内容。

习   题

一、简答题

1. 数据比较典型的定义有哪些?

2. 计算机数据管理随着计算机硬件、软件技术和计算机应用范围的发展而不断发展，多年来大致经历了几个阶段？

3. 数据库系统中包含哪些人员？各自职责是什么？

4. 关系模型定义了几种数据约束条件？

5. 在关系数据库中包含哪些常用的关系运算？

二、选择题

1. 数据库 DB、数据库系统 DBS 和数据库管理系统 DBMS，这三者之间的关系是（　　）。

  A）DBS 包括 DB 和 DBMS   B）DBMS 包括 DB 和 DBS

  C）DB 包括 DBS 和 DBMS   D）DBS 就是 DB，也就是 DBMS

2. 关系数据库的数据及更新操作必须遵循的完整性规则是（　　）。

  A）实体完整性和参照完整性

  B）参照完整性和用户定义的完整性

  C）实体完整性和用户定义的完整性

  D）实体完整性、参照完整性和用户定义的完整性

3. 在关系数据库中，用来表示实体之间联系的是（　　）。

  A）树结构   B）网结构   C）线形表   D）二维表

4. 所谓关系是指（　　）。

  A）各条记录中的数据彼此有一定的关系

  B）一个数据库文件与另一个数据库文件之间有一定的关系

  C）数据模型符合一定条件的二维表格式

  D）数据库中各个字段之间彼此有一定关系

5. 关系数据库管理系统能实现的专门关系运算包括（　　）。

  A）排序、索引、统计   B）选择、投影、连接

  C）关联、更新、排序   D）显示、打印、制表

6. 下列有关数据库的描述，正确的是（　　）。

  A）数据库是一个 DBF 文件   B）数据库是一个关系

  C）数据库是一个结构化的数据集合 D）数据库是一组文件

7. 下列有关数据库的描述，正确的是（　　）。

  A）数据处理是将信息转化为数据的过程

  B）数据的物理独立性是指当数据的逻辑结构改变时，数据的存储结构不变

  C）关系中的每一列称为元组，一个元组就是一个字段

  D）如果一个关系中的属性或属性组并非该关系的关键字，但它是另一个关系的关键字，则称其为本关系的外关键字

8. 以下不属于数据库系统（DBS）的组成的是（　　）。

  A）数据库集合   B）用户

  C）数据库管理系统及相关软件 D）操作系统

9. 数据库设计有两种方法，它们是（　　）。

A) 概念设计和逻辑设计

B) 模式设计和内模式设计

C) 面向数据的方法和面向过程的方法

D) 结构特性设计和行为特性设计

10. 用树形结构来表示实体之间联系的模型称为(　　　)。

    A) 关系模型   B) 层次模型   C) 网状模型   D) 数据模型

三、填空题

1. 数据库管理系统是位于_____之间的软件系统。

2. Access 数据库内包含了 3 种关系方式,即一对一、一对多、_____。

3. 二维表中的一行称为关系的_____。

4. 关系中的属性或属性组合,其值能够唯一地标识一个元组,该属性或属性组合可选作为_____。

5. 一个学生关系模式为(学号,姓名,班级号,……),其中学号为关键字;一个班级关系模式为(班级号,专业,教室,……),其中班级号为关键字;则学生关系模式中的外关键字为_____。

第 2 章　数据库及表的基本操作

Access 2010 数据库是非常常用的关系型数据库。本章将介绍 Access 2010 数据库的基本操作界面、数据库的创建、数据表的创建、数据表的基本操作、表数据的基本操作和表索引以及表关系的建立方法，为数据库其他对象的学习打下基础。

2.1　Access 2010 的使用基础

2.1.1　Access 2010 的特点

Access 是一种桌面数据库，只适合数据量少的应用，在处理少量数据和单机访问的数据库时是很好的，效率也很高。

Microsoft Office Access 2010 提供了一组功能强大的工具，可帮助用户快速开始跟踪、报告和共享信息。用户可以通过系统预定义的模板之一来转换现有数据库或创建新的数据库，来快速创建富有吸引力和功能性的跟踪应用程序，而且不必掌握很深厚的数据库知识即可执行此操作。通过使用 Office Access 2010，可以轻松使数据库应用程序和报告适应不断变化的业务需求。Office Access 2010 中增强的 Microsoft Windows SharePoint Services 2010 支持可帮助用户共享、管理、审核和备份数据。Access 2010 的主要功能和特点可以归纳为以下几点。

1. 更强大的数据共享和交换

Access 2010 提供了与 SQL Server、Oracle、Sybase 等数据库的接口，实现了更加强大的数据共享和交换功能。

2. 方便与 Office 其他软件共享信息

Access 2010 可以方便地与 Excel、Word、Outlook 等软件共享信息。

3. 更加便捷的程序开发环境

Access 2010 提供了丰富的内置函数和程序开发语言 VBA（Visual Basic for Application），帮助数据库开发人员快捷地开发数据库系统。

4. 全新工具提供快捷操作

Access 2010 通过数据库文件来组织和保存数据表、查询、报表、窗体、宏和模块等数据库对象，并提供了各种生成器、设计器和向导，快速、方便地创建数据库对象和各种控件。

5. 全新的视图界面

Access 2010 提供了 Backstage 视图，可以快速、轻松地完成对整个数据库文件的各项操作。

6. 种类繁多的数据库模板

Access 2010 提供了种类繁多的数据库模板，可以选择其中的数据库模板直接使用或者自定义以满足个性化的需求,从而更快、更轻松地构建数据库。数据库模板包括内置模板及 Office.com 上提供的模块,还包括专为经常请求的任务而设计的数据库模板和从社区提交的模板等。

7. 更为简化的表达式生成器

Access 2010 提供了更加简化的表达式生成器,可以快速建立数据库中的逻辑表达式。所提供的快速信息、工具提示和自动完成功能,可以减少拼写错误和语法错误。

8. 将数据库扩展到 Web

Access 2010 将数据库扩展到 Web,即使没有 Access 客户端,也可以通过浏览器打开 Web 表格和报表,可以脱机处理 Web 数据库,更改设计和数据,然后在重新联网时将所做更改同步到 Microsoft Windows SharePoint Services 2010 上。

9. 提供了数据集中化录入平台

提供了一个数据集中化录入平台。利用多重数据连接以及从其他来源链接或导入的信息来集成 Access 报表。使用改进的条件和计算工具,创建内容丰富、富含视觉效果的报表。

2.1.2 Access 的启动及退出

Access 2010 启动后,初始界面(Backstage 界面)如图 2-1 所示。

图 2-1 Access 2010 初始界面

在图 2-1 中可以看到,整个 Access 2010 初始界面可以分为 3 部分。左侧是"文件操作"区,在其中列出了各种针对文件设立的常用操作,如保存操作、打开操作、新建操作、帮助、退出等,用户可以根据自身的需要选择不同的操作来完成指定任务。

模板的中间区域是"可用模板"区域,在其中用户可以选择创建空数据库或者使用不同模板创建数据库。

模板的右侧在创建新数据库时,用来设置新数据库保存位置及定义新数据库名称。在查看信息时,用来查看和编辑数据库属性。

用户可以选择窗体左上角的"文件"选项卡,打开如图 2-2 所示的界面。

在如图 2-2 所示的界面中,用户可单击"新建"选项创建一个空白数据库,也可以单击"打开"选项打开一个已有的数据库。当用户对数据库编辑完成时,可以单击"退出 Access"按钮退出 Access 2010。若单击"Access 选项"按钮,将弹出"Access 选项"对话框,界面如图 2-3 所示。

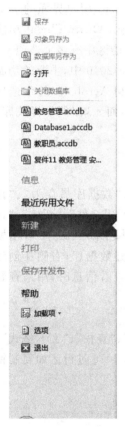

图 2-2 "文件"选项卡　　　　　　　图 2-3 Access 2010 选项界面

在图 2-3 中可以对 Access 2010 的一些常用选项进行设置,由于选项较多,本书不做过多的介绍,这里主要强调常用选项中的"空白数据库的默认文件格式"列表,其中有 3 个选项,分别为:

- Access 2000。
- Access 2002-2003。
- Access 2007。

默认设置格式为 Access 2007,由于存在 Office 2010 和 Office 2003 并存的现象,有些用户可能会同时用到 Office 2010 和 Office 2003,所以为了数据能够方便的共享,用户可将"空白数据库的默认文件格式"设置为 Access 2002-2003。

2.1.3　Access 的工作界面和帮助系统

Office Access 2010 中的新用户界面由多个元素构成,这些元素定义了用户与产品的交互方式。选择这些新元素不仅能帮助用户熟练运用 Access,还有助于更快速地查找所需命令。这项新设计还使用户能够轻松发现以不同方式隐藏在工具栏和菜单后的各项功能。同时,用户可以使用新的"开始使用 Microsoft Office Access 页"快速访问新的入门体验(其中包括一系列经过专业设计的模板),从而加快了启动和运行速度。

最重要的新界面元素称为"功能区",它是 Microsoft Office Fluent 用户界面的一部分。功能区是一个横跨程序窗口顶部的条形带,其中包含多组命令。Office Fluent 功能区用于存放各种命令,同时也是菜单和工具栏的主要替代部分。功能区中有多个选项卡,这些"选项卡"按照合理的方式将选项组合在一起。在 Office Access 2010 中,主要的功能区选项卡包括"文件"、"开始"、"创建"、"外部数据"、"数据库工具"和 Acrobat。每个选项卡都包含多组相关选项组,这些选项组展现了其他一些新的用户界面元素(例如样式库,它是一种新的控件类型,能够以可视方式呈现)。

每个选项卡具有如下功能。

1."文件"选项卡

"文件"选项卡包括 3 部分:左侧包含"保存"、"对象另存为"、"数据库另存为"、"打开"、"关闭数据库"、"近期打开的数据库名称列表"、"信息"、"最近所用文件"、"新建"、"打印"、"保存并发布"、"帮助"、"加载项"、"选项"、"退出"等多个选项;中间区域是"可用模板"区域,在其中用户可以选择创建空数据库或者使用不同模板创建数据库;右侧在创建新数据库时,用来设置新数据库保存位置及定义新数据库名称,在查看信息时,用来查看和编辑数据库属性,如图 2-2 所示。

2."开始"选项卡

"开始"选项卡中包括"视图"、"剪贴板"、"排序和筛选"、"记录"、"查找"、"文本格式"、"中文简繁转换"7 个选项组,用户可以在"开始"选项卡中对 Access 2010 进行诸如复制粘贴数据、修改字体和字号、排序数据等操作,如图 2-4 所示。

图 2-4　"开始"选项卡

3."创建"选项卡

"创建"选项卡中包括"模板"、"表格"、"查询"、"窗体"、"报表"、"宏与代码"6 个选项组,"创建"选项卡中包含的命令主要用于创建 Access 2010 的各种对象,如图 2-5 所示。

4."外部数据"选项卡

"外部数据"选项卡包括"导入并链接"、"导出"、"收集数据"3 个选项组,在"外部数据"选项卡中主要对 Access 2010 以外的数据进行相关处理,如图 2-6 所示。

图 2-5 "创建"选项卡

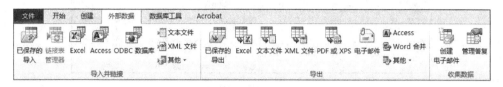

图 2-6 "外部数据"选项卡

5. "数据库工具"选项卡

"数据库工具"选项卡包括"工具"、"宏"、"关系"、"分析"、"移动数据"、"加载项"6 个选项组,主要针对 Access 2010 数据库进行比较高级的操作,如图 2-7 所示。

图 2-7 "数据库工具"选项卡

6. "Acrobat"选项卡

Acrobat 选项卡包括"创建 Adobe PDF"、"创建并通过电子邮件发送"、"审阅和注释" 3 个选项组,主要针对 Access 2010 数据库希望保存的文件不被他人修改,且还希望能够轻松共享和打印这些文件,则可借助 Microsoft Office 2010 程序将文件转换为 PDF 或 XPS 格式的操作,如图 2-8 所示。

图 2-8 Acrobat 选项卡

除了上述 6 个选项卡之外,还有一些隐藏的选项卡默认没有显示。只有在进行特定操作时,相关的选项卡才会显示出来。例如在对已有表进行操作时,会自动打开"表"选项卡和"字段"选项卡,如图 2-9 和图 2-10 所示。在利用设计视图创建表时所出现的"设计"选项卡,如图 2-11 所示。

图 2-9 "表"选项卡

图 2-10 "字段"选项卡

图 2-11 "设计"选项卡

2.1.4 Access 的数据库对象

由图 2-5 可以看到 Access 2010 中包含 6 种数据对象,即数据表、窗体、报表、查询、宏和模块。其作用简单介绍如下。

1. 表(Table)

表是数据库的基本对象,是创建其他 5 种对象的基础。表由记录组成,记录由字段组成,表用来存储数据库的数据,故又称数据表。

2. 查询(Query)

查询可以按索引快速查找到需要的记录,按要求筛选记录并能连接若干个表的字段组成新表。

3. 窗体(Form)

窗体提供了一种方便的浏览、输入及更改数据的窗口。还可以创建子窗体显示相关联的表的内容。窗体也称表单。

4. 报表(Report)

报表的功能是将数据库中的数据分类汇总,然后打印出来,以便分析。

5. 宏(Macro)

宏相当于 DOS 中的批处理,用来自动执行一系列操作。Access 列出了一些常用的操作供用户选择,使用起来十分方便。

6. 模块(Module)

模块的功能与宏类似,但它定义的操作比宏更加精细和复杂,用户可以根据自己的需要编写程序。模块使用 Visual Basic 进行编程。

2.2 创建数据库

2.2.1 引例

在 2.1 节主要介绍了 Access 2010 数据库的特点、启动和退出的方法、工作界面和帮助系统,以及 Access 2010 数据库中所包含的数据对象。本节将向读者介绍如下内容:

- 创建空白数据库。
- 使用向导创建数据库。
- 数据库的基本操作。

2.2.2 创建空白数据库

在 Access 中创建数据库，有两种方法：一是使用模板创建，模板数据库可以原样使用，也可以对它们进行自定义，以便更好地满足需要；二是先建立一个空白数据库，然后再添加表、窗体、报表等其他对象，这种方法较为灵活，但需要分别定义每个数据库元素。无论采用哪种方法，都可以随时修改或扩展数据库。

创建空白数据库的方法是，首先打开 Access 2010 窗口，在打开的开始界面中单击左侧"文件"选项卡内的"新建"选项，而后单击"可用模板"区域中的"空数据库"按钮，如图 2-12 所示。

图 2-12   单击"空数据库"按钮

在右侧的"文件名"编辑框中输入新建数据库的名称，这里输入"教务管理"，默认扩展名为".accdb"，数据库的默认保存位置是"C:\我的文档"。用户若想改变存储位置，可单击浏览按钮选择数据库保存位置。最后单击"创建"按钮即可完成数据库的创建，如图 2-13所示。

通过上述步骤，用户可在指定的位置创建一个空白的数据库，该数据库中未包含任何对象，用户可根据自己的需要添加表、查询、窗体等对象，形式比较灵活。

2.2.3 使用向导创建数据库

Access 提供了种类繁多的模板，使用它们可以加快数据库创建过程。模板是随时可

图 2-13 单击"创建"按钮

用的数据库,其中包含执行特定任务时所需的所有表、窗体和报表。通过对模板的修改,可以使其符合用户自身的需要。

在 Access 2010 中提供了多种数据库模板,用以帮助用户快速创建符合实际需要的数据库。Access 2010 中的模板包括联机模板和本地模板,这些模板中事先已经预置了符合模板主题的字段,用户只需稍加修改或直接输入数据即可。在 Access 2010 中利用模板新建数据库的具体操作步骤如下:

(1) 打开 Access 2010 窗口,在"文件"选项卡的左侧选择"新建"选项,再在中间区域选择"可用模板"列表中的"样本模板"按钮。然后在所出现的各种本地模板列表中选择准备使用的模板(例如"学生"模板),如图 2-14 所示。

(2) 在"文件名"文本框中输入新建数据库的名称,并单击浏览按钮选择数据库的保存位置,然后单击"创建"按钮即可完成数据库的创建。使用模板创建数据库的好处是速度快,数据库中的表、窗体和查询等已基本建立,缺点是创建的数据库不能完全满足用户的需要,往往需要进行大量的修改工作。

2.2.4 数据库的基本操作

1. 打开数据库

用户如果想打开已经存在的数据库,可通过单击"文件"选项卡,在左侧选择"打开"选项,如图 2-2 所示。

当用户单击"打开"按钮后,将弹出如图 2-15 所示的窗口。

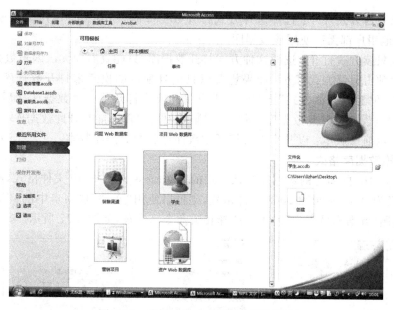

图 2-14　选择 Access 2010 数据库模板

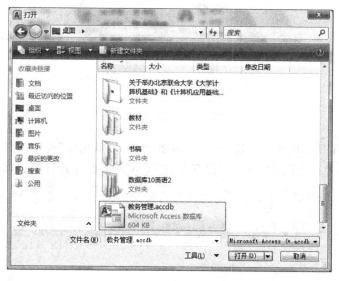

图 2-15　"打开"对话框

用户可单击如图 2-15 所示窗口中"打开"按钮右侧的下拉箭头,弹出如图 2-16 所示的下拉列表。

在图 2-16 中显示了 Access 2010 提供的 5 种打开方式:以共享方式打开、以独占方式打开、以只读方式打开、以独占只读方式打开和显示前一版本。

(1) 以共享方式打开:选择这种方式打开数据库,即以共享模式打开数据库,允许在同一时间能够有多位用户同时读取或写入数据库。

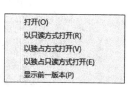

图 2-16　打开选项列表

（2）以独占方式打开：选择这种方式打开数据库时，当有一个用户读取或写入数据库期间，其他用户都无法使用该数据库。

（3）以只读方式打开：选择这种方式打开数据库，只能查看而无法编辑数据库。

（4）以独占只读方式打开：如果想要以只读且独占的模式来打开数据库，则选择该选项。所谓的"独占只读方式"指在一个用户以此模式打开某一个数据库之后，其他用户将只能以只读模式打开此数据库，而并非限制其他用户都不能打开此数据库。

（5）显示前一版本：以共享方式打开本次保存前的数据库版本。

2．转换数据库格式

Access 2010 的新建的数据库默认采用的是 Access 2007-2010 文件格式，如果用户希望将其转换为 Access 2002-2003 文件格式，则可以使用"文件"选项卡中的"保存并发布"选项，在右侧"数据库另存为"列表中选择相关命令来实现，如图 2-17 所示。

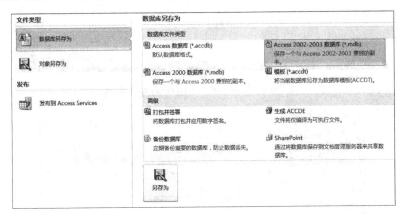

图 2-17　另存为选项

在如图 2-17 所示的界面中选择"Access 2002-2003 数据库"选项，将弹出如图 2-18 所示的界面，在该界面中用户可以由"保存位置"下拉列表框中选择数据库的保存位置，在

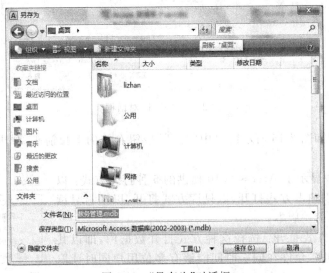

图 2-18　"另存为"对话框

"文件名"的位置输入另存为的数据库名称,"保存类型"列表框中即为用户已选择要保存的文件类型。设定完成后,单击"保存"按钮即可保存数据库。

3. 备份数据库

对于数据库文件,应该经常定期备份,以防止在硬件故障或出现意外事故时丢失数据。这样,一旦发生意外,用户就可以利用创建数据库时制作的备份,还原这些数据。用户可通过使用"文件"选项卡中的"保存并发布"选项,在右侧"数据库另存为"列表中选择相关命令来实现,如图 2-17 所示。

通过选择图 2-17 中的"备份数据库"选项,将弹出类似于图 2-18 所示的界面,唯一不同的地方是在文件名的位置,系统自动赋予的文件名为当前数据库的名字加保存日期。用户可通过实际操作来体会其区别。

2.3　创建数据表

数据表是数据库的基础,数据库的其他对象的使用均依赖于数据表,因此数据库创建完成后,第一项任务便是创建数据表。

2.3.1　引例

2.2 节中主要介绍了创建数据库的方法和数据库的基本操作,数据库创建成功后,首要任务便是创建数据表,本节将围绕数据表讲述如下内容:

- 使用表模板创建表。
- 使用表设计视图创建表。
- 通过输入数据创建表。
- 使用已有的数据创建表。
- 数据表中记录的输入和输出。
- 字段的属性设置。
- 主关键字的设置。
- 修改表结构。

2.3.2　使用表模板创建表

这里使用一个实例——"教务管理"数据库,共有 6 个表,分别介绍如下:
(1)"学生"表用于存储学生的相关信息,如图 2-19 所示。

学号	姓名	性别	出生日期	所在系编号	住址	邮政编码	联系电话	单击以添加
2012021203201	魏明	男	1994/10/14	001	北京市朝阳区	100011	13333324132	
2012021203202	杨悦	女	1994/11/11	001	北京市通州区	100100	13696664563	
2012021204101	陈诚	男	1994/4/18	003	北京市宣武区	100015	13546987885	
2012021204102	马振亮	男	1994/3/18	003	北京市朝阳区	100011	13698775699	
2012021205101	谢芳	女	1993/12/3	002	北京市大兴区	100224	13711112221	
2012021205102	王建一	男	1994/1/11	002	北京市崇文区	100013	12536654566	
2012021206101	张建越	男	1994/10/18	004	北京市海淀区	100088	18667547735	
2012021206102	李享	女	1993/6/6	004	北京市东城区	100055	15734789383	
2012021207101	刘畅	女	1993/4/26	005	北京市西城区	100033	18737458734	
2012021207102	王四锅	男	1994/11/11	005	北京市海淀区	100088	15683459358	

图 2-19　学生表

（2）"部门"表用于存储各系的相关信息，如图 2-20 所示。

（3）"课程"表用于存储所开课程的相关信息，如图 2-21 所示。

部门编号	部门名称	办公室	单击以添加
001	电气信息系	1309	
002	艺术设计系	2106	
003	艺术教育系	2501	
004	语言文化系	2727	
005	应用心理学系	21019	

图 2-20　部门表

课程编号	课程名称	任课教师	教材编号	单击以添加
C001	计算机基础	丁辉	B002	
C002	程序设计	王凯	B001	
C003	网站设计	李毅	B004	
C004	多媒体技术	陈丽	B005	
C005	数据库应用	刘畅	B006	
C006	软件工程	曹韵文	B007	

图 2-21　课程表

（4）"教材"表用于存储所选用教材的相关信息，如图 2-22 所示。

教材编号	教材名称	出版社	出版日期	单价	单击以添加
B001	Vb程序设计基础	清华大学出版社	2010-1 -5	￥35.00	
B002	大学计算机基础	机械工业出版社	2009-12-20	￥31.00	
B003	微型计算机原理	北京工业出版社	2008-10-24	￥28.00	
B004	Asp.net程序设	科技出版社	2009-10-12	￥38.00	
B005	多媒体应用技术教程	清华大学出版社	2008-11-14	￥45.00	
B006	Access数据库应用教程	机械工业出版社	2000-9 -12	￥39.00	
B007	软件工程	北京人民大学出版社	2009-8 -12	￥32.00	
B008	SQL Server 2005入门与提高	机械工业出版社	2009-4 -25	￥30.00	

图 2-22　教材表

（5）"成绩"表用于存储学生选课成绩的相关信息，如图 2-23 所示。

课程编号	学号	平时成绩	考试成绩
C001	2012021203201	89	85
C001	2012021203202	78	80
C001	2012021204101	89	78
C001	2012021204102	95	98
C001	2012021205101	77	65
C001	2012021205102	76	54
C001	2012021206101	96	98
C001	2012021206102	78	86
C001	2012021207101	89	87
C001	2012021207102	82	76
C002	2012021203201	76	67
C002	2012021203202	89	87
C003	2012021207101	76	79
C003	2012021207102	84	84
C004	2012021206101	90	90
C004	2012021206102	68	56
C005	2012021204101	76	67
C005	2012021204102	78	87
C005	2012021205101	76	56
C005	2012021205102	96	98
C006	2012021203201	78	76
C006	2012021203202	78	67

图 2-23　成绩表

（6）"教师"表用于存储教师的相关信息，如图 2-24 所示。

教师编号	教师姓名	性别	职称	部门编号	通讯地址	邮政编码	联系电话	电子邮箱	单击以添加
JS001	丁辉	男	副教授	001	北京市朝阳区	100072	13967257785	dinghui@263	
JS002	王凯	男	讲师	003	北京市丰台区	100043	15897739930	wangkai@163	
JS003	李毅	男	教授	004	北京市海淀区	100088	18934773733	liyi1120@026	
JS004	陈丽	女	副教授	002	北京市西城区	100031	13004363747	chenl1@263.	
JS005	刘畅	女	教授	002	北京市东城区	100022	13664653332	liuchang@26	
JS006	曹韵文	男	讲师	004	北京市崇文区	100039	13534939844	caoyv@sohu.	
JS007	李霞	女	副教授	005	北京市丰台区	100088	15978348573	lixia@163.n	
JS008	于丽	女	教授	001	北京市朝阳区	100011	18634658935	yul1009@soh	
JS009	高泉	男	副教授	005	北京市宣武区	100058	13737538484	gaoquan@263	
JS010	戴东青	男	副教授	003	北京市海淀区	100086	13354896867	daidq05@126	

图 2-24　教师表

下面以"学生"表为例讲述数据表的建立过程。

在创建 Access 表时可以使用 Access 2010 内置的表模板。Access 2010 提供的表模板如图 2-25 所示。

例 2.1 使用模板在数据库"教务管理"中创建"学生"表。

用户可以选择 Access 2010 所提供的表模板中与自身需要相近的模板,通过对模板的修改完成表的创建。在"教务管理"数据库中利用表模板创建"学生"表的具体操作步骤如下:

(1) 单击"创建"按钮。打开"创建"选项卡。

(2) 在"创建"选项卡中的"模板"选项组内,单击"应用程序部件"选项右侧向下箭头。

图 2-25　表模板

(3) 在打开的如图 2-25 所示的"表模板"下拉列表中,单击"联系人"模板,则基于"联系人"表模板所创建的表就被插入到当前数据库中,如图 2-26 所示。

图 2-26　插入联系人模板后创建的新表

(4) 双击 ID 字段名,将其修改为"学号",采用相同的方法修改其他的字段,将多余的字段删除。修改完成后的界面如图 2-27 所示。

图 2-27　修改后的表

(5) 修改完成后单击"保存"按钮,在打开的保存对话框中,给表命名后完成表的创建。

如果使用模板所创建的表不能完全满足需要,可以对表进行修改。简单的删除或添加字段可以在数据视图中操作,复杂的设置则需要在设计视图中进行。

2.3.3　使用设计视图创建表

使用模板创建表固然方便快捷,但是有一定的局限性。使用设计视图创建表是一种十分灵活但是比较复杂的方法,需要花费较多的时间。对于较为复杂的表,通常都是在设计视图中创建的。

例 2.2 使用设计视图在"教务管理"数据库中,创建"学生"表。学生表的结构,如表 2-1 所示。

使用设计视图建立"学生"表的具体操作步骤如下:

(1) 打开"教务管理"数据库。在"创建"选项卡的"表"选项组中,单击"表设计"选项。

表 2-1　学生表结构

字 段 名	字 段 类 型	长 度	主 键
学号	文本	13	是
姓名	文本	6	否
性别	文本	2	否
出生日期	日期/时间	固定	否
所在系编号	文本	3	否
住址	文本	20	否
邮政编码	文本	6	否
联系电话	文本	11	否

（2）打开表的设计视图,按照表 2-1 的内容,在字段名称列中输入字段名称,在数据类型列中选择相应的数据类型,在常规属性窗格中设置字段大小,如图 2-28 所示。

（3）把光标放在"学号"字段选定位置上,右击,在弹出的如图 2-29 所示的快捷菜单中,单击"主键"按钮,或者在"设计"选项卡中,单击"主键"选项。设置完成后,在"学号"的字段选定器上出现钥匙图形,表示该字段被设置为主键。

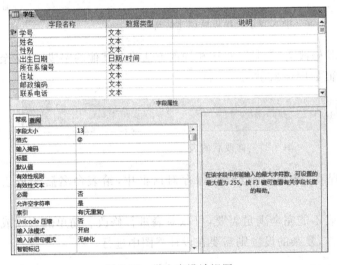

图 2-28　学生表设计视图　　　　　　　　　　图 2-29　属性快捷键

（4）单击"保存"按钮,以"学生"为名称保存表。

另外,使用设计视图在"教务管理"数据库中,继续创建"课程"表、"教材"表、"部门"表、"教师"表和"成绩"表。"课程"表、"教材"表、"部门"表、"教师"表和"成绩"表的结构,如表 2-2～表 2-6 所示。

2.3.4　通过输入数据创建表

用户如果不习惯使用模板和表设计视图进行表设计,也可通过直接在表中输入数据的方法创建数据表。

表 2-2 课程表结构

字 段 名	字 段 类 型	长 度	主 键
课程编号	文本	4	是
课程名称	文本	12	否
任课教师	文本	6	否
教材编号	文本	4	否

表 2-3 教材表结构

字 段 名	字 段 类 型	长 度	主 键
教材编号	文本	4	是
教材名称	文本	30	否
出版社	文本	14	否
出版日期	日期/时间	固定	否
单价	货币	固定	否

表 2-4 部门表结构

字 段 名	字 段 类 型	长 度	主 键
部门编号	文本	3	是
部门名称	文本	10	否
办公室	文本	5	否

表 2-5 教师表结构

字 段 名	字 段 类 型	长 度	主 键
教师编号	文本	5	是
教师姓名	文本	6	否
性别	文本	2	否
职称	文本	6	否
部门编号	文本	3	否
通讯地址	文本	20	否
邮政编码	文本	6	否
联系电话	文本	11	否
电子邮箱	文本	16	否

表 2-6　成绩表结构

字　段　名	字　段　类　型	长　　度	主　　键
学号	文本	13	是
课程编号	文本	4	是
平时成绩	数字	长整型	否
考试成绩	数字	长整型	否

例 2.3　通过直接输入数据创建"学生"表。

通过直接输入数据的方法建立"学生"表的具体操作步骤如下:

(1) 打开"教务管理"数据库。在"创建"选项卡的"表"选项组中,单击"表"选项,弹出如图 2-30 所示的界面。

图 2-30　新建表界面

(2) 在如图 2-30 所示界面中双击字段名 ID 的位置,将其改为"学号",双击"添加新字段"输入"姓名",以此类推添加其他字段,添加后的结果如图 2-31 所示。

图 2-31　建表后界面

(3) 单击"保存"按钮,以"学生"为名称保存表。

通过直接输入数据的方法创建数据表的方法,更加直观。用户可以直接看到表创建完成后的效果,但若想对字段进行详细的设计,仍然需要使用"表设计视图"。

2.3.5　使用已有的数据创建表

可以通过导入来自其他位置存储的信息来创建表。例如,可以导入来自 Excel 工作表、SharePoint 列表、XML 文件、其他 Access 数据库、Outlook 2010 文件夹以及其他数据源中存储的信息。

例 2.4　将"部门.xls"导入"教务管理"数据库中。

将"部门.xls"导入"教务管理"数据库中,具体操作步骤如下:

(1) 打开"教务管理"数据库,在"外部数据"选项卡的"导入并链接"选项组中,单击 Excel 选项,弹出如图 2-32 所示的界面。在该界面中单击"浏览"按钮,选中要导入的 Excel 表。这里选择"部门.xls"表,单击"确定"按钮。

(2) 在打开的"请选择合适的工作表或区域"对话框中,选择"显示工作表"选项后选中要导入的工作表即可,这里选择 Sheet1 表,单击"下一步"按钮,如图 2-33 所示。

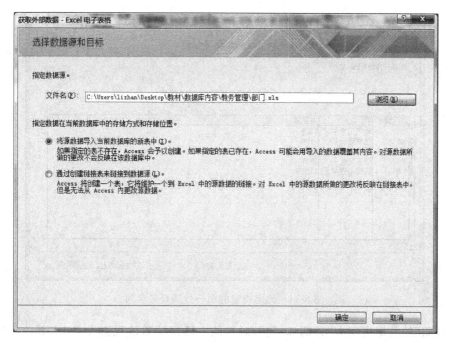

图 2-32　获取外部数据

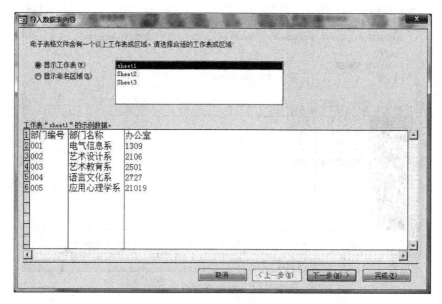

图 2-33　请选择合适的工作表或区域

（3）在打开的"请确定指定的第一行是否包含列"对话框中，选中"第一行包含列标题"复选框，然后单击"下一步"按钮，如图 2-34 所示。

（4）在打开的"指定有关正在导入的每一字段的信息"对话框中，指定"部门编号"字段的数据类型为"文本"，索引项为"有（无重复）"。然后依次设置其他字段信息，如设置

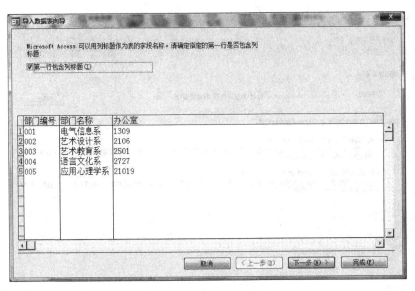

图 2-34　确定指定的第一行是否包含列

"出生日期"的数据类型为"日期/时间",对其他字段保持默认设置。单击"下一步"按钮,如图 2-35 所示。

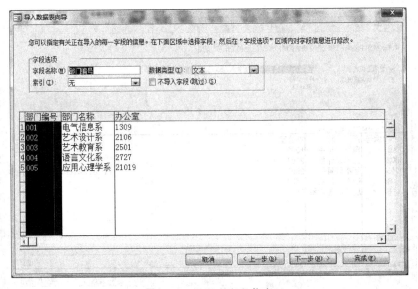

图 2-35　指定个字段信息

（5）在打开的"定义主键"对话框中,选中"我自己选择主键"单选按钮,Access 2010自动选定"部门编号"字段为主键,然后单击"下一步"按钮,如图 2-36 所示。

（6）在"以上是向导导入数据所需的全部信息"对话框中,在"导入到表"文本框中,输入"部门",然后单击"完成"按钮,如图 2-37 所示。

到这里便完成了使用导入方法创建表的过程。

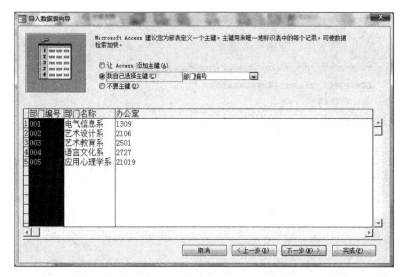

图 2-36　指定主键

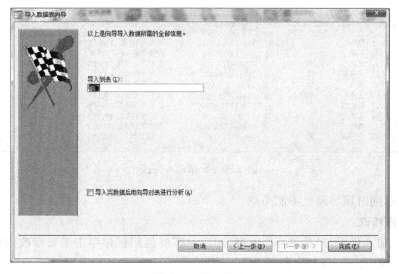

图 2-37　导入到表

（7）当单击"完成"按钮后，将打开如图 2-38 所示的"保存导入步骤"对话框中，取消选择"保存导入步骤"复选框，单击"关闭"按钮。

需要注意的是，保存导入步骤是针对于经常进行相同导入操作的用户，可以把导入步骤保存下来，下一次可以快速完成同样的导入操作。

2.3.6　表记录的输入和编辑

1. 数据输入

用户创建完数据表后，用户可以直接输入数据，数据输入完成后的界面如图 2-39 所示。
需要注意的是，由于学号字段是"学生"表的主键，所以在输入过程中能"学号"字段的

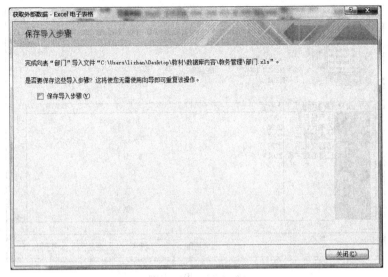

图 2-38 保存导入步骤

学生								
学号	姓名	性别	出生日期	所在系编号	住址	邮政编码	联系电话	单击以添加
2012021203201	魏明	男	1994/10/14	001	北京市朝阳区	100011	13333324132	
2012021203202	杨悦	女	1994/11/11	001	北京市通州区	100100	13696664563	
2012021204101	陈诚	男	1994/4/18	003	北京市宣武区	100015	13546987885	
2012021204102	马振亮	男	1994/3/18	003	北京市朝阳区	100011	13698775699	
2012021205101	谢芳	女	1993/12/3	002	北京市大兴区	100224	13711112221	
2012021205102	王建一	男	1994/1/11	002	北京市崇文区	100013	12536654566	
2012021206101	张建越	男	1994/10/18	004	北京市海淀区	100088	18667547735	
2012021206102	李享	女	1993/6/6	004	北京市东城区	100055	15734789383	
2012021207101	刘畅	女	1993/4/26	005	北京市西城区	100033	18737458734	
2012021207102	王四铜	男	1994/11/11	005	北京市海淀区	100088	15683459358	

图 2-39 数据输入完成

值不能相同,同时该字段也不能为空。

2. 数据修改

当数据输入错误,需要进行修改时,用户只需要使用鼠标单击需要修改的位置,对其进行修改即可,如图 2-40 所示。

学生								
学号	姓名	性别	出生日期	所在系编号	住址	邮政编码	联系电话	单击以添加
2012021203201	魏明	男	1994/10/14	001	北京市朝阳区	100011	13333324132	
2012021203202	杨悦	女	1994/11/11	001	北京市通州区	100100	13696664563	
2012021204101	陈成	男	1994/4/18	003	北京市宣武区	100015	13546987885	
2012021204102	马振亮	男	1994/3/18	003	北京市朝阳区	100011	13090775099	
2012021205101	谢芳	女	1993/12/3	002	北京市大兴区	100224	13711112221	
2012021205102	王建一	男	1994/1/11	002	北京市崇文区	100013	12536654566	
2012021206101	张建越	男	1994/10/18	004	北京市海淀区	100088	18667547735	
2012021206102	李享	女	1993/6/6	004	北京市东城区	100055	15734789383	
2012021207101	刘畅	女	1993/4/26	005	北京市西城区	100033	18737458734	
2012021207102	王四铜	男	1994/11/11	005	北京市海淀区	100088	15683459358	

图 2-40 修改数据

3. 数据的复制与移动

在 Access 2010 中复制或移动数据的方法与 Windows 中的其他软件相同,用户可以选中要复制或移动的内容后,通过右键快捷菜单中的命令完成或者使用 Ctrl＋C(复制)、Ctrl＋X(剪切)、Ctrl＋V(粘贴)3 个快捷键完成。

4. 记录的插入和删除

图 2-41　记录选项组

在数据表的使用过程中,往往需要用到向数据表中添加记录的情况,在 Access 2010 中插入新记录的方法是,选中一条记录选择"开始"选项卡的"记录"选项组中的"新建"选项,如图 2-41 所示。

Access 2010 会将光标定位到最后一条记录之后,如图 2-42 所示。

学生								
学号	姓名	性别	出生日期	所在系编号	住址	邮政编码	联系电话	单击以添加
2012021203201	魏明	男	1994/10/14	001	北京市朝阳区	100011	13333324132	
2012021203202	杨悦	女	1994/11/11	001	北京市通州区	100100	13696664563	
2012021204101	陈成	男	1994/4/18	003	北京市宣武区	100015	13546987885	
2012021204102	马振亮	男	1994/3/18	003	北京市朝阳区	100011	13698775699	
2012021205101	谢芳	女	1993/12/3	002	北京市大兴区	100224	13711112221	
2012021205102	王建一	男	1994/1/11	002	北京市崇文区	100013	12536654566	
2012021206101	张建越	男	1994/10/18	004	北京市海淀区	100088	18667547735	
2012021206102	李享	女	1993/6/6	004	北京市东城区	100055	15734789383	
2012021207101	刘畅	女	1993/4/26	005	北京市西城区	100033	18737458734	
2012021207102	王四铜	男	1994/11/11	005	北京市海淀区	100088	15683459358	

图 2-42　选择新记录选项后

这里为了能够区别以前输入的记录,只输入学号字段的内容"2012021203203",用户会发现刚刚输入的记录显示在表的最后一条记录上,当用户关闭表并再次打开时,该记录将显示在正确的位置,如图 2-43 所示。

学生								
学号	姓名	性别	出生日期	所在系编号	住址	邮政编码	联系电话	单击以添加
2012021201235								
2012021203201	魏明	男	1994/10/14	001	北京市朝阳区	100011	13333324132	
2012021203202	杨悦	女	1994/11/11	001	北京市通州区	100100	13696664563	
2012021204101	陈成	男	1994/4/18	003	北京市宣武区	100015	13546987885	
2012021204102	马振亮	男	1994/3/18	003	北京市朝阳区	100011	13698775699	
2012021205101	谢芳	女	1993/12/3	002	北京市大兴区	100224	13711112221	
2012021205102	王建一	男	1994/1/11	002	北京市崇文区	100013	12536654566	
2012021206101	张建越	男	1994/10/18	004	北京市海淀区	100088	18667547735	
2012021206102	李享	女	1993/6/6	004	北京市东城区	100055	15734789383	
2012021207101	刘畅	女	1993/4/26	005	北京市西城区	100033	18737458734	
2012021207102	王四铜	男	1994/11/11	005	北京市海淀区	100088	15683459358	

图 2-43　插入新记录

删除记录的方法与插入的方法类似,选中刚刚添加的记录,在如图 2-41 所示的"记录"选项组中选择"删除"选项,之后将弹出删除记录提示对话框,在其中选择确定即可删除该记录。

2.3.7　字段的属性设置

使用设计视图创建表是 Access 中最常用的方法之一,在设计视图中,用户可以为字段设置属性。在 Access 数据表中,每一个字段的可用属性取决于为该字段选择的数据类型。本节将详细地讲述字段属性的设置方法，以及如何在设计视图中修改数据表。

1. 字段数据类型

Access 2010 定义了 11 种数据类型，在表设计视图中"数据类型"单元格的下拉列表内显示了 12 种数据类型。分别介绍如下：

1）文本类型

文本类型的字段用于输入介于 1～255 个字符的文本。文本字段可在 1～255 个字符间变化。对于较大文本字段，请使用备注数据类型。

2）备注

备注类型主要用于存储长度超过 255 个字符并且是格式化文本的文本块。

3）数字

数字类型用于存储非货币值的数值。如果要使用字段中的值进行计算，则可以利用数字数据类型。具体类型有：

（1）字节——适用于 0～255 之间的数值。存储要求为单字节。

（2）整型——适用于 $-32\,768～+32\,768$ 之间的数值。存储要求为 2 个字节。

（3）长整型——适用于 $-2\,147\,483\,648$ 到 $+2\,147\,483\,647$ 之间的数值。存储要求为 4 个字节。"长整型"可用于将其他表的主键"自动编号"字段中显示的值存储为外键。

（4）单精度型——适用于 $-3.4\times10^{38}～+3.4\times10^{38}$ 之间且最多有 7 个有效数位的浮点数值。存储要求为 4 个字节。

（5）双精度型——适用于 $-1.797\times10^{308}～+1.797\times10^{308}$ 之间且最多有 15 个有效数位的浮点数值。存储要求为 8 个字节。

（6）同步复制 ID——用于存储同步复制所需的全局唯一标识符。存储要求为 16 个字节。注意，使用 .accdb 文件格式时不支持同步复制。

（7）小数——适用于从 $-9.999\cdots\times10^{27}～+9.999\cdots\times10^{27}$ 之间的数值。存储要求为 12 个字节。

4）日期/时间

日期/时间型主要用于存储基于时间的数据。

5）货币

货币类型主要用于存储货币数据。

货币字段中的数据在计算过程中不进行四舍五入。货币字段精确到小数点左边 15 位和右边 4 位。每个货币字段值需要 8 个字节的存储空间。

6）自动编号

使用自动编号字段提供唯一值，该值的唯一用途就是使每条记录成为唯一的。自动编号字段常作为主键应用，尤其是当没有合适的自然键（基于数据字段的键）可用时。

自动编号字段值需要 4 或 16 个字节，具体取决于其"字段大小"属性的值。

需要说明的是不应使用自动编号字段为表中的记录计数。自动编号值不会重新使用，因此删除的记录会导致计数与编号存在差异。所以，要统计表中的记录总数，可以使用数据表中的"总计"行轻松地获取记录的准确个数。

7）是/否

是/否类型主要用于存储布尔值,通常用于表示真或假。

8) OLE 对象

该类型主要用于将 OLE 对象(例如 Microsoft Office Excel 电子表格)附加到记录中。如果需要使用 OLE(OLE 是一种可用于在程序之间共享信息的程序集成技术。所有 Office 程序都支持 OLE,所以可通过链接和嵌入对象共享信息)功能,必须使用 OLE 对象数据类型。

在 Access 2010 中,通常应使用附件字段代替 OLE 对象字段。OLE 对象字段支持的文件类型比附件字段少得多。此外,OLE 对象字段不允许将多个文件附加到一条记录中。

9) 超链接

该类型用于存储超链接(例如电子邮件地址或网站 URL)。

超链接可以是 UNC(通用命名约定),它是一种对文件的命名约定,它提供了独立于机器的文件定位方式。UNC 名称使用 \\server\share\path\filename 这一语法格式,而不是指定驱动器符和路径(路径或 URL(统一资源定位符)是一种地址,指定协议(如 HTTP 或 FTP)以及对象、文档、万维网网页或其他目标在 Internet 或 Intranet 上的位置,例如:http://www.microsoft.com)。它最多可存储 2048 个字符。

10) 附件

该类型使用附件字段将多个文件(例如图像)附加到记录中。

假设具有一个工作联系人数据库。可使用附件字段附加每个联系人的照片,也可将联系人的一份或多份简历附加到该记录的相同字段中。

对于某些文件类型,Access 会在用户添加附件时对其进行压缩。

11) 计算

该类型用于显示根据同一表中的其他数据计算而来的值。可以使用表达式生成器来创建计算,以便您可以受益于智能感知功能并轻松访问有关表达式值的帮助。值得注意的是,其他表中的数据不能用作计算数据的源。计算字段不支持某些表达式。

12) 查阅向导

查阅向导是一个比较特殊的字段类型,当用户选择"性别"字段,将其设置为查阅向导类型后,将弹出如图 2-44 所示的界面。在其中选择"自行键入所需的值"并单击"下一步"按钮,将弹出如图 2-45 所示的界面。在其中自行输入所需的值,并单击"下一步"按钮,弹

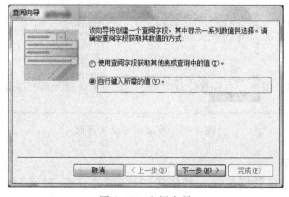

图 2-44　查阅向导

出如图 2-46 所示的界面,在其中输入标签的名称,并单击"完成"按钮。

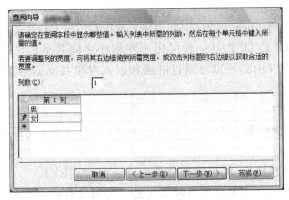

图 2-45　输入值

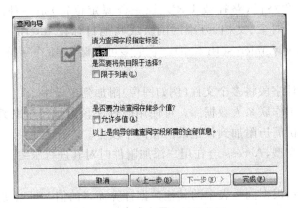

图 2-46　完成查阅向导的设置

在输入时,当输入类型为查阅向导字段时,将显示如图 2-47 所示的界面。用户可在下拉列表中选择可输入的数据,以方便用户输入。

| 学生 | | | | | | | | |
学号	姓名	性别	出生日期	所在系编号	住址	邮政编码	联系电话	单击以添加
2012021201235								
2012021203201	魏明	男	1994/10/14	001	北京市朝阳区	100011	13333324132	
2012021203202	杨悦	女	1994/11/11	001	北京市通州区	100100	13696664563	
2012021204101	陈成	男	1994/4/18	003	北京市宣武区	100015	13546987885	
2012021204102	马振亮	男	1994/3/18	003	北京市朝阳区	100011	13698775699	
2012021205101	谢芳	女	1993/12/3	002	北京市大兴区	100224	13711112221	
2012021205102	王建一	男	1994/1/11	002	北京市崇文区	100013	12536654566	
2012021206101	张建越	男	1994/10/08	003	北京市海淀区	100088	18667547735	
2012021206102	李享	女	1993/6/6	004	北京市东城区	100055	15734789383	
2012021207101	刘畅	女	1993/4/26	005	北京市西城区	100033	18737458734	
2012021207102	王四铜	男	1994/11/11	005	北京市海淀区	100088	15683459358	

图 2-47　查阅向导录入界面

2. 选择数据格式

Access 允许为字段数据选择一种格式,"数字"、"日期/时间"和"是/否"字段都可以选择数据格式。选择数据格式可以确保数据表示方式的一致性。如图 2-48 所示,选择出生日期的时间格式。

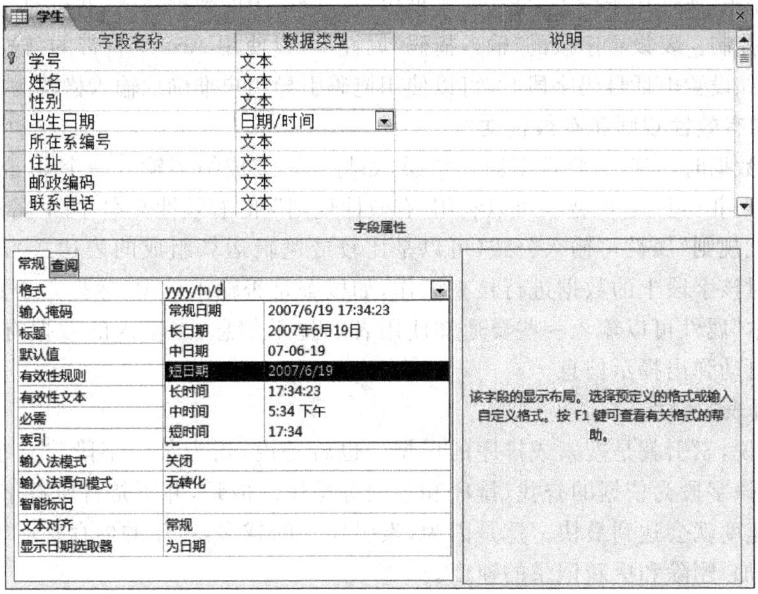

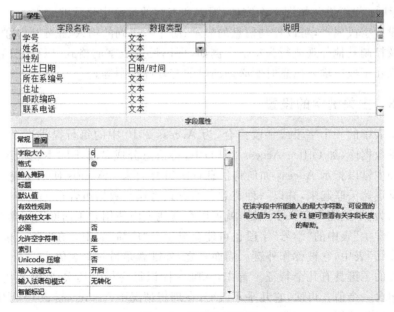

图 2-48　设置时间格式

3. 改变字段大小

Access 允许更改字段默认的字符数。改变字段大小可以保证字符数目不超过特定限制,从而减少数据输入错误。如图 2-49 所示设置姓名的字符长度为 6 个字符,即 3 个汉字。

图 2-49　设置字符长度

4. 输入掩码

"输入掩码"属性用于设置字段、文本框以及组合框中的数据格式,并可对允许输入的数值类型进行控制。要设置字段的"输入掩码"属性,可以使用 Access 自带的"输入掩码向导"来完成。例如设置电话号码字段时,可以使用掩码引导用户准确地输入格式为"( )- "。

5. 设置有效性规则和有效性文本

当输入数据时,有时会将数据输入错误,如将工资或成绩多输入一个 0,或输入一个不合理的日期。事实上,这些错误可以利用"有效性规则"和"有效性文本"两个属性来避免。

"有效性规则"属性可输入公式(可以是比较或逻辑运算组成的表达式),用于将来输入数据时,对该字段上的数据进行核查工作,如核查是否输入数据、数据是否超过范围等;"有效性文本"属性可以输入一些要通知使用者的提示信息,当输入的数据有错误或不符合公式时,自动弹出提示信息。

6. 设置表的索引

简单的说,索引就是搜索或排序的根据。也就是说,当为某一字段建立了索引,可以显著加快以该字段为依据的查找、排序和查询等操作。但是,并不是将所有字段都建立索引,搜索的速度就会达到最快。这是因为,索引建立的越多,占用的内存空间就会越大,这样会减慢添加、删除和更新记录的速度。

7. 字段的其他属性

在表设计视图窗口的"字段属性"选项区域中,还有多种属性可以设置,如"必填字段"属性、"允许空字符串"属性、"标题"属性等。

(1) 必填字段:要求在字段中必须输入数据,不允许为空。

(2) 允许空字符串:允许在"文本"或"备注"字段中输入(通过设置为"是")零长度的空字符串("")。

(3) 标题:设置默认情况下在窗体、报表和查询的标签中显示的文本。

通过设置字段属性,可以控制信息的显示、防止不正确的输入、指定默认值、加速搜索和排序以及控制其他外观或行为特征。例如,可以设置数字的格式,以使它们更易读取,也可以定义在字段中输入信息时所必须满足的有效性规则等。

2.3.8 主关键字的设置

主键是表中的一个字段或字段集合,为 Access 2010 中的每行提供一个唯一的标识符。在关系数据库(如 Office Access 2010)中,将信息分成基于不同主题的表。然后,使用表关系和主键以指示 Access 如何将信息再次组合起来。Access 使用主键字段将多个表中的数据迅速关联起来,并以一种有意义的方式将这些数据组合在一起。

这是因为,一旦用户定义了主键,就可以在其他表内使用它来向回引用具有该主键的表。例如,"学生"表中的"学号"字段也可能会显示在"成绩"表中。在"学生"表中,它是主键,而在"成绩"表中,它被称作外键。简而言之,外键就是另一个表的主键。

一个好的主键具有几个特征。首先,它唯一标识每一行。其次,它从不为空(Null),即它始终包含一个值。再次,它几乎不改变(在理想情况下)。Access 2010 可使用主键字段将多个表中的数据快速收集在一起。

在"学生"表中将姓名或地址作为主键则是一种糟糕的选择。它们都包含可能随时间变化的信息。应该始终为表指定一个主键。Access 会自动为主键创建索引,这有助于加快查询和其他操作的速度。Access 还确保每条记录的主键字段中都有一个值,并且该值始终是唯一的。

在数据表视图中创建新表时,Access 2010 自动为用户创建主键,并且为它指定字段名 ID 和"自动编号"数据类型。默认情况下,该字段在"数据表视图"中为隐藏状态,但切换到"设计视图"后就可以看到该字段。用户可以根据自身的需要来选择是否使用 ID 字段,或重新建立一个新的字段作为主键。

如果想不到可能成为优秀主键的一个字段或字段集合,则请考虑使用某一数据类型为"自动编号"的列。这样的标识符不包含事实数据,即不包含任何描述所代表行的真实信息。因为不包含事实数据的标识符不会更改,所以使用这些标识符是一种好做法。因为真实信息本身经常会发生变化,所以包含有关某一行的事实数据的主键(如电话号码或客户名称)也有可能会更改。

数据类型为"自动编号"的列通常是一个不错的主键,因为它确保任何两条记录都互不相同。

在某些情况下,用户可能想使用两个或多个字段一起作为表的主键。如用于存储学生课程成绩的"成绩"表将在其主键中使用两个列:"课程编号"和"学号"。当一个主键使用多个列时,它又被称为复合键。

2.3.9　修改表结构

在设计 Access 2010 数据表结构时,由于应用的特殊性,往往会发现最初设计的表结构不能满足用户的需要,这时需要对表的结构做出修改,以满足用户应用的需要。

例 2.5　将"学生"表的"邮政编码"字段的长度改为 6。

(1) 首先使用设计视图打开"学生"表,如图 2-50 所示。

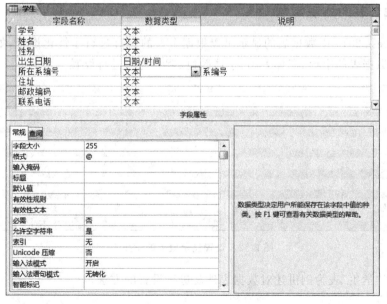

图 2-50　学生表的设计视图

（2）由图 2-50 可以看到，"邮政编码"字段的大小默认为 255 个字符，而实际邮政编码只使用 6 个字符即可，所以造成很大的浪费，修改方法是将光标定位到"字段大小"编辑框，将 255 改为 6，修改完成后保存表结构，这时弹出如图 2-51 所示的提示框。

图 2-51　提示信息框

（3）单击如图 2-51 所示中的"是"按钮，完成表结构的修改。

需要用户注意的是，在修改表结构时，如果修改的字段长度小于字段中已输入数据的长度，则会造成数据的丢失，所以在修改字段长度时需要特别留意。

2.4　表的基本操作

2.4.1　引例

2.3 节中主要介绍了表的常用创建方法、字段属性的设置、主关键字的设置以及表结构修改的方法，本节主要介绍如下内容：

- 表的外观定制。
- 表的复制、删除和重命名。
- 数据的导入和导出。

2.4.2　表的外观定制

在 Access 2010 中数据表的显示可以根据个人的喜好进行个性化设置，如图 2-52 所示，可以对数据表的字形、字体大小、字体颜色、背景色等进行设置。

学生								
学号	姓名	性别	出生日期	所在系编号	住址	邮政编码	联系电话	单击以添加
2012021203201	魏明	男	1994/10/14	001	北京市朝阳区	100011	13333324132	
2012021203202	杨悦	女	1994/11/11	001	北京市通州	100100	13696664563	
2012021204101	陈诚	男	1994/4/18	003	北京市宣武	100015	13546987885	
2012021204102	马振亮	男	1994/3/18	003	北京市朝阳区	100011	13698775699	
2012021205101	谢芳	女	1993/12/3	002	北京市大兴区	100224	13711112221	
2012021205102	王建一	男	1994/1/11	002	北京市崇文区	100013	12536654566	
2012021206101	张建城	男	1994/10/18	004	北京市海淀区	100088	18667547735	
2012021206102	李享	女	1993/6/6	004	北京市东城	100055	15734789383	
2012021207101	刘畅	女	1993/4/26	005	北京市西城	100033	18737458734	
2012021207102	王四铜	男	1994/11/11	005	北京市海淀区	100088	15683459358	

图 2-52　设置显示效果的学生表

下面以"学生"表为例讲述对数据表外观进行设置的方法。

1. 字体设置

与字体相关的设置主要集中在"开始"选项卡的"字体"选项组中，如图 2-53 所示。

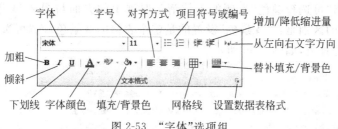

图 2-53 "字体"选项组

在如图 2-53 所示的"字体"选项组中可以进行字体设置、字号设置、字体加粗、字体倾斜、加下划线、字体颜色、对齐设置、背景色、网格线、可选行颜色、设置数据表格式等相关格式的设置。

在进行字体设置、字号设置、字体加粗、字体倾斜、加下划线、字体颜色和对齐设置时均为对整个表进行设置，由于比较常用所以不做过多介绍，这里主要介绍与其他软件不同的设置。

1）设置字体颜色

当用户单击"字体颜色"右侧的下拉箭头时，将弹出如图 2-54 所示的界面。

在其中比较有特色的是"Access 主题颜色"，在主体颜色中已经设置了一些配色方案，用户可直接使用，其他颜色的使用方法与其他软件相同。

2）设置背景色

当用户单击"背景色"右侧的下拉箭头时，将弹出与图 2-54 所示界面相同的颜色面板。所不同的是本按钮的功能是设置表格的背景颜色。

3）设置网格线

通过"网格线"按钮可设置表格网格线的显示情况，当单击"网格线"右侧的下拉箭头时，将弹出如图 2-55 所示的界面。

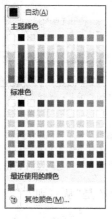

图 2-54 颜色面板

图 2-55 网格线界面

在其中用户可以设置是否显示网格线,或者网格线的显示效果。

4)可选行颜色

当用户单击"可选行颜色"右侧的下拉箭头时弹出的界面与图 2-54 相同,"可选行颜色"与"背景色"的区别是:"背景色"设置的是整个表格的背景色,而"可选行颜色"只是设置数据区域的背景色,如图 2-56 所示。

学号	姓名	性别	出生日期	所在系编号	住址	邮政编码	联系电话	单击以添加
2012021203201	魏明	男	1994/10/14	001	北京市朝阳区	100011	13333324132	
2012021203202	杨悦	女	1994/11/11	001	北京市通州	100100	13696664563	
2012021204101	陈诚	男	1994/4/18	003	北京市宣武区	100015	13546987885	
2012021204102	马振亮	男	1994/3/18	003	北京市朝阳区	100011	13698775699	
2012021205101	谢芳	女	1993/12/3	002	北京市大兴	100224	13711112221	
2012021205102	王建一	男	1994/1/11	002	北京市崇区	100013	12536654566	
2012021206101	张建越	男	1994/10/18	004	北京市海淀区	100088	18667547735	
2012021206102	李享	女	1993/6/6	004	北京市东城	100055	15734789383	
2012021207101	刘畅	女	1993/4/26	005	北京市西城	100033	18737458734	
2012021207102	王四铜	男	1994/11/11	005	北京市海淀区	100088	15683459358	

(a)背景色

学号	姓名	性别	出生日期	所在系编号	住址	邮政编码	联系电话	单击以添加
2012021203201	魏明	男	1994/10/14	001	北京市朝阳区	100011	13333324132	
2012021203202	杨悦	女	1994/11/11	001	北京市通州	100100	13696664563	
2012021204101	陈诚	男	1994/4/18	003	北京市宣武区	100015	13546987885	
2012021204103	马振亮	男	1994/3/18	003	北京市朝阳区	100011	18698775699	
2012021205102	谢芳	女	1993/12/3	002	北京市大兴	100224	13711112221	
2012021205102	王建一	男	1994/1/11	002	北京市崇文区	100013	12536654566	
2012021206101	张建越	男	1994/10/18	004	北京市海淀区	100088	18667547735	
2012021206102	李享	女	1993/6/6	004	北京市东城区	100055	15734789383	
2012021207101	刘畅	女	1993/4/26	005	北京市西城	100033	18737458734	
2012021207102	王四铜	男	1994/11/11	005	北京市海淀区	100088	15683459358	

(b)可选行颜色

图 2-56 "背景色"与"可选行颜色"的区别

2. 设置数据表格式

通过单击图 2-53 中的"设置数据表格式"按钮,可打开如图 2-57 所示的"设置数据表格式"对话框。

在如图 2-57 所示的对话框中可以进行如下设置:

(1)单元格的显示效果:平面(默认)、凸起、凹陷。

(2)网格线显示方式:默认是水平方向和垂直方向的网格线全部显示。

(3)背景色:设置整个表格的背景颜色。

(4)替代背景色:设置数据区域的背景颜色。

(5)网格线颜色:设置水平和垂直方向的网格线颜色。

图 2-57 设置数据表格式

(6)表格显示方向:可以设置表格是"从左到右"显示还是"从右到左"显示。

3. 设置行高和列宽

设置数据表的行高和列宽可通过"开始"选项卡的"记录"选项组完成,如图 2-58 所示。

在"记录"选项组中单击"其他"选项,将弹出如图 2-59 所示的界面。

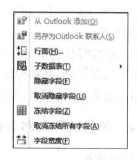

图 2-58 "记录"选项组　　　　　　　　　　图 2-59 "其他"选项

在弹出的菜单中可通过单击"行高"和"列宽"选项对数据表的行高和列宽进行精确设置。

2.4.3 表的复制、删除和重命名

1. 表的复制

对表的复制是用户在创建数据表后会经常用到的操作,以"学生"表为例演示数据表的复制操作。

例 2.6 将"学生"表的所有内容复制为"学生 1"表。

(1) 右击"学生"表,并在弹出的快捷菜单中选择"复制"选项,并在空白位置右击,在弹出的快捷菜单中选择"粘贴"选项,将弹出如图 2-60 所示的界面。

(2) 选择粘贴方式,共有 3 种选项:

① 仅结构——只复制表的结构到目标表,而不复制表中的数据。

图 2-60 粘贴方式

② 结构和数据——将表中的结构和数据同时复制的目标表。

③ 将数据追加到已有的表——将表中的数据以追加的方式添加到已有表的尾部。

这里选择结构和数据。

(3) 输入表名称,单击"确定"按钮完成复制。

2. 表的删除

例 2.7 将"学生 1"表从数据库中删除。

(1) 右击"学生 1"表,并在弹出的快捷菜单中选择"删除"选项,将弹出如图 2-61 所示的界面。

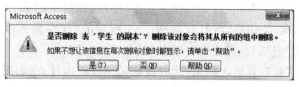

图 2-61 删除提示界面

(2) 单击"是"按钮完成删除。

3. 表的重命名

例 **2.8** 将"部门"表重命名为"系别"表。

(1) 右击"部门"表,并在弹出的快捷菜单中选择"重命名"选项。

(2) 输入新表名,按回车键确认。

2.4.4 数据的导入和导出

1. 数据的导入

例 **2.9** 将"学生 1. xls"导入"学生"数据表中。

(1) 选择"外部数据"选项卡,在"导入并链接"选项组中,单击 Excel 选项,弹出如图 2-62 所示的界面。在该界面中单击"浏览"按钮,选择要导入的 Excel 表。这里选择"学生 1. xls"表。在"向表中追加一份记录的副本"中选择"学生"表,单击"确定"按钮。

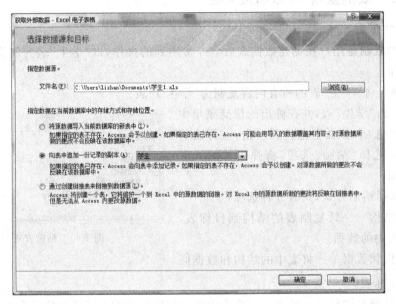

图 2-62　选择导入源

(2) 在打开的"请选择合适的工作表或区域"对话框中,选择"显示工作表"选项后选中要导入的工作表即可,这里选择 Sheet1 表,单击"下一步"按钮(这一步经常会被系统忽略掉)。

(3) 在打开的"请确定指定的第一行是否包含列"对话框中,选中"第一行包含列标题"复选框,然后单击"下一步"按钮,如图 2-63 所示。

(4) 默认为第一行是列标题。单击"下一步"按钮,如图 2-64 所示。

(5) 当单击"完成"按钮后,将打开如图 2-65 所示的"保存导入步骤"对话框中,取消选中"保存导入步骤"复选框,单击"关闭"按钮。

(6) 打开"学生"表查看导入结果,此时发现记录已正确导入,如图 2-66 所示。

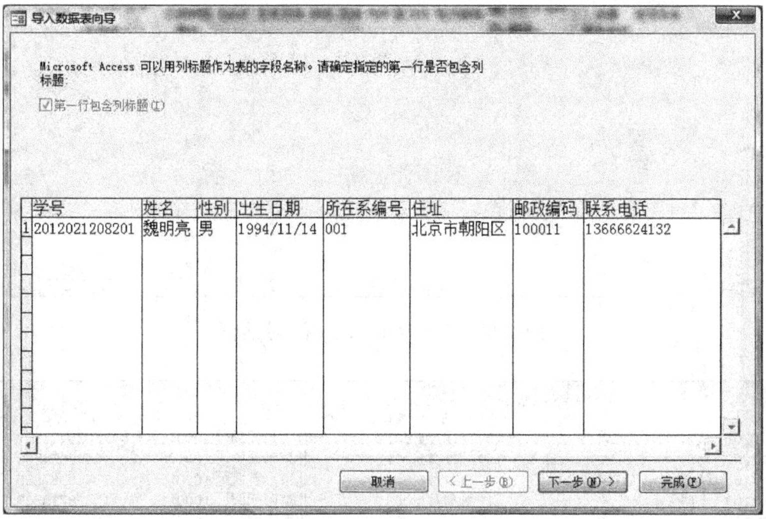

图 2-63　指定第一行是否包含数据

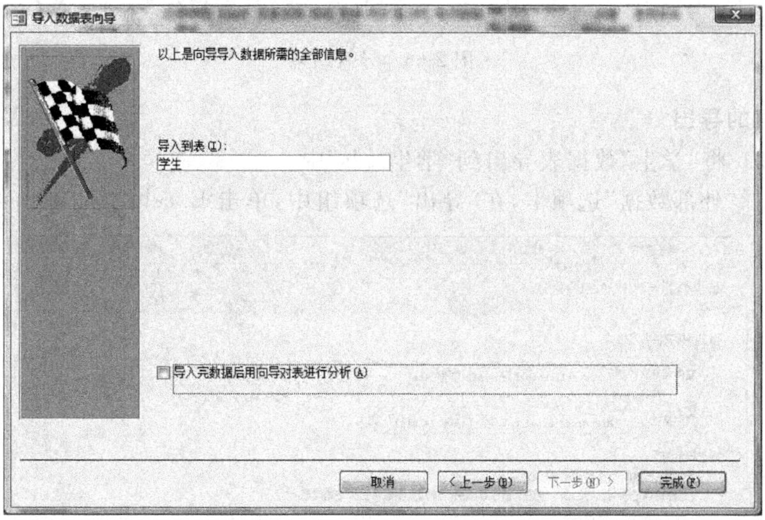

图 2-64　指定导入的目标表名称

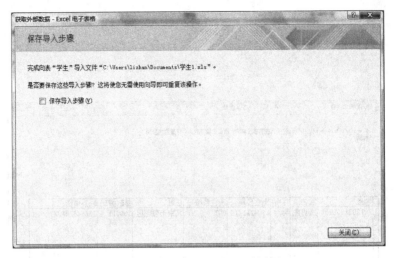

图 2-65　"保存导入步骤"对话框

学生								
学号 ▾	姓名 ▾	性别 ▾	出生日期 ▾	所在系编号 ▾	住址 ▾	邮政编码 ▾	联系电话 ▾	单击以添加 ▾
2012021203201	魏明	男	1994/10/14	001	北京市朝阳区	100011	13333324132	
2012021203202	杨悦	女	1994/11/11	001	北京市通州区	100100	13696664563	
2012021204101	陈诚	男	1994/4/18	003	北京市宣武区	100015	13546987885	
2012021204102	马振亮	男	1994/3/18	003	北京市朝阳区	100011	13698775699	
2012021205101	谢芳	女	1993/12/3	002	北京市大兴	100224	13711112221	
2012021205102	王建一	男	1994/1/11	002	北京市崇文区	100013	12536654566	
2012021206101	张建越	男	1994/10/18	004	北京市海淀区	100088	18867547735	
2012021206102	李享	女	1993/6/6	004	北京市东城	100055	15734789383	
2012021207101	刘畅	女	1993/4/26	005	北京市西城	100033	18737458734	
2012021207102	王四铜	男	1994/11/11	005	北京市海淀区	100088	15683459358	
2012021208201	魏明亮	男	1994/11/14	001	北京市朝阳区	100011	13666624132	

图 2-66　导入结果

2. 数据的导出

例 2.10　将"学生"数据表导出到"学生.xls"中。

(1) 选择"外部数据"选项卡,在"导出"选项组中,单击 Excel 选项,弹出如图 2-67 所

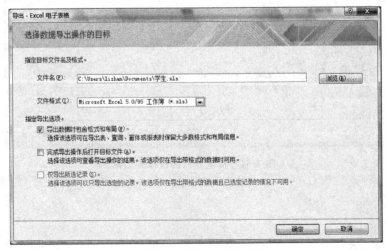

图 2-67　导出对话框

示的界面。在该界面中单击"浏览"按钮选择导出位置。在文件格式列表中选择导出格式,而后在"指出导出选项"中选择"导出数据时包含格式和布局"选项,最后单击"确定"按钮。

（2）当单击"确定"按钮后,将打开如图 2-68 所示的"保存导出步骤"对话框中,取消选择"保存导出步骤"复选框,单击"关闭"按钮。

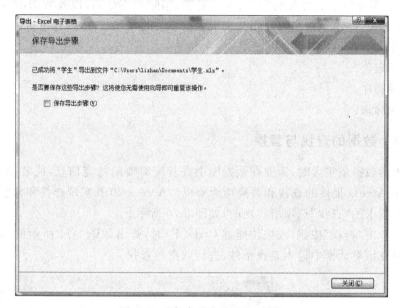

图 2-68 "保存导出步骤"对话框

（3）打开"学生.xls"表查看导出结构,此时发现记录已正确导出,如图 2-69 所示。

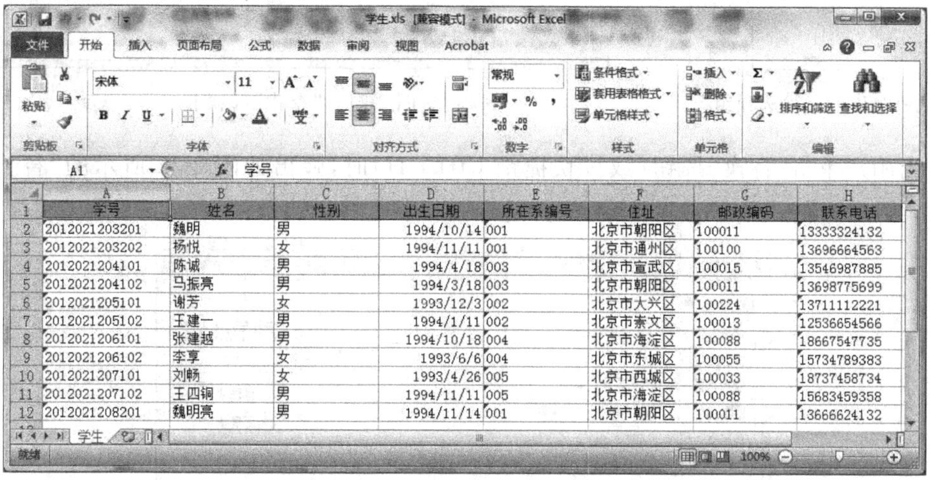

图 2-69 学生.xls 表内容

2.5　表的数据操作

2.5.1　引例

2.4节主要介绍了表外观的定制、表的复制、删除和重命名，以及数据的导入和导出等与表相关的操作，本节将主要介绍与表中数据相关的操作，具体内容包括：

- 数据的查找与替换。
- 记录定位。
- 记录排序。
- 记录筛选。

2.5.2　数据的查找与替换

数据表的数据量很大时，需要在数据库中查找所需要的特定信息，或替换某个数据，就可以使用Access提供的查找和替换功能实现。Access 2010实现查找和替换功能是通过"开始"选项卡的"查找"选项组实现的，如图2-70所示。

当用户单击"查找"按钮（或按快捷键Ctrl＋F）时，弹出如图2-71所示的"查找"选项卡。用户可在该对话框中输入查找条件，进行数据的查找。

图2-70　查找选项组

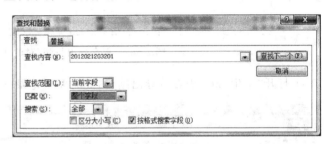

图2-71　"查找"选项卡

当用户单击"替换"按钮（或按快捷键Ctrl＋H）时，弹出如图2-72所示的"替换"选项卡。

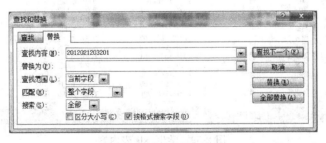

图2-72　"替换"选项卡

用户可在该对话框中输入查找内容和替换内容，进行数据的替换。

需要注意的是默认的"查找范围"是当前字段，故查找内容文本框中显示的是光标当前所在的字段的内容。如果希望搜索整个表，请从列表中选择当前文档。在选择"匹配"列表中的选项时，如果选择"字段任何部分"选项，这将提供可能达到的最大搜索范围。同时在进行替换时最好一个一个的替换，以避免错误操作，除非用户确定不会产生错误操作，方可单击"全部替换"按钮。

2.5.3 记录定位

在 Access 2010 中可快速地进行记录的定位，与定位相关的操作由"开始"选项卡中的"查找"选项组中的"转至"选项完成。当用户单击"转至"选项时将弹出如图 2-73 所示的菜单界面。

该菜单中包含 5 个选项：

（1）首记录——将光标定位到当前表中的第一条记录。

（2）上一条记录——将光标定位到当前表中当前记录的上一条记录。

（3）下一条记录——将光标定位到当前表中当前记录的下一条记录。

（4）尾记录——将光标定位到当前表中的最后一条记录。

（5）新建——将光标定位到当前表中新建的记录位置处。

图 2-73 "转至"选项

图 2-74 "排序和筛选"选项组

2.5.4 记录排序

在 Access 2010 中，数据表中记录默认的显示顺序是按照关键字的升序进行显示，但在有些情况下需要查看不同的显示顺序，这时就应用到了排序操作。

与记录排序相关的操作在"开始"选项卡中的"排序和筛选"选项组，如图 2-74 所示。

例 2.11 按出生日期的升序对"学生"表进行排序。

（1）将光标定位到"学生"表的"出生日期"字段。

（2）单击如图 2-74 所示中的升序按钮。排序结果如图 2-75 所示。

学号	姓名	性别	出生日期	所在系编号	住址	邮政编码	联系电话	单击以添加
2012021207101	刘畅	女	1993/4/26	005	北京市西城区	100033	18737458734	
2012021206102	李享	女	1993/6/3	004	北京市东城区	100055	15734789383	
2012021205101	谢芳	女	1993/12/3	002	北京市大兴区	100224	13711112221	
2012021205102	王建一	男	1994/1/11	002	北京市崇文区	100013	12536654566	
2012021204102	马振亮	男	1994/3/18	003	北京市朝阳区	100011	13698775699	
2012021204101	陈诚	男	1994/4/18	003	北京市宣武区	100015	13546987885	
2012021203201	魏明	男	1994/10/14	001	北京市朝阳区	100011	13333324132	
2012021206101	张建越	男	1994/10/18	004	北京市海淀区	100088	18667547735	
2012021207102	王四铜	男	1994/11/11	005	北京市海淀区	100088	15683459358	
2012021203202	杨悦	女	1994/11/11	001	北京市通州区	100100	13696664563	
2012021208201	魏明亮	男	1994/11/14	001	北京市朝阳区	100011	13666624132	

图 2-75 按出生日期排序

用户也可单击出生日期字段右侧的下拉箭头,弹出如图 2-76 所示的菜单,在其中选择"升序"选项也可完成排序操作。

2.5.5　记录筛选

在日常的应用中,往往只希望显示满足条件的数据,这时可以采用筛选的方法进行定义。

例 2.12　只显示"学生"表中 1994-6-1 以后出生学生的信息。

(1) 使用鼠标单击"出生日期"字段右侧的下拉箭头。在如图 2-76 所示的界面中选择"日期筛选器"选项,弹出如图 2-77 所示的子菜单。

(2) 在其中选择"之后"选项,弹出如图 2-78 所示的界面。

图 2-76　快捷菜单

图 2-77　日期筛选器菜单

图 2-78　"自定义筛选"对话框

(3) 在其中输入筛选日期,也可通过右侧的日期按钮选择日期,设定完成后单击"确定"按钮,完成筛选,结果如图 2-79 所示。

图 2-79　筛选结果

由图中可以看到显示的都是 1994-6-1 以后出生的学生信息,同时在出生日期的右侧有一个筛选标志。

2.6　建立索引和表间关系

2.6.1　引例

2.5 节讲述了针对数据表数据的相关操作,包括数据的查找与替换、记录的定位、记录排序和记录筛选等操作,本节介绍的主要内容包括:

- 索引的建立。
- 建立、编辑和删除表之间的关系。
- 主表与子表。

2.6.2 索引

索引可以帮助 Microsoft Office Access 2010 更快速地查找和排序记录。索引根据用户选择的创建索引的字段来存储记录的位置。当 Access 通过索引获得位置后，它即可通过直接移到正确的位置来检索数据。这样一来，使用索引查找数据可以比扫描所有记录查找数据快很多。

1. 索引概述

用户可以根据一个字段或多个字段来创建索引。用于创建索引的字段是经常搜索的字段或用于进行排序的字段，以及在多个表查询中联接到其他表中字段的字段。索引可以加快搜索和查询速度，但在用户添加或更新数据时，索引可能会降低性能。如果在包含一个或更多个索引字段的表中输入数据，则每次添加或更改记录时，Access 都必须更新索引。如果目标表包含索引，则通过使用追加查询或通过追加导入的记录来添加记录也可能会比平时慢。

值得注意的是表中的主键是由系统自动创建索引的。

无法创建索引的数据类型包括 OLE 对象和附件类型。对于其他字段，如果满足以下所有条件，则考虑为字段创建索引：

(1) 字段的数据类型是文本、备注、数字、日期/时间、自动编号、货币、计算、是/否或超链接。

(2) 预期会搜索存储在字段中的值。

(3) 预期会对字段中的值进行排序。

(4) 预期会在字段中存储许多不同的值。如果字段中的许多值都是相同的，则索引可能无法显著加快查询速度。

如果用户觉得自己将经常同时依据两个或更多个字段进行搜索或排序，则可以为该字段组合创建索引。例如，如果经常在同一个查询中为"课程编号"和"授课教师"字段设置条件，则在这两个字段上创建多字段索引就很有意义。

依据多字段索引对表进行排序时，Access 会先依据为索引定义的第一个字段来进行排序。创建多字段索引时，用户要设置字段的次序。如果在第一个字段中的记录具有重复值时，则 Access 会接着依据为索引定义的第二个字段来进行排序，以此类推。

在一个多字段索引中最多可以包含 10 个字段。

2. 创建索引

要创建索引，请先决定是创建单字段索引还是多字段索引。通过设置"索引"属性可创建单字段索引。表 2-7 列出了"索引"属性的设置值。

如果创建唯一索引，则 Access 不允许用户在字段中输入这样的新值：该值已在其他记录的同一字段中存在。Access 会自动为主键创建唯一索引，当然用户可能也想禁止其他字段中的重复值。例如，可以在一个存储序列号的字段上创建唯一索引，以便不会有两

表 2-7　索引属性设置

"索引"属性的设置值	含　义
无	不在此字段上创建索引(或删除现有索引)
有(有重复)	在此字段上创建索引
有(无重复)	在此字段上创建唯一索引

个产品具有相同的序列号。

1) 创建单字段索引

例 2.13　在"学生"表中按"所在系编号"字段创建索引。

(1) 在"所有 Access 对象导航窗格"中(如图 2-80 所示)，右击"学生"表，然后在弹出的快捷菜单中单击"设计视图"命令，打开表的设计视图。

(2) 在表的设计视图字段列表中单击"所在系编号"字段。

(3) 在"字段属性"下，单击"常规"选项卡。

(4) 在"索引"属性中，如果想允许重复，则单击"有(有重复)"，否则单击"有(无重复)"选项以创建唯一索引，如图 2-81 所示。

图 2-80　所有 Access 对象导航窗格

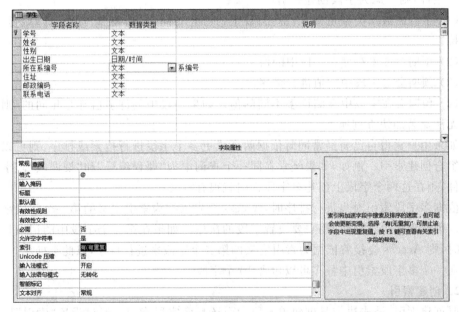

图 2-81　创建单一索引

(5) 保存更改，请在"快速访问工具栏"上单击"保存"按钮，或者按快捷键 Ctrl＋S。

2) 创建多字段索引

要为表创建多字段索引，应在"索引"窗口中完成。在"索引"窗口中设置索引时每个字段独占一行,并且仅在第一行中包含索引名称。Access 将所有行视为同一索引的一部分,直至它遇到包含另一个索引名称的行为止。要插入一行,请右击想插入一行的位置,然后在快捷菜单中单击"插入行"选项。

例 2.14 在"学生"表中利用"性别"和"姓名"字段创建一个多字段索引,索引名为"多字段索引"。

(1) 在"所有 Access 对象导航窗格"中,右击"学生"表,然后在弹出的快捷菜单中单击"设计视图"选项,打开表的设计视图。

(2) 在"设计"选项卡上的"显示/隐藏"组中,单击"索引"选项。

(3) 此时会出现"索引"窗口。调整窗口大小,以便显示一些空白行和索引属性,如图 2-82 所示。

图 2-82　索引窗口

(4) 在"索引名称"列中,在第一个空白行内输入索引的名称。

(5) 在"字段名称"列中,单击箭头,然后单击想用于索引的第一个字段"性别"。在下一行中,将"索引名称"列留空,然后,在"字段名称"列中单击索引的第二个字段"姓名"。默认的排序次序是升序,要更改字段值的排序次序,请在"索引"窗口的"排序次序"列中单击"升序"或"降序"选项。

(6) 保存更改,请在"快速访问工具栏"上单击"保存"按钮,或按快捷键 Ctrl+S。

3. 删除索引

如果发现某个索引已变得多余或对性能的影响太大,则可以删除它。删除索引时,只会删除索引而不会删除建立索引时所依据的字段。

删除索引的具体操作步骤如下:

(1) 在"所有 Access 对象导航窗格"中,右击想在其中删除索引的表的名称,然后在弹出的快捷菜单中单击"设计视图"选项,打开表的设计视图。

(2) 在"设计"选项卡上的"显示/隐藏"选项组中,单击"索引"选项。此时会出现"索引"窗口。调整窗口大小,以便显示一些空白行和索引属性。

(3) 在"索引"窗口中,选择包含所想删除的索引的行,然后按 Delete 键。

(4) 保存更改,请在"快速访问工具栏"上单击"保存"按钮,或按快捷键 Ctrl+S。

2.6.3　建立、编辑和删除表间关系

在数据库中为每个主题创建数据表后,必须为 Access 2010 提供在需要时将这些信

息重新组合到一起的方法。具体方法是在相关的表中放置公共字段,并在表之间定义表关系。然后,可以通过创建查询、窗体和报表,以同时显示几个表中的信息。

通常用户在"关系"窗口中创建表关系,也可以通过从"字段列表"窗格向数据表拖动字段来创建表关系。在表之间创建关系时,不要求公共字段具有相同的名称,但实际情况往往也是这样。不过,公共字段必须具有相同的数据类型。但是,如果主键字段为"自动编号"字段,并且主键字段与外键字段的 FieldSize 属性相同,则外键字段也可以为数字字段。例如,如果自动编号字段与数字字段的 FieldSize 属性都是"长整型",则可以将这两个字段相匹配。即使两个公共字段都是数字字段,它们也必须具有相同的 FieldSize 属性设置。

1. 利用"关系"窗口创建关系

例 2.15 利用"关系"窗口为"教务管理"数据库中的各表创建关系。

(1) 打开"教务管理"数据库。

(2) 在"数据库工具"选项卡上的"关系"选项组中,单击"关系"选项,如图 2-83 所示。

如果用户尚未定义过任何关系,则会自动显示"显示表"对话框。如果未出现该对话框,请在"设计"选项卡上的"关系"选项组中单击"显示表"选项,如图 2-84 所示。

图 2-83 显示/隐藏选项组

图 2-84 关系选项组

"显示表"对话框会显示数据库中的所有表和查询。若要只查看表,请单击"表"选项卡。若要只查看查询,请单击"查询"选项卡。若要同时查看表和查询,请单击"两者都有"选项卡,如图 2-85 所示。

(3) 选择所有表,然后单击"添加"按钮。将表或查询添加到"关系"窗口之后,请单击"关闭"按钮。

(4) 将字段(通常为主键)从一个表拖至另一个表中的公共字段(外键)处,将显示如图 2-86 所示的"编辑关系"对话框。若要拖动多个字段,请按住 Ctrl 键,单击每个字段,然后拖动这些字段即可。

图 2-85 显示表

图 2-86 创建关系

62

验证显示的字段名称是否是关系的公共字段。如果字段名称不正确,请单击该字段名称并从列表中选择合适的字段。

要对此关系实施参照完整性,请选中"实施参照完整性"复选框。

(5) 单击"创建"按钮完成关系的创建。

创建完成的关系如图 2-87 所示。

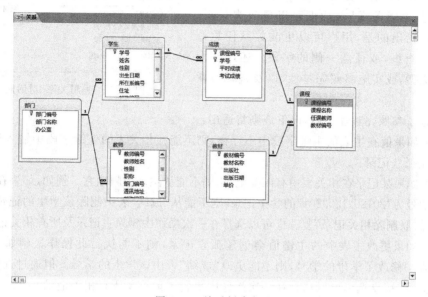

图 2-87 关系创建完成

Access 会在两个表之间绘制一条关系线。如果已选中"实施参照完整性"复选框,数字"1"才会出现在关系线一侧较粗的部分之上,无限大符号"∞"将出现在该线另一侧较粗的部分之上。

创建一对一关系:两个公共字段(通常为主键字段和外键字段)都必须具有唯一索引。这意味着应将这些字段的"已索引"属性设置为"有(无重复)"。如果两个字段都具有唯一索引,Access 将创建一对一关系。

创建一对多关系:在关系一侧的字段(通常为主键)必须具有唯一索引。这意味着应将此字段的"已索引"属性设置为"有(无重复)"。多侧上的字段不应具有唯一索引。它可以有索引,但必须允许重复。这意味着应将此字段的"已索引"属性设置为"无"或"有(有重复)"。当一个字段具有唯一索引,其他字段不具有唯一索引时,Access 将创建一对多关系。

2. 编辑表关系

例 2.16 修改"教务管理"数据库已建立的表关系。

具体修改步骤如下:

(1) 在"打开"对话框中,选择并打开"教务管理"数据库。

(2) 在"数据库工具"选项卡上的"关系"选项组中,单击"关系"选项。此时将显示"关系"窗口。在"设计"选项卡上的"关系"选项组中,单击"所有关系"选项,如图 2-84 所示。将显示具有关系的所有表,同时显示关系线。

（3）单击要更改关系的关系线。选中关系线时，它会显示得较粗，双击该关系线。或在"设计"选项卡上的"工具"选项组中，单击"编辑关系"选项（也可双击对应关系线）。将显示"编辑关系"对话框，如图 2-88 所示。

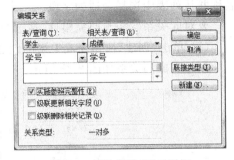

图 2-88 "编辑关系"对话框

（4）对关系进行更改，然后单击"确定"按钮。

通过"编辑关系"对话框可以更改表关系。特别需要指出的是，用户可以更改关系任意一侧的表或查询，或任意一侧的字段。还可以设置联接类型，或实施参照完整性，以及选择级联选项。

实施了参照完整性之后，以下规则将适用：

（1）如果值在主表的主键字段中不存在，则不能在相关表的外键字段中输入该值，否则会创建孤立记录。

（2）如果某记录在相关表中有匹配记录，则不能从主表中删除它。例如，如果在"学生"表中有学号为"2012021203201"的学生记录，则不能从"成绩"表中删除该学生的记录。但通过选中"级联删除相关记录"复选框可以选择在一次操作中删除主记录及所有相关记录。

（3）如果更改主表中的主键值会创建孤立记录，则不能执行此操作。例如，如果在"学生"表中修改了学生的学号，则不能更改"成绩"表中该学生的学号。但通过选中"级联更新相关字段"复选框可以选择在一次操作中更新主记录及所有相关记录。

如果在启用参照完整性时遇到困难，请注意在实施参照完整性时需要满足以下条件：

（1）来自于主表的公共字段必须为主键或具有唯一索引。

（2）公共字段必须具有相同的数据类型。例外的是自动编号字段可与 FieldSize 属性设置为长整型的数字字段相关。

3. 删除表关系

例 2.17 删除"教务管理"数据库中创建的关系。

（1）在"打开"对话框中，选择并打开"教务管理"数据库。

（2）在"数据库工具"选项卡上的"关系"选项组中，单击"关系"选项。此时将显示"关系"窗口。在"设计"选项卡上的"关系"选项组中，单击"所有关系"选项。将显示具有关系的所有表，同时显示关系线。

（3）单击要删除的关系的关系线。选中关系线时，它会显示得较粗，按 Delete 键。或右击，然后在弹出的快捷菜单中选择"删除"选项。

此时，Access 会显示消息"确实要从数据库中永久删除选中的关系吗？"。如果出现此确认消息，请单击"是"按钮。

2.6.4 主表和子表

1. 主表和子表概述

如果两个表具有一个或多个公共字段，则可以在一个表中嵌入另一个表的数据。这种嵌入的数据表就称为子数据表。包含该子数据表的表称为主表。如果要查看或编辑表或查询(查询：有关表中所存储的数据的问题，或要对数据执行操作的请求。查询可以将多个表中的数据放在一起，以作为窗体或报表的数据源)中的相关数据或联接(联接：表或查询中的字段与另一表或查询中具有同一数据类型的字段之间的关联。联接向系统说明了数据之间的关联方式。根据联接的类型，不匹配的记录可能被包括在内，也可能被排除在外)数据，子数据表便十分有用。

如果要在单个数据表视图中查看多个数据源中的信息，就需要用到子数据表。

在"教务管理"数据库，"学生"表与"成绩"表存在一对多关系(一对多关系：两个表之间的一种关系，在这种关系中主表中每条记录的主键值都与相关表中多条记录的匹配字段(一个或多个)中的值对应)，如图 2-89 所示。

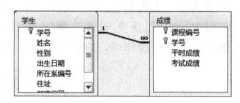

图 2-89　学生表与成绩表关系

如果将"成绩"表作为子数据表添加到"学生"表中，则通过打开与某特定"学号"对应的子数据表，即可查看和编辑该学生(每一行)中包含的成绩等数据，如图 2-90 所示。

学号	姓名	性别	出生日期	所在系编号	住址	邮政编码	联系电话	单击以添加
2012021203201	魏明	男	1994/10/14	001	北京市朝阳区	100011	13333324132	

课程编号	平时成绩	考试成绩	单击以添加
C001	89	85	
C002	76	67	
C006	78	76	

学号	姓名	性别	出生日期	所在系编号	住址	邮政编码	联系电话
2012021203202	杨悦	女	1994/11/11	001	北京市通州区	100100	13696664563
2012021204101	陈诚	男	1994/4/18	003	北京市宣武区	100015	13546987885
2012021204102	马振亮	男	1994/3/18	003	北京市朝阳区	100015	13698775699
2012021205101	谢芳	女	1993/12/3	002	北京市大兴区	100224	13711112221
2012021205102	王建一	男	1994/1/11	002	北京市崇文区	100013	12536654566
2012021206101	张建越	男	1994/10/18	004	北京市海淀区	100088	18667547735
2012021206102	李享	女	1993/6/6	004	北京市东城区	100055	15734789383
2012021207101	刘畅	女	1993/4/26	005	北京市西城区	100033	18737458734
2012021207102	王四铜	男	1994/11/11	005	北京市海淀区	100088	15683459358
2012021208201	魏明亮	男	1994/11/14	001	北京市朝阳区	100011	13666624132

图 2-90　主表与子表

在向表中添加子数据表后，最好只将这些子数据表用于查看而非用于编辑重要的业务数据。如果要编辑表中的数据，建议使用窗体代替子数据表，因为在数据表视图中，用户可能会不小心滚动到非目标单元格，从而更容易出现数据输入错误。另外请注意，在大型表中添加子数据表会对表的性能造成负面影响。

如果创建的表符合下列条件之一，Access 2010 即会自动创建子数据表：

(1) 该表与其他表之间存在一对一关系(一对一关系：两个表之间的一种关系，在这种关系中主表中每条记录的主键值都与相关表中一条(且只有一条)记录的匹配字段中的值对应)。

(2) 该表是一对多关系中的一方，且其 SubdatasheetName 属性设置为"自动"。

用户还可以向数据库中的任意表、查询或窗体(窗体：Access 数据库对象之一，可以在这种对象上放置控件，用于执行操作，或在字段中输入、显示、编辑数据)中添加子数据表。在数据表视图中，窗体一次只能显示一个子数据表。

2. 打开和关闭子数据表

若要确定表、查询或窗体中是否已经包含子数据表，请在数据表视图中打开该对象。如果显示了展开指示符"＋"号，则说明该表、查询或窗体中包含子数据表。打开子数据表后，该指示符将变为"－"号。主子数据表中还可以嵌套子数据表，嵌套深度可达 8 级。

若要同时展开或折叠数据表中的所有子数据表，请在"开始"选项卡上的"记录"选项组中单击"其他"选项。然后选择"子数据表"选项，再单击所需的选项。

若要隐藏子数据表，请在设计视图中打开表，然后在"设计"选项卡上的"显示/隐藏"选项组中单击"属性表"选项。随后，找到"子数据表名称"行，将其属性更改为"［无］"，然后保存所做的更改即可，如图 2-91 所示。

图 2-91　属性表

本 章 小 结

本章以"教务管理"数据库为实例讲述了 Access 数据库的工作界面，以及数据库的创建方法和在数据库中创建数据表和数据表的常用操作方法，由于本章涉及大量的实际操作，因此读者应进行大量的练习以便更好地掌握数据库和数据表的操作方法。

习　题

一、简答题

1. Access 2010 初始界面可以分为几部分？各部分功能是什么？

2. Access 2010 提供了几种打开方式？分别有哪些特性？

3. 简述创建数据表的几种方法。

4. 数字类型共有几种？每种的精度是多少？

5. 设置有效性规则和有效性文本的作用是什么？

二、选择题

1. 如果一张数据表中含有照片，那么"照片"这一字段的数据类型通常为（ ）。

    A）OLE 对象型   B）超级链接型   C）查阅向导型   D）备注型

2. Access 2010 中，可以选择输入字符或空格的输入掩码是（ ）。

    A）0   B）&   C）A   D）C

3. 文本数据类型的默认大小为（ ）。

    A）50 个字符   B）127 个字符   C）64 个字符   D）64 000 个字符

4. 下面有关主关键字的说法中，错误的一项是（ ）。

    A）Access 并不要求在每一个表中都必须包含一个主关键字

    B）在一个表中只能指定一个字段成为主关键字

    C）在输入数据或对数据进行修改时，不能向主关键字的字段输入相同的值

    D）利用主关键字可以对记录快速地进行排序和查找

5. 关于字段默认值叙述错误的是（ ）。

    A）设置文本型默认值时不用输入引号，系统自动加入

    B）设置默认值时，必须与字段中所设的数据类型相匹配

    C）设置默认值时可以减少用户输入强度

    D）默认值是一个确定的值，不能用表达式

6. Access 是一种（ ）。

    A）数据库管理系统软件   B）操作系统软件

    C）文字处理软件   D）CAD 软件

7. Access 在同一时间可以打开数据库的个数为（ ）。

    A）1   B）2   C）3   D）4

8. Access 字段名不能包含的字符是（ ）。

    A）"@"   B）"!"   C）"%"   D）"&."

9. 字节型数据的取值范围是（ ）。

    A）－128～127   B）0～255   C）－256～255   D）0～32,767

10. 关于获取外部数据，叙述错误的是（ ）。

    A）导入表后，在 Access 中修改、删除记录等操作不影响原数据文件

    B）链接表后，Access 中队数据所做的改变都会影响原数据文件

    C）Access 中可以导入 Excel 表、其他 Access 数据库中的表和 dBASE 数据库文件

    D）链接表连接后的形成的表的图标为 Access 生成的表的图标

三、填空题

1. Access 字段名长度最多为_____个字符。

2. Access 中的备注数据类型最多可以存储_____字符。

3. 在 Access 中数据类型主要包括：自动编号、文本、备注、数字、货币、日期/时间、是/否、OLE 对象、附件、_____、计算和查阅向导等。

4. Access 2010 中，对数据库表的记录进行排序时，数据类型为_____和 OLE 对象的字段不能排序

5. Access 提供了两种字段数据类型保存文件或文本和数字组合的数据，这两种数据类型是文本型和_____。

实验（实训）题

1. 使用表设计视图自行设计"教务管理"中除"学生"表之外其他表的结构并录入数据。

2. 练习表的复制，以及表数据的导入和导出操作。

3. 练习表记录的定位、排序和筛选操作。

4. 为已创建好的表建立表间关系。

第3章 查 询

数据库最重要的优点之一是具有强大的查询功能,它使用户能够十分方便地在浩瀚的数据海洋中挑选出指定的数据。本章将学习如何利用查询来实现对数据库中一个或多个表的数据进行浏览、筛选、排序、检索、统计和加工等操作。另外,用户还可以充分利用Access提供的图形化的查询功能实现复杂的查询。

3.1 查 询 概 述

查询是 Access 2010 数据库的主要对象,是 Access 2010 数据库的核心操作之一。利用查询可以直接查看表中的原始数据,也可以对表中数据计算后再查看,还可以从表中抽取数据,供用户对数据进行修改、分析。查询的结果可以作为查询、窗体、报表的数据来源,从而增强了数据库设计的灵活性。

在实际工作中使用数据库中的数据时,并不是简单地使用某个表的数据,而是经常将有"关系"的多个表中的数据一起调出来使用,有时还要把这些数据进行一定的计算后再使用。若需建立一个新表,并把要用到的数据复制到新表中,且把需要计算的数据都计算好,再填入新表内,这样做既麻烦又冗赘。但是,若用"查询"对象即可轻松解决这些问题,它会生成一个数据表视图,看起来很像新建的"表"对象的数据表视图。"查询"的字段来自很多相互之间有"关系"的表。这些字段组合成一个新的数据表视图,但它并不存储任何的数据。当用户改变"表"中的数据时,"查询"中的数据也会发生改变,同时计算的工作也可以交给它自动完成,这些都充分体现了"查询"对象的灵活性。

3.1.1 查询的定义与功能

查询就是以数据库中的数据作为数据源,根据给定的条件从指定的数据库的表或已有的查询中检索出符合用户要求的记录数据,形成一个新的数据集合。查询的结果是动态的,它随着查询所依据的表或查询的数据的改动而变动。

查询是数据库提供的一种功能强大的管理工具,可以按照用户所指定的各种方式来进行查询。在 Access 2010 中,可以方便地创建查询,在创建查询的过程中定义要查询的内容和准则,Access 2010 根据定义的内容和准则在数据库的表中搜索符合条件的记录。

总之,Access 将用户建立的查询准则作为查询对象保存下来,查询结果是一种临时表,又称为动态的数据集。查询的数据来源于表或其他已有查询。每次使用查询时,都是根据查询准则从数据源表中创建动态的记录集。这样做一方面可以节约存储空间,因为 Access 数据库文件中保存的是查询准则,而不是记录本身;另一方面可以保持查询结果与数据源中数据的同步。

Access 查询的主要功能包括:

（1）以一个或多个表或查询为数据源，根据用户的要求生成动态的数据集。

（2）根据指定准则来限制结果集中所要显示的记录或字段。

（3）可以对数据进行统计、排序、计算和汇总。

（4）根据指定准则来查询不符合指定条件的记录。

（5）可以设置查询参数，形成交互的查询方式。

（6）利用交叉表查询，进行分组汇总。

（7）利用操作查询，对数据表进行追加、更新、删除等操作。

（8）利用操作查询，可将结果集生成为一个新的数据表。

（9）查询结果可以作为其他查询、窗体和报表的数据源。

3.1.2 查询分类

在 Access 2010 中，常见的查询类型包括以下 5 种：选择查询、参数查询、交叉表查询、操作查询和 SQL 查询。

1. 选择查询

选择查询是最常见的一种查询。利用选择查询可以从数据库的一个或多个表中抽取特定的信息，并且将结果显示在一个数据表上供查看或编辑，或用作窗体或报表的数据源。利用选择查询，用户能对记录分组，并对分组中的字段值进行各种计算，如求平均、汇总、最小值、最大值，以及其他统计。

Access 2010 的选择查询有以下几种类型：

- 简单选择查询——是最常见的查询方式，即从一个或多个数据表中按照指定的准则进行查询，并在类似数据表视图中的表的结构中显示结果集。

- 统计查询——是一种特殊查询。它可以对查询的结果进行各种统计，包括总计、平均、求最大值和最小值等，并在结果集中显示。

- 重复项查询——可以在数据库的数据表中查找具有相同字段信息的重复记录。

- 不匹配项查询——即在数据表中查找与指定条件不相符的记录。

2. 参数查询

执行参数查询时，屏幕将显示提示信息对话框。用户根据提示输入相关信息后，系统会根据用户输入的信息执行查询，找出符合条件的信息。参数查询分为单参数查询和多参数查询两种。执行查询时，只需要输入一个条件参数的称为单参数查询；而执行查询时，针对多组条件，需要输入多个参数条件的称为多参数查询。

3. 交叉表查询

交叉表查询是指将来源于某个表中的字段进行分组，一组列在数据表的左侧，一组列在数据表的上部，然后在数据表行与列的交叉处显示表中某个字段的各种统计值，如求和、求平均、统计个数、求最大值和最小值等。

4. 操作查询

操作查询是利用查询所生成的动态结果集对表中的数据进行更新的一类查询。包括：

- 生成表查询——即利用一个或多个表中的全部或部分数据创建新表。运行生成表查询的结果就是把查询的结果以另一张新表的形式予以存储。即使该生成表查询被删除,已生成的新表仍然存在。

- 更新查询——即对一个或多个表中的一组记录作全部更新。运行更新查询会自动修改有关表中的数据,数据一旦更新则不能恢复。
- 追加查询——即将一组记录追加到一个或多个表的原有记录的尾部。运行追加查询的结果是向相关表中自动添加记录,增加表的记录数。
- 删除查询——即按一定条件从一个或多个表中删除一组记录,数据一旦被删除则不能恢复。

5. SQL 查询

SQL(Structured Query Language,结构化查询语言)是用来查询、更新和管理关系型数据库的标准语言。SQL 查询就是用户使用 SQL 语句创建的查询。

所有的 Access 2010 查询都是基于 SQL 语句的,每个查询都对应一条 SQL 语句。用户在查询"设计"视图中所做的查询设计,在其 SQL 视图中均能找到对应的 SQL 语句。常见的 SQL 查询有以下几种类型:

- 联合查询——即可将两个以上的表或查询所对应的多个字段合并为查询结果中的一个字段。执行联合查询后,将返回所包含的表或查询中对应字段的记录。
- 传递查询——使用服务器能接受的命令直接将命令发送到 ODBC 数据库而无须事先建立链接,如使用 SQL 服务器上的表。可以使用传递查询来检索记录或更改数据。
- 数据定义查询——用来创建、删除、更改表或创建数据库中的索引的查询。
- 子查询——是基于主查询的查询。像主查询一样,子查询中包含另一个选择查询或操作查询中的 SQL Select 语句。

3.1.3 查询视图

Access 2010 的每个查询主要有 3 个视图,即"数据表"视图、"设计"视图和 SQL 视图。其中,"数据表"视图用于显示查询的结果数据,如图 3-1 所示。"设计"视图用于对查询设计进行创建和编辑,如图 3-2 所示。SQL 视图用于显示与"设计"视图等效的 SQL 语句,如图 3-3 所示。此外,查询还包括"数据透视表"视图、"数据透视图"视图,其形式与表相同。

学生基本信息查询1

学号	姓名	性别	出生日期	所在系编号
2012021203201	魏明	男	1994/10/14	001
2012021203202	杨悦	女	1994/11/11	001
2012021204101	陈诚	男	1994/4/18	003
2012021204102	马振亮	男	1994/3/18	003
2012021205101	谢芳	女	1993/12/3	002
2012021205102	王建一	男	1994/1/11	002
2012021206101	张建越	男	1994/10/18	004
2012021206102	李享	女	1993/6/6	004
2012021207101	刘畅	女	1993/4/26	005
2012021207102	王四铜	男	1994/11/11	005
2012021208201	魏明亮	男	1994/11/14	001

图 3-1 "数据表"视图

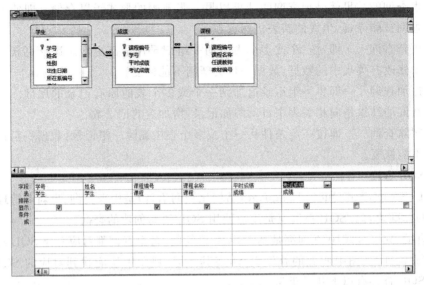

图 3-2 "设计"视图

图 3-3 SQL 视图

3 种视图可以通过工具栏上的按钮以及下拉列表框中的 SQL 视图进行相互切换。

从图 3-1 中可以看到查询的"数据表"视图与第 2 章所介绍的表的"数据表"视图很相似,但它们之间还是有很多差别的。在查询数据表中无法加入或删除列,而且不能修改查询字段的字段名。这主要是因为由查询所生成的数据值并不是真正存在的值,而是动态地从"表"对象中抽取来的,是表中数据的一个镜像。查询仅告诉 Access 需要什么样的数据,Access 就会从表中抽取出这些数据的值,并将它们反映到查询数据表中,即这些值只是查询的结果。当然,在查询中用户还是可以运用各种表达式对表中的数据进行计算,生成新的查询字段。在查询的数据表中,虽然不能插入列,但是可以移动列。移动的方法与第 2 章介绍的在表中移动列的方法相同,而且在查询的数据表中可以改变列宽和行高,也可以隐藏和冻结列,还可以进行排序和筛选。

3.2 选 择 查 询

选择查询是最常见的一类查询,很多数据库查询功能均可以用它来实现。所谓"选择查询"就是从一个或多个有关系的表中将满足要求的数据选择出来,并把这些数据显示在新的查询数据表中。而其他的方法,如"交叉表查询"、"参数查询"和"操作查询"等,都是"选择查询"的扩展。

使用选择查询可以从一个或多个表或查询中检索数据,可以对记录组或全部记录进行求总计、统计个数等汇总计算。一般情况下,建立查询的方法主要有两种,即使用"简单查询向导"和"设计"视图。使用"简单查询向导"操作比较简单,用户可以在向导的提示下选择表和表中的字段,但对于有条件的查询则无法实现。使有"设计"视图,操作比较灵活,用户可以随时定义各种条件,定义统计方式,但对于比较简单的查询则会显得比较烦琐。因此,对于简单的查询,一般建议用户使用第一种方法。

3.2.1 引例

如果用户对"教务管理"数据库中的各种表的信息要进行更进一步的操作时,可能会遇到一些问题。例如:如果对学生表中的个别基本信息感兴趣,能否只显示这些基本信息字段而其余字段是否可以暂时隐藏呢? 另外,在多个相关联的表中,能否综合起来提取信息后在同一界面下显示呢? 对于字段的值,能否设置相应的条件,在最后的结果中只显示符合条件的记录呢? 还有,怎样能够快捷地在表中查找内容相同的记录,或在表中查找与指定内容不匹配的记录呢?

实际上,这些问题均可以通过建立选择查询来解决。用户可以使用"简单查询向导"或"设计"视图来创建单表查询或多表查询。若要设置相应的条件,可以利用查询准则进行条件查询。可以使用查找重复项和不匹配项查询,来快捷地在表中查找内容相同的记录,或在表中查找与指定内容不匹配的记录。查询建立好之后,运行该查询就可以在一个类似表的视图中看到预期的结果。若不合适,还可以对查询进行修改,直到满意为止。具体如何操作,用户可能会面临以下几个问题:

- 如何使用"简单查询向导"来创建单表查询或多表查询?
- 如何使用"设计"视图来创建单表查询或多表查询?
- 如何运行查询?
- 如何设置查询准则来进行条件查询?
- 如何修改查询?
- 如何完成查找重复项和不匹配项查询?

针对用户所面临的这些问题,将在以下各小节中逐一展开讨论,并予以解决。

3.2.2 创建查询

1. 使用"简单查询向导"创建查询

使用"简单查询向导"来创建查询,可以从一个或多个表或已有查询中选择要显示的字段。如果查询中的字段来自多个表,这些表应事先建立好关系。虽然简单查询的功能有限,但它是学习建立查询的基本方法。因此,使用"简单查询向导"创建查询,用户可以在向导的指示下选择表和表中的字段,快速准确地建立查询。

1) 建立单表查询

例 3.1 查询学生的基本信息,并显示学生的姓名、性别、出生日期和所在系编号等信息。具体操作步骤如下:

(1) 打开"教务管理"数据库,并在数据库窗口中选择"创建"选项卡中的"查询"选项组。

（2）单击"查询"选项组中的"查询向导"选项，弹出"新建查询"对话框，如图 3-4 所示，在"新建查询"对话框中选择"简单查询向导"选项，然后单击"确定"按钮，打开"简单查询向导"对话框，如图 3-5 所示。

 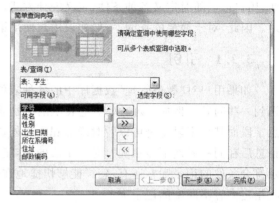

图 3-4　"新建查询"对话框　　　　　　　图 3-5　"简单查询向导"对话框

（3）在弹出的"简单查询向导"对话框中，单击"表/查询"下拉列表框右侧的下拉按钮，从下拉列表框中选择"表：学生"选项，这时"学生"表中的全部字段均显示在"可用字段"列表框中了。然后分别双击"姓名"、"性别"、"出生日期"和"所在系编号"等字段，或选定字段后，单击"＞"按钮，均可以将所需字段添加到"选定字段"列表框中，如图 3-6 所示。

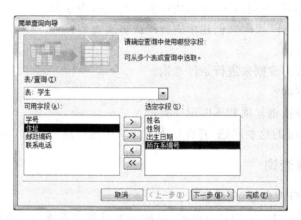

图 3-6　选定字段结果图

（4）在选择了全部所需字段后，单击"下一步"按钮。若选定的字段中包含数字型字段，则会弹出如图 3-7 所示的对话框，用户需要确定是建立"明细"查询，还是建立"汇总"查询。如果选择"明细"选项，则查看详细信息。如果选择"汇总"选项，则将要对一组或全部记录进行各种统计。若选定的字段中没有数字型字段，则将弹出如图 3-8 所示的对话框。

（5）如图 3-8 所示，在文本框中输入查询的名称，即"学生基本信息查询"，然后单击"打开查询查看信息"选项按钮，最后单击"完成"按钮即可。查询结果如图 3-9 所示。

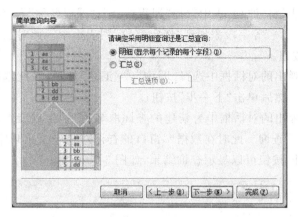

图 3-7 查询方式的选择

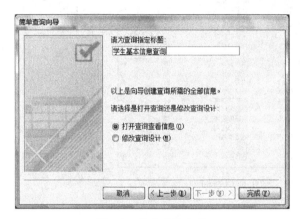

图 3-8 输入查询名称

图 3-9 学生基本信息查询

2) 建立多表查询

有时,用户所需查询的信息来自两个或两个以上的表或查询,因此,需要建立多表查询。建立多表查询的各个表必须有相关联的字段,并且事先应通过这些相关联的字段建立起表之间的关系。

例 3.2 查询学生的课程成绩,显示的内容包括:学号、姓名、课程编号、课程名称、平时成绩和考试成绩,而这些字段分别来自"学生"、"课程"和"成绩"表,而这 3 个表应事先已经建立好关系。具体操作步骤如下:

(1) 打开"教务管理"数据库,并在数据库窗口中选择"创建"选项卡中的"查询"选项组。

(2) 单击"查询"选项组中的"查询向导"选项,弹出"新建查询"对话框,如图 3-4 所示,在"新建查询"对话框中选择"简单查询向导"选项,然后单击"确定"按钮,打开"简单查询向导"对话框,如图 3-5 所示。

(3) 在弹出的"简单查询向导"对话框中,单击"表/查询"下拉列表框右侧的下拉按钮,从下拉列表框中选择"表:学生"选项,这时"学生"表中的全部字段均显示在"可用字段"列表框中了。然后分别双击"学号"、"姓名"等字段,将其添加到"选定字段"列表框中。

（4）重复上一步，将"课程"表中选择"课程编号"、"课程名称"等字段和"成绩"表中的"平时成绩"、"考试成绩"等字段添加到"选定字段"列表框中。此时已将所需字段选定以后，单击"下一步"按钮。

（5）在接下来弹出的对话框中选择"明细"或"汇总"选项，在此选择默认选项"明细"选项，如图 3-7 所示，然后单击"下一步"按钮。

（6）在接下来弹出的对话框中为新建的查询取名为"学生成绩查询"，单击"完成"按钮就创建了一个新的查询。此时在数据库窗口的查询对象中会出现刚建的查询"学生成绩查询"，单击"打开"按钮可以显示查询结果，如图 3-10 所示。

学号	姓名	课程编号	课程名称	平时成绩	考试成绩
2012021203201	魏明	C001	计算机基础	89	85
2012021203202	杨悦	C001	计算机基础	78	80
2012021204101	陈诚	C001	计算机基础	89	78
2012021204102	马振亮	C001	计算机基础	95	98
2012021205101	谢芳	C001	计算机基础	77	65
2012021205102	王建一	C001	计算机基础	76	54
2012021206101	张建越	C001	计算机基础	96	98
2012021206102	李享	C001	计算机基础	78	86
2012021207101	刘畅	C001	计算机基础	89	87
2012021207102	王四铜	C001	计算机基础	82	76
2012021203201	魏明	C002	程序设计	76	67
2012021203202	杨悦	C002	程序设计	89	87
2012021207101	刘畅	C003	网站设计	76	79
2012021207102	王四铜	C003	网站设计	84	84
2012021206101	张建越	C004	多媒体技术	90	90
2012021206102	李享	C004	多媒体技术	68	56
2012021204101	陈诚	C005	数据库应用	76	67
2012021204102	马振亮	C005	数据库应用	78	87
2012021205101	谢芳	C005	数据库应用	76	56
2012021205102	王建一	C005	数据库应用	96	98
2012021203201	魏明	C006	软件工程	76	76
2012021203202	杨悦	C006	软件工程	78	67

图 3-10　学生成绩查询

2. 使用"设计"视图创建查询

对于比较简单的查询，使用向导比较方便。但是对于有条件的查询，则无法使用向导来创建查询，而是需要在"设计"视图中创建查询。使用"设计"视图创建查询，操作方面的灵活性较强。用户可以通过设置条件来限制需要检索的记录，通过定义统计方式来完成不同的统计计算。而且，用户还可以方便地对已建立的查询进行修改。因此，使用"设计"视图是建立和修改查询的最主要的方法，在"设计"视图上由用户自主设计查询比采用查询向导建立查询更加灵活。

查询"设计"视图如图 3-2 所示，分上下两半部分。上半部分是表或查询显示区，排列着在"显示表"对话框中选择的表或查询，以及这些表之间的关系；下半部分是查询设计网格，用来指定查询所用的字段、排序方式、是否显示、汇总计算和查询条件等。

查询设计网格的每一非空白列对应着查询结果中的一个字段。网格的行标题表明了字段在查询中的属性或要求。

- 字段：设置字段或字段表达式，用于限制在查询中使用的字段。
- 表：指定所选定的字段来源于哪一张表。
- 排序：确定是否按字段排序，以及按何种方式排序。
- 显示：确定是否在数据表中显示该字段。若在显示行有"对勾"（√）标记，则表明在查询结果中显示该字段内容，否则将不显示其内容。

- 条件：指定查询的限制条件。通过指定条件,限制在查询结果中可以出现的记录或限制包含在计算中可以出现的记录。
- 或：指定逻辑"或"关系的多个限制条件。

1) 基本查询

若从表中选取若干或全部字段的所有记录,而不包含任何条件,则称这种查询为基本查询。

例3.3 查询学生的专业情况。并显示学生的姓名、性别及部门名称。具体操作步骤如下：

（1）打开"教务管理"数据库,并在数据库窗口中选择"创建"选项卡中的"查询"选项组。

（2）单击"查询"选项组中的"查询设计"选项,同时弹出"显示表"对话框和"选择查询"设计视图窗口（如图3-11所示）。

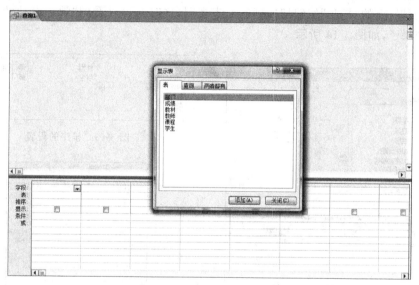

图3-11 选择建立查询的表/查询

（3）在"显示表"对话框中,单击"表"选项卡,然后双击"学生"或选中"学生"表后单击"添加"按钮,此时"学生"表添加到查询"设计"视图上半部分的窗格中。以同样的方法将"部门"表也添加到查询"设计"视图上半部分的窗格中。最后单击"关闭"按钮关闭"显示表"对话框。进入"选择查询"设计视图窗口。

（4）在"选择查询"设计视图窗口的"字段"栏中添加或插入所需的字段,添加字段有以下几种方法。

方法1：单击"字段"栏下拉列表按钮,在下拉列表中选择相应的目标字段。

方法2：单击表的某个字段,然后拖到"字段"栏。

方法3：双击表的某个字段,该字段就会出现在"字段"栏中。

添加"学生"表中的"姓名"字段后,在查询"设计"视图下半部分窗格的"字段"行上显示了字段的名称"姓名","表"行上显示了该字段对应的表名称"学生"表。而后再将"学生"表中"性别"字段和"部门"表中的"部门名称"字段添加到设计网格的"字段"行上,如图 3-12 所示。

（5）设置排序字段。

在设计视图窗格的"排序"栏（如图 3-13 所示）中指定排序的字段和排序的方式。即在"姓名"列的"排序"栏中选择"降序"选项。

（6）在"显示"栏里指定查询中要显示的字段,默认为显示全部。

注意:用户可以随时查看所建立的查询结果。即在设计查询的过程中可以随时查看查询的结果,方法是单击工具栏左端的"数据表视图"按钮,进入数据表视图,显示查询结果。查看后再单击工具栏左端的"设计视图"按钮,返回到设计视图。

（7）最后单击快速访问工具栏上的"保存"按钮,弹出一个"另存为"对话框。在"查询名称"文本框中输入"学生专业情况查询",然后单击"确定"按钮即可生成一个新的查询。

（8）在数据库窗口中,从查询列表中单击要打开的查询,单击工具栏上的"视图"按钮或单击工具栏上的"打开"按钮切换到数据表视图,这时就可以看到"学生专业情况查询"的执行结果了,如图 3-14 所示。

图 3-12　查询"设计"视图

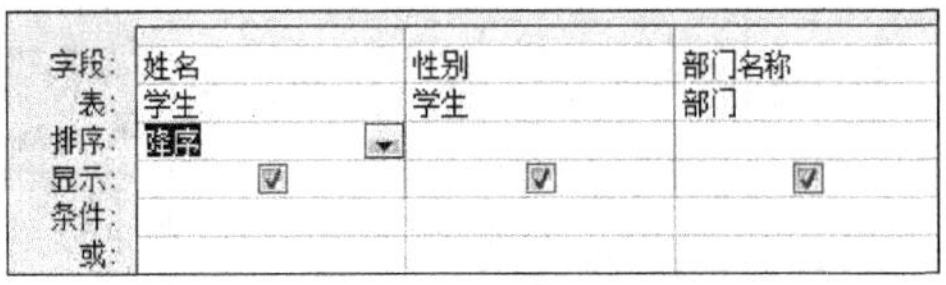

图 3-13　排序的设置

图 3-14　学生专业情况查询

2）联接类型对查询的影响

在例 3.3 中,查询的数据来源于两个表。若查询基于两个以上的表或查询,在查询设计视图中可以看到这些表或查询之间的关系连线。双击关系连线将显示"联接属性"对话框,如图 3-15 所示。在该对话框中可以指定表或查询之间的联接类型。

表或查询之间的联接类型,表明了查询将选择哪些字段或对哪些字段执行操作。默认联接类型只选取联接表或查询中具有相同联接字段值的记录,若其值相同,查询将合并这两个匹配的记录,并作为一条记录显示在查询的结果中。对于一个表,若在其他表中找不到任何一条与之相匹配的记录,则查询结果中不显示任何记录。在使用第二种或第三种联接类型时,两表中的匹配记录将合并为查询结果中的一条记录,这与使用第一种联接类型相同。但是,若指定包含所有记录的那个表中的某个记录与另一个表的记录均不匹

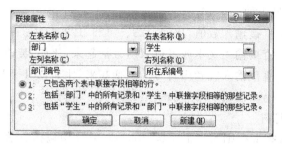

图 3-15 "联接属性"对话框

配时,该记录仍然显示在查询结果中,只是与它合并的另一个表的记录值是空白的。也就是说,在同样的查询条件下,选择不同的联接类型,所得到的查询结果是不同的。

3.2.3 运行查询

Access 查询运行方式是:第一步,由用户建立查询准则,即向数据库提出问题并保存问题。例如,最近 1 个月内金额超过 150,000 元的订单有哪些?有哪些选修英语课的同学成绩不合格?将这些问题以 Access 可以接受的查询准则保存在查询对象中;第二步,用户打开查询,根据查询准则从表中搜寻并显示满足用户要求的记录,即让数据库回答问题,查询的结果以类似于表的形式显示出来。即查询建立之后,用户可以通过运行查询获得查询结果。

运行查询的方法有以下几种方式:
- 在数据库窗口"查询"对象下,双击要运行的查询。
- 选择要运行的查询后,单击"数据库"窗口工具栏的"打开"按钮。
- 在查询的"设计"视图中,单击"执行"按钮。
- 在查询的"设计"视图中,单击"视图"按钮。

3.2.4 设置查询准则进行条件查询

在实际工作中,用户的查询并非都是简单的基本查询,而往往是带有一定条件的查询,这种查询称为条件查询。条件查询是通过"设计"视图创建的。在"设计"视图的"条件"行输入查询准则,这样 Access 2010 在运行查询时,会从指定的表中筛选出符合条件的记录。准则是查询或高级筛选中用于识别所需特定记录的限制条件。使用准则可以实现快速数据检索,使用户只看到想要得到的数据。

在查询的"设计视图"上添加查询条件(又称为查询准则)时,应该考虑为哪些字段添加准则,其次是如何在查询中添加准则,而最难的是如何将自然语言变成 Access 可以理解的查询条件表达式。

熟练掌握设置查询准则对高级查询操作是非常必要的。Access 2010 中的查询准则主要是通过常量、运算符和函数这 3 种形式组合成查询条件表达式。下面就针对常量、运算符和函数分别予以介绍。

1. 准则中的常量

常量是组成查询准则的基本元素,Access 2010 中包括数字型常量、文本型常量、日期型常量和是/否型常量 4 种。

- 数字型常量：直接输入数值，比如，123、—123、123.4。
- 文本型常量：直接输入文本或者以双引号括起来，比如，英语或"英语"。
- 日期型常量：直接输入或者用符号"♯"括起来，比如，201-1-1、♯2010-1-1♯。
- 是/否型常量：yes、no、true、false。

2. 准则中的运算符

运算符也是组成查询准则的基本元素，Access 2010 中包括数学运算符、关系运算符、连接运算符、逻辑运算符和特殊运算符 5 种。

(1) 数学运算符：＋、—、＊、/、^、\、mod 分别代表加、减、乘、除、乘方、整除、求余。

(2) 关系运算符：＝、＞、＞＝、＜、＜＝、＜＞分别代表等于、大于、大于等于、小于、小于等于、不等于。

(3) 连接运算符：& 表示将两个文本值连接起来（文本须用引号括起来表示）。

例如，"ab"&"cd"结果为"abcd"，"12"&"34"结果为"1234"。

(4) 逻辑运算符：And、Or、Not。

例如，

要查找 0～100 的数值，则条件为：＞＝0 And ＜＝100。

要查找不及格或优秀(90 分以上)的记录，则条件为：>89 Or <60。

要查找除英语之外的课程，则条件为：Not 英语。

(5) 特殊运算符。

- Between A and B：用于指定 A 到 B 之间的范围，A 和 B 可以是数字型、日期型和文本型，而且 A 和 B 的类型相同。

  例如，要查找 2010 年出生的人，则条件为：

  ```
  Between #2010-1-1#  and  #2010-12-31#
  ```

- In：指定一系列值的列表。

  例如，要查找英语、数学、统计 3 门课程，则条件为：In(英语,数学,统计)。

- Like：指定某类字符串，可以配合使用通配符。通配符"?"表示可以替代任意单一字符；通配符"＊"表示可以替代零个或一个或多个任意字符；通配符"♯"表示可以替代任意一个数字；通配符"[ ]"表示替代方括号内任意字符；通配符"!"表示替代方括号内字符以外的任意字符；通配符"-"表示替代方括号内字符范围中的任意一个字符，必须按升序指定该范围（即从 A～Z，而不是从 Z～A）。

  例如，

  要查找姓李的人，则条件为：Like"李＊"。

  要查找姓名为 2 个字并姓李的人，则条件为：Like"李?"。

  要查找姓中含有李的人，则条件为：Like"＊李＊"。

  Like"表♯"表示字符串"表1"、"表2"满足这个条件，而"表A"不满足该条件。

  Like b[ae]ll，表示字符串"ball"、"bell"满足这个条件。

  Like b[!ae]ll，表示字符串"bill"、"bull"满足这个条件。

Like b[a c]ll，表示字符串"ball"、"bbll"、"bcll"满足这个条件。

- IsNull：用于指定一个字段为空。

  例如，要查找姓名字段的值为空的记录，则条件为：姓名 IsNull。注意绝不能写成表达式"姓名＝null"的形式。

- IsNotNull：用于指定一个字段为非空。

  例如，要查找姓名字段的值为非空的记录，则条件为：姓名 IsNotNull。注意绝不能写成表达式"姓名＜＞null"的形式。

3. 准则中的函数

Access 2010 提供了大量的标准函数，这些函数为用户更好地构造查询准则提供了极大的帮助，同时也为用户提供了更为准确地统计计算工具，为实现数据处理提供了更为有效的方法。

1）数值函数

（1）ABS 函数。

功能：返回与传递给它的值类型相同的值，该值指定了数值的绝对值。

格式：

```
ABS(number)
```

说明：数值的绝对值是其无符号的大小。必选参数 number 可以是任何有效的数值表达式。如果 number 包含 Null，那么将返回 Null；如果它是未初始化的变量，那么将返回零。

例如，ABS(－1)和 ABS(1)均返回 1。

（2）INT 函数。

功能：返回数字的整数部分。

格式：

```
INT(number)
```

说明：INT 删除 number 的小数部分并返回剩下的整数值。如果 number 是负数，Int 将返回小于或等于 number 的第一个负整数，必选参数 number 是 Double 值或任何有效的数值表达式。如果 number 包含 Null，则返回 Null。

例如，INT 将－8.4 转换为－9。

（3）SQR 函数。

功能：返回 Double 值，该值指定某个数的平方根。

格式：

```
SQR(number)
```

说明：必选参数 number 是任何大于零或等于零的 Double 值或有效的数值表达式。

（4）SGN 函数。

功能：返回 Variant（Integer）值，该值指定数值的符号。

格式：

```
SGN(number)
```

说明：number 参数的符号决定 Sgn 函数的返回值。必选参数 number 可以是任何有效的数值表达式。

函数返回值如表 3-1 所示。

表 3-1　SGN 函数返回值

number 的值	Sgn 返回值	number 的值	Sgn 返回值
大于零	1	小于零	−1
等于零	0		

2）字符函数

（1）SPACE 函数。

功能：返回 Variant(String)值，该值包含指定的空格数。

格式：

```
SPACE(number)
```

说明：可使用 SPACE 函数来格式化输出，并清除固定长度字符串中的数据。必选参数 number 是希望在字符串中出现的空格个数。

（2）STRING 函数。

功能：返回 Variant(String)值，该值包含指定长度的重复字符串。

格式：

```
STRING(number, character)
```

说明：必选参数 number 为 Long 类型值。返回的字符串长度。如果 number 包含 Null，则将返回 Null。必选参数 character 为 Variant 值。字符代码，指定其第一个字符用于生成返回字符串的字符或字符串表达式。如果 character 包含 Null，将返回 Null。另外，如果为 character 指定的数字大于 255，则 String 使用下面的公式将该数字转换成有效的字符代码：character Mod 256。

（3）LEFT 函数。

功能：返回 Variant(String)值，该值包含从字符串左侧算起的指定数量的字符。

格式：

```
LEFT(string, length)
```

说明：必选参数 string 为字符串表达式，从中返回最左边的字符的字符串表达式。如果 string 包含 Null，则返回 Null。必选参数 length 为 Variant(Long)。数值表达式，指示要返回多少个字符。如果为 0，则返回长度为零的字符串("")。如果大于或等于 string 中的字符数，则返回整个字符串。另外，若要确定 string 中的字符数，请使用 Len 函数。

（4）RIGHT 函数。

功能：返回 Variant(String)值，该值包含从字符串右侧起的指定数量的字符。

格式：

```
RIGHT(string, length)
```

说明：必选参数 string 为字符串表达式，从中返回最右侧的字符的字符串表达式。如果 string 包含 Null，则将返回 Null。必选参数 length 为 Variant(Long)。指示将返回多少个字符的数值表达式。如果为 0，则返回零长度字符串("")。如果大于或等于 string 中的字符串个数，则返回整个字符串。另外，若要确定 string 中的字符数，请使用 Len 函数。

（5）LEN 函数。

功能：返回 Long 类型值，该值包含字符串中的字符数或存储变量所需的字节数。

格式：

```
LEN(string|varname)
```

说明：必选参数 string 为字符串表达式，从中返回任何有效的字符串表达式。如果 string 包含 Null，则返回 Null。必选参数 varname 为任何有效的变量名。如果 varname 包含 Null，则返回 Null。如果 varname 是 Variant，LEN 将把它当作 String 对待，并且始终返回它包含的字符数。另外，值得注意的是必须指定两个可能参数中的一个（并且仅指定一个）。对于用户定义的类型，LEN 会返回将其写入文件时的大小。

（6）LTRIM 函数、RTRIM 函数、TRIM 函数。

功能：返回 Variant(String)值，该值包含指定的字符串的副本，但删除了前面的空格（LTRIM）、后面的空格（RTRIM）或前后的空格（TRIM）。

格式：

```
LTRIM(string)
RTRIM(string)
TRIM(string)
```

说明：必选参数 string 是任何有效的字符串表达式。如果 string 包含 Null，则返回 Null。

（7）MID 函数。

功能：Variant(String)值，该值包含某个字符串中指定数目的字符。

格式：

```
MID(string, start[, length])
```

说明：必选参数 string 为字符串表达式，要从中返回字符的字符串表达式。如果 string 包含 Null，则返回 Null。必选参数 start 为 Long 类型。表示在 string 中提取字符的开始字符位置。如果 start 大于 string 中的字符数，则 MID 将返回零长度字符串("")。可选参数 length 为 Variant(Long)。要返回的字符数。如果省略，或者文本中的字符数（包括位于 start 的字符）少于 length 字符数，将返回从字符串的 start 位置到结尾位置的所有字符。另外，若要确定 string 中的字符数，请使用 LEN 函数。

3）日期时间函数

（1）DAY 函数。

功能：返回 Variant(Integer)，该返回值指定 1～31 的整数（含 1 和 31），代表月中的日期。

格式：

```
DAY(date)
```

说明：date 参数是必选的，它是能够代表日期的任何 Variant、数值表达式、字符串表达式或上述任意组合。如果 date 包含 Null，那么将返回 Null。

（2）MONTH 函数。

功能：返回 Variant(Integer)值，该值指定一个 1～12 的整数（包括 1 和 12），表示一年内的月份。

格式：

```
MONTH(date)
```

说明：必选参数 date 是任何表示日期的 Variant、数值表达式、字符串表达式或任何组合。如果 date 包含 Null，则返回 Null。

（3）YEAR 函数。

功能：返回 Variant(Integer)值，该值包含一个表示年的整数。

格式：

```
YEAR(date)
```

说明：必选参数 date 为任何表示日期的 Variant 值、数值表达式、字符串表达式或任何组合。如果 date 包含 Null，则将返回 Null。

（4）WEEKDAY 函数。

功能：返回 Variant(Integer)值，该值包含一个整数，表示一周内的某天。

格式：

```
WEEKDAY(date, [firstdayofweek])
```

说明：必选参数 date 为任何表示日期的 Variant 值、数值表达式、字符串表达式或任何组合。如果 date 包含 Null，则将返回 Null。可选参数 firstdayofweek 为一个常量，用于指定一周的第一天。如果没有指定，则假定为 vbSunday。

firstdayofweek 参数的设置如表 3-2 所示。

表 3-2　firstdayofweek 参数的设置值

常　　量	说　　明	常　　量	说　　明
vbUseSystem	使用 NLS API 设置	vbWednesday	星期三
vbSunday	星期天（默认值）	vbThursday	星期四
vbMonday	星期一	vbFriday	星期五
vbTuesday	星期二	vbSaturday	星期六

WEEKDAY 函数的返回值如表 3-3 所示。

表 3-3　Weekday 函数的返回值

常　　量	说　　明	常　　量	说　　明
vbSunday	星期天	vbThursday	星期四
vbMonday	星期一	vbFriday	星期五
vbTuesday	星期二	vbSaturday	星期六
vbWednesday	星期三		

（5）DATE 函数。

功能：返回一个包含当前系统日期的 Variant(Date)。

格式：

```
DATE
```

说明：若要设置系统日期，请使用 DATE 语句。另外，Date 和 Date＄（如果日历是公历）的行为不受 Calendar 属性设置的影响。如果日历是回历，那么 Date＄将返回 mm-dd-yyyy 形式的包含 10 个字符的字符串，其中 mm(01-12)、dd(01-30) 和 yyyy(1400-1523) 是回历月、日和年。等效的公历范围是 1980 年 1 月 1 日到 2099 年 12 月 31 日。

4）统计函数

（1）SUM 函数。

功能：返回在查询的指定字段中所包含的一组值的总和。

格式：

```
SUM(expr)
```

说明：expr 占位符代表字符串表达式，它标识了包含要添加的数字数据的字段，或者是使用该字段中的数据执行计算的表达式。expr 中的操作数可包括表字段、常量或函数的名称。SUM 函数计算字段值的总和。例如，可以使用 SUM 函数来确定运货的总费用。SUM 函数将忽略包含 Null 字段的记录。

（2）AVG 函数。

功能：计算在查询的指定字段中所包含的一组值的算术平均值。

格式：

```
AVG(expr)
```

说明：expr 占位符代表一个字符串表达式，它标识的字段包含被计算平均值的数据，或者代表使用该字段的数据执行计算的表达式。expr 中的操作数可包括表字段名、常量名或函数名。使用 AVG 计算的平均值是算术平均值（值的总和除以值的数目）。例如，可以使用 AVG 计算运费的平均值。在计算中，AVG 函数不能包含任何 Null 字段。

（3）COUNT 函数。

功能：计算查询所返回的记录数。

格式：

COUNT(expr)

说明：expr 占位符代表字符串表达式，它标识的字段包含了要统计的数据，或者是使用该字段的数据执行计算的表达式。expr 中的操作数可包括表字段名或函数名。可以统计包括文本在内的任何类型数据。

注意：可以使用 COUNT 来统计基本查询的记录数。例如，可以通过 COUNT 来统计已发往特定城市的订单数目。尽管 expr 能够对字段执行计算，但是 COUNT 仅仅计算出记录的数目。记录中所存储的数值类型与计算无关。COUNT 函数不统计包含 Null 字段的记录，除非 expr 是星号（＊）通配符。如果使用了星号通配符，COUNT 会计算出包括包含 Null 字段在内的所有记录的数目。使用 COUNT（＊）方式比使用 COUNT（[ColumnName]）方式快很多。不要用单引号（' '）将星号括起来。如果 expr 标识多个字段，那么 COUNT 函数仅统计至少有一个字段为非 Null 值的记录。如果所有指定字段均为 Null 值，那么该记录不被统计在内。可以使用 & 号分隔字段名。

（4）MIN 函数、MAX 函数。

功能：返回包含在查询的指定字段内的一组值中的最小和最大值。

格式：

MIN(expr) 或 MAX(expr)

说明：expr 占位符代表一个字符串表达式，它标识了包含要计算的数据的字段，或者是使用该字段中的数据执行计算的表达式。expr 中的操作数可包括表字段、常量或函数的名称。

注意：通过 MIN 和 MAX，可以基于指定的分组来确定字段中的最小和最大值。例如，可以通过这些函数来返回最低和最高的运费。

4. 条件表达式

"条件表达式"是查询或高级筛选中用来识别所需记录的限制条件。它是运算符、常量、字段值、函数，以及字段名和属性等的任意组合，能够计算出一个结果。通过在相应字段的条件行上添加条件表达式，可以限制正在执行计算的组、包含在计算中的记录以及计算执行之后所显示的结果。"条件表达式"写在 Access "设计"视图中的"条件"行和"或"行的位置上。值得注意的是，若多个条件书写在同一行上，则这多个条件之间是"与"的关系，而若多个条件书写在不同行上，则这多个条件之间是"或"的关系。表 3-4 列举了一些简单条件表达式的书写形式。

5. 建立条件查询

使用"设计"视图可以创建基于一个或多个表的条件查询。

例 3.4 查询 1994 年出生的女生或 1993 年出生的男生的基本信息，并显示学生的姓名、性别、出生日期和所在系编号等信息。具体操作步骤如下：

（1）将"学生"表中的"姓名"、"性别"、"出生日期"和"所在系编号"字段添加到查询"设计"视图下半部分窗格的"字段"行上。

表 3-4　条件表达式示例

字　段　名	条件表达式	功　　　能
性别	"女"或＝"女"	查询性别为女的学生记录
出生日期	＞♯86/11/20♯	查询 1986 年 11 月 20 日以后出生的学生记录
所在班级	Like "计算机 ＊"	查询班级名称以"计算机"开始的记录
姓名	NOT "王 ＊"	查询不姓王的学生记录
考试成绩	＞＝90 AND ＜＝100	查询考试成绩在 90～100 分的学生记录
出生日期	Year([出生日期])＝1986	查询 1986 年出生的学生记录

（2）在"出生日期"字段列的"条件"行单元格中输入条件表达式：between ♯94-01-01♯ and ♯94-12-31♯，在"性别"字段列的"条件"行单元格中输入"女"；在"出生日期"字段列的"或"行单元格中输入条件表达式：between ♯93-01-01♯ and ♯93-12-31♯，在"性别"字段列的"或"行单元格中输入"男"，如图 3-16 所示。

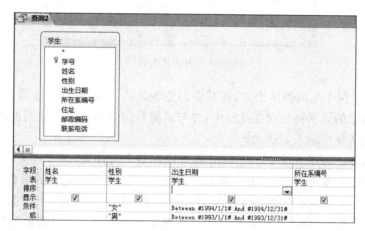

图 3-16　条件查询

（3）单击快速访问工具栏上的"保存"按钮，在"查询名称"文本框中输入"根据出生日期建立的条件查询"，然后单击"确定"按钮。

（4）单击"设计"选项卡上的"结果"选项组中的"视图"选项或"运行"选项切换到"数据表"视图。"根据出生日期建立的条件查询"的查询结果如图 3-17 所示。

图 3-17　条件查询的查询结果

6. 使用"表达式生成器"

在查询设计网格中，若用户对表达式的书写规则不了解，对表达式中的操作符或要使用的函数不熟悉，将会影响到表达式的输入速度。为了快速、准确地输入表达式，Access

2010提供了"表达式生成器"。"表达式生成器"提供了数据库中所有的表或查询中字段名称、窗体、报表中的各种控件，还有函数、常量及操作符和通用表达式。将它们进行合理搭配，用鼠标单击相关按钮，就可以书写任意一种表达式，十分方便。用户可以在需要帮助时，在设计网格中的"条件"行单元格中启动"表达式生成器"。该生成器包括3部分：表达式框和表达式元素，如图3-18所示。

图 3-18 表达式生成器

表达式框：位于生成器的上方，在其中创建表达式。在"表达式生成器"下方的表达式元素框内选定的元素将出现在此框中，并与运算符组合形成用户所需的表达式。也可以直接在表达式框中输入表达式。

表达式元素：包括3个框。左侧的框内包含多个文件夹，该文件夹中列出了表、查询、窗体、报表等数据库对象，以及一些系统内置的函数、用户自定义的函数、常量、操作符和通用表达式。中间的框中列出了在左侧框内选定文件夹的元素或元素类别。如在左侧的框内选定的是"操作符"，在中间的框中出现操作符的类别。右侧的框中列出了在左侧和中间框中选定的元素的值。如在左侧的框中选中"操作符"，在中间的框中选中"全部"，则在右侧的框中列出了所有的操作符。又如，在左侧的框中选定"表"文件夹中的"学生表"，则在中间框中将会列出"学生表"的全部字段。

使用"表达式生成器"创建表达式的具体操作步骤如下：

（1）光标停在编写表达式的位置上，单击工具栏上的"生成器"按钮，就可以启动"表达式生成器"了。

（2）在"表达式生成器"的表达式元素左侧框中，双击含有所需对象的文件夹，在打开的文件夹中选择包含所需元素的对象。

（3）在"表达式生成器"的表达式元素中间框中，双击元素可以将其粘贴到表达式框中，或单击某个元素类别。若在中间框中选择的是元素类别，则在"表达式生成器"的表达式元素右侧框中双击元素的值，此时可将该值粘贴到表达式框中。

（4）若需要在表达式中粘贴运算符，则将光标移动到要插入运算符的位置，单击相应的运算符按钮即可。

（5）重复步骤（2）～（4），直到完成表达式的输入，然后单击"确定"按钮即可。

当关闭"表达式生成器"后，Access 2010 将表达式复制到启动"表达式生成器"的位置处。若此位置上原先有一个值，则新的表达式将替换原有的值或表达式。因此，"表达式生成器"可以在 Access 2010 中任何需要表达式的位置上使用，只要右击，然后在弹出的快捷菜单中选择"生成器"选项，即可打开"表达式生成器"，并在其中编辑表达式了。

3.2.5　修改查询

无论是利用向导创建的查询，还是利用"设计"视图建立的查询，建立后均可以对查询进行编辑修改。

1. 编辑查询中的字段

1）添加字段

在查询中，可以只添加要查看其数据、对其设置准则、分组、更新或排序的字段。具体操作步骤如下：

（1）在"设计"视图中打开要修改的查询。

（2）在查询中，对于包含要添加的字段的表或查询，请确保其字段列表显示在窗口的顶部。若需要的字段列表不在查询中，可以添加一个表或查询。

（3）从字段列表中选定一个或多个字段，并将其拖拽到网格的相应列中。

2）删除字段

若某个字段不再需要时，可以将其删除。具体操作步骤如下：

（1）在"设计"视图中打开要修改的查询。

（2）单击列选定器选定相应的字段，然后按 Delete 键即可。

3）移动字段

具体操作步骤如下：

（1）在"设计"视图中打开要修改的查询。

（2）选定要移动的列。可以单击列选定器来选择一列，也可以通过相应的列选定器来选定相邻的数列。

（3）再次单击选定字段中任何一个选定器，然后将字段拖拽到新的位置。移走的字段及其右侧的字段将一起向右移动。

4）重命名查询字段

若希望在查询结果中使用用户自定义的字段名称替代表中的字段名称，则可以对查询字段进行重新命名。

具体操作步骤为：将光标移动到设计网格中需要重命名的字段左边，输入新名后键入英文冒号（:），如图 3-19 所示，在查询结果中，"部门名称"一列的字段名称改为"所修专业情况"。

2. 编辑查询中的数据源

1）添加表或查询

若要显示的字段不在"设计"视图上半部显示的表或查询中，则需要添加表或查询。

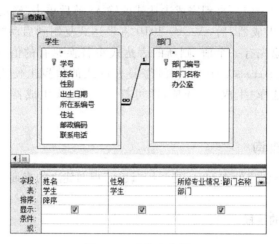

图 3-19 重命名字段

具体操作步骤如下:

(1) 在查询"设计"视图中打开要修改的查询。

(2) 在"设计"选项卡上的"查询设置"选项组中,单击"显示表"选项,弹出"显示表"对话框。

(3) 若要加入表,则单击"表"选项卡,若要加入查询,则单击"查询"选项卡,若既要加入表又要加入查询,则单击"两者都有"选项卡。

(4) 在相应的选项卡中单击选中要加入的表或查询,然后单击"添加"按钮。

(5) 选择完所有要添加的表或查询后,单击"关闭"按钮即可。

2) 删除表或查询

当某些表或查询在查询中不需要时,可将其删除,具体操作步骤如下:

(1) 在查询"设计"视图中打开要修改的查询。

(2) 右击要删除的表或查询,在弹出的快捷菜单中选择"删除表"选项,即可将表或查询删除。

3) 排序查询的结果

若要对查询的结果进行排序,具体操作步骤如下:

(1) 在查询"设计"视图中打开该查询。

(2) 在对多个字段进行排序时,首先在设计网格上安排要执行排序时的字段顺序。Access 首先按最左边的字段进行排序,当排序字段出现等值情况时,再对其右边的字段进行排序,以此类推。

(3) 在要排序的每个字段的"排序"单元格中,单击所需的选项即可。

3.2.6 查找重复项和不匹配项查询

用户有时要在表中查找内容相同的记录,有时要在表中查找与指定内容不相匹配的记录,这就要用到查找重复项和不匹配项查询。

1. 查找重复项查询

在 Access 中,可能需要对数据表中某些具有相同值的记录进行检索和分类。利用"查找重复项查询向导"可以在表中查找内容相同的记录,同时,也可以确定表中是否存在重复值的记录。即查找重复项查询可以快速查找到表中的重复字段。通过检查重复记录,帮助用户判断这些信息是否正确,决定哪些是需要保存的,哪些是需要删除的。

例3.5 利用"查找重复项查询向导"创建查询,查找同年、同月、同日出生的学生信息。

此类查询属于查找重复项的查询:

(1) 在数据库窗口中,选择"创建"选项卡中的"查询"选项组。

(2) 单击"查询"选项组中的"查询向导"选项,打开"新建查询"对话框。

(3) 在"新建查询"对话框中选择"查找重复项查询向导",单击"确定"按钮,打开"查找重复项查询向导"对话框,如图 3-20 所示。

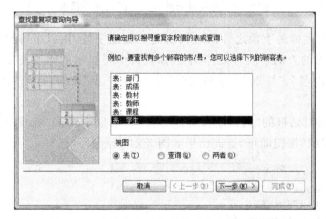

图 3-20　选择包含重复字段的表/查询对话框

(4) 选择"学生"表,单击"下一步"按钮,打开如图 3-21 所示的对话框。

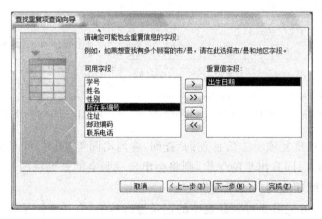

图 3-21　重复字段选择对话框

(5) 选取设为重复值的字段,系统会按照选取的数据表中的记录进行检索,即在"可用字段"列表框中选择包含重复值的一个或多个字段,本例题选择"出生日期"字段,单击

"下一步"按钮,打开如图 3-22 所示的对话框。

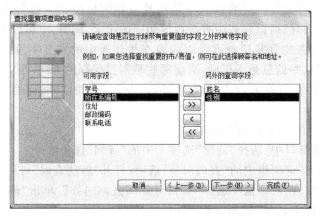

图 3-22　另外显示的查询字段选择对话框

（6）选择除重复值的字段之外的查询所需的其他字段,用以了解更多关于重复字段的信息,即在"另外的查询字段"列表框中选择查询中要显示的除重复字段以外的其他字段,本例题选择"姓名"、"性别"等字段,然后单击"下一步"按钮,打开如图 3-23 所示的对话框;

（7）在打开的对话框的"请指定查询的名称"文本框中输入"查找重复项学生信息查询",然后单击"完成"按钮即可,查询结果如图 3-24 所示。

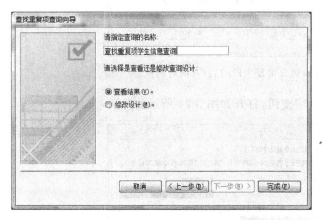

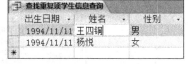

图 3-23　指定查找重复项查询的名称对话框　　　　图 3-24　"查找重复项查询"的结果

（8）打开"查找重复项学生信息查询"查询,将列出同年、同月、同日出生的学生记录,若不存在同年、同月、同日出生的学生,则将会出现一张空的查询视图。

2. 查找不匹配项查询

在 Access 中,可能需要对数据表中的记录进行检索,查看它们是否与其他记录相关,是否真正有实际意义。即用户可以利用"查找不匹配项查询向导"在两个表或查询中查找不相匹配的记录。通过不匹配项查询,能帮助用户查找到可能遗漏的操作。

例 3.6　利用"查找不匹配项查询向导"创建查询,查找没有选课的学生姓名、性别及所在系编号,即找出"学生"表和"成绩"表不符的记录。

此类查询属于查找不匹配项查询,具体操作步骤如下:

(1)在数据库窗口中,选择"创建"选项卡的"查询"选项组。

(2)单击"查询"选项组中的"查询向导"选项,打开"新建查询"对话框。

(3)在"新建查询"对话框中选择"查找不匹配项查询向导",然后单击"确定"按钮,打开"查找不匹配项查询向导"对话框,并选择"学生"表,如图 3-25 所示,单击"下一步"按钮,打开如图 3-26 所示的对话框。

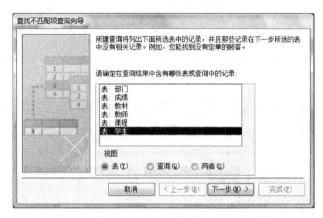

图 3-25　选择包含显示字段的表/查询对话框

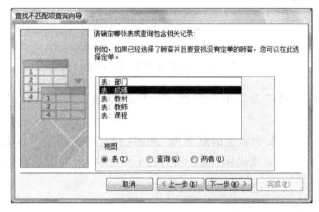

图 3-26　选择相关的表/查询对话框

(4)选择与"学生"表中的记录不匹配的"成绩"表,单击"下一步"按钮,打开如图 3-27 所示的对话框。

(5)确定选取的两个表之间的匹配字段。Access 会自动根据匹配的字段进行检索,查看不匹配的记录。即在字段列表中选择在两张表中都有的字段信息,本例题选择"学号"字段,再单击"下一步"按钮。

(6)选择查询所需的其他字段,供查询时显示,没有特定的要求。即选择查询结果中要显示的字段,本例题选择"姓名"、"性别"和"所在系编号"等字段,如图 3-28 所示,然后单击"下一步"按钮。

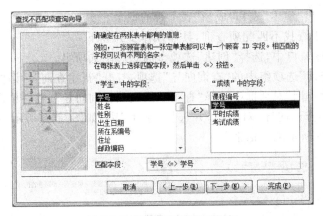

图 3-27　匹配字段选择对话框

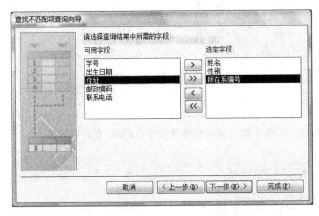

图 3-28　选择显示字段对话框

（7）输入查询的名称"查找不匹配项学生信息查询"，如图 3-29 所示，然后单击"完成"按钮即可。

（8）打开"查找不匹配项学生信息查询"查询，若所列出的学号没有出现在"成绩"表中，则表明这些学生没有完成选课，即这两个表不匹配，结果如图 3-30 所示。

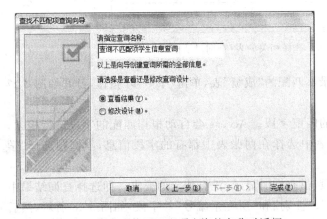

图 3-29　指定查找不匹配项查询的名称对话框

图 3-30　查找不匹配项查询的结果

3.3　在查询中计算

前面我们建立了许多查询,虽然这些查询都非常有用,但是它们仅仅是为了获取符合条件的记录。而在实际应用中,人们在建立查询时,有时可能对表中的记录并不关心,往往更关心的是记录的统计结果。比如,某门课程的总分、平均分等。为了获取这样的数据,需要使用 Access 2010 提供的统计查询功能。所谓统计查询就是在成组的记录中完成一定统计计算的查询。使用查询"设计"视图中的"总计"行,可以对查询中的全部记录或记录组计算一个或多个字段的统计值。使用"条件"行,可以添加影响计算结果的条件表达式。

3.3.1　引例

有时用户要对学生的总体情况进行统计分析。这时,用户关心的就不是每条学生记录的内容了,而是记录的统计结果。例如,学生的总人数、某门课程的平均成绩、男生的平均年龄等。有时,还需要为查询增加计算字段,如,增加"学期成绩"字段(学期成绩＝平时成绩×0.4＋考试成绩×0.6)。具体如何操作? 用户将面临以下几个问题:

- 如何利用统计查询进行数据统计?
- 如何添加计算字段?
- 如何创建自定义查询?

以下将就如何解决上述问题展开讲解。

3.3.2　数据统计

统计查询用于对表中的全部记录或记录组进行统计计算,包括总计、求平均值、计数、求最小值、求最大值、求标准偏差或方差等。其计算结果只是显示在查询结果中,并没有实际存储在表中。

统计查询的设计方法大体与前面的介绍相同,不同之处在于在查询"设计"视图的设计网格中需要加入"总计"行。添加的方法很简单,在"设计"视图中单击"设计"选项卡上的"显示/隐藏"选项组中的"∑汇总"选项,设计网格中就会出现"总计"行。

例 3.7　统计学生总人数。

在 Access 2010 中,可以通过在查询中执行计算的方式进行统计。由于在"学生"表中专门记录了学生的各类信息,因此,可以将"学生"表作为查询计算的数据源。而且,一个学生是一条记录,所以统计学生总人数就是统计某一字段的记录个数。一般用没有重复值的字段进行统计。具体的操作步骤如下:

(1) 将"学生"表中的"学号"字段添加到查询设计网格的"字段"行。注意:如果添加两个以上字段,那么学号以外的字段的"总计"行将显示为"分组",也就是要分组计算学生人数,这与统计学生总人数不符,所以只能选"学号"一个字段。

(2) 单击"设计"选项卡上的"显示/隐藏"选项组中的"∑汇总"选项,设计网格中出现

"总计"行,并自动将"学号"字段的"总计"行单元格设计成"分组"。单击"学号"字段的"总计"行单元格,这时它右边将显示一个下拉按钮,单击该按钮,从下拉列表框中选择"计数"函数,如图 3-31 所示。

(3) 单击快速访问工具栏上的"保存"按钮,在"查询名称"对话框中输入"统计学生人数查询",然后单击"确定"按钮即可。

(4) 切换到数据表视图,学生人数统计结果如图 3-32 所示。

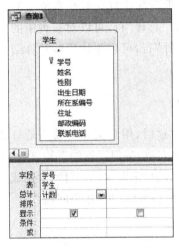

图 3-31　查询的"总计"设计　　　　　图 3-32　统计学生人数的结果

在实际应用中,用户除了要统计某个字段的所有值,还需把记录分组,然后对每个组的记录进行统计。下面这个例子就很好地反映了这种情况。

例 3.8　统计"计算机基础"课程"考试成绩"的平均分。

由于"课程名称"和"考试成绩"分别放在"课程"表和"成绩"表中,因此,查询要涉及两个表,具体的操作步骤如下:

(1) 将"课程"表中的"课程名称"字段和"成绩"表中的"考试成绩"字段添加到查询设计网格的"字段"行。

(2) 单击"设计"选项卡上的"显示/隐藏"选项组中的"∑汇总"选项,此时"总计"行自动将所有字段的"总计"行单元格设置成"分组"。单击"考试成绩"字段的"总计"行单元格,单击右边的下拉按钮,在下拉列表框中选择"平均值"函数,在"课程名称"的条件行上输入"计算机基础",如图 3-33 所示。

(3) 单击快速访问工具栏上的"保存"按钮,在"查询名称"文本框中输入"统计考试成绩平均分查询",然后单击"确定"按钮即可。

(4) 单击"设计"选项卡上的"结果"选项组中的"视图"选项或单击"运行"选项切换到"数据表"视图。这时即可看到"统计考试成绩平均分查询"的结果,如图 3-34 所示。

有时所显示的查询结果不尽如人意,例如用户所统计生成的平均成绩的小数位数长短不一。这些问题可以通过设置属性的方法解决。

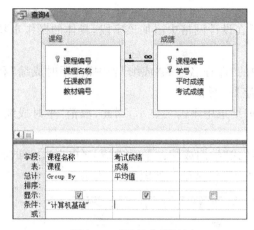

图 3-33 "平均值"设计　　　　　　图 3-34 "统计考试成绩平均分查询"的结果

例 3.9 将"统计考试成绩平均分"查询的平均分数设定为 2 位小数。具体的操作步骤如下：

（1）进入"统计考试成绩平均分查询"设计视图。

（2）选中"考试成绩"所在列，单击"设计"选项卡上的"显示/隐藏"选项组中的"属性表"选项，弹出"字段属性"对话框，如图 3-35 所示。

（3）在"格式"的下拉列表中选择"固定"，表明按固定小数位数显示，在"小数位数"下拉列表中选择 2，设置 2 位小数。

（4）保存"统计考试成绩平均分查询"查询设计并显示结果，结果如图 3-36 所示。

图 3-35 字段属性对话框　　　　　图 3-36 改变属性后的结果

3.3.3 添加计算字段

前面介绍了怎样利用统计函数对表或查询进行统计计算。如果需要统计的数据在表或查询中没有相应的字段，或用于计算的数值来自于多个字段时，就应该在设计网格中的"字段"行添加一个计算字段。在查询中可以增加新字段，该字段没有自己的数据，它的数据源来自其他字段，按照用户设置的公式，产生该字段的数值，这些字段叫做计算字段。计算字段是指将已有字段通过使用表达式而建立起来的新字段。比如，在查询中增加"年龄"字段，它的数据源来自"出生日期"字段；或者根据"高考成绩"表建立一个查询，然后增加"总分"字段，作为各门成绩的总计等。

例 3.10 计算每个学生的"计算机基础"课程的学期成绩（学期成绩＝平时成绩×

0.4＋考试成绩×0.6)。

由于表中没有"学期成绩"字段,所以需要在设计网格中添加该字段,具体的操作步骤如下:

(1) 将"学生"表中的"姓名"、"课程"表中的"课程名称"、"成绩"表中的"平时成绩"和"考试成绩"等字段,添加到查询设计网格的"字段"行。

(2) 由于"平时成绩"和"考试成绩"在查询结果中不需要显示,因此,取消"平时成绩"和"考试成绩"的显示。

(3) 在"字段"行的第一个空白列输入表达式"学期成绩:[平时成绩]×0.4＋[考试成绩]×0.6",在"课程名称"字段的条件行输入"计算机基础",如图 3-37 所示。

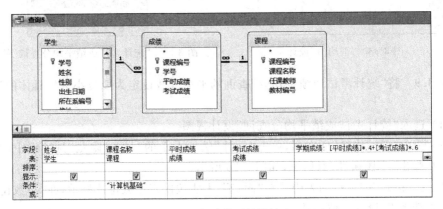

图 3-37　添加计算列的设计窗口

其中:"学期成绩"为标题,":"为标题与公式的分隔符(注意,必须输入英文模式下的冒号),"[平时成绩]×0.4＋[考试成绩]×0.6"为计算公式。

(4) 单击快速访问工具栏上的"保存"按钮,在"查询名称"文本框中输入"学生学期成绩查询",然后单击"确定"按钮即可,运行后的查询结果如图 3-38 所示。

姓名	课程名称	平时成绩	考试成绩	学期成绩
魏明	计算机基础	89	85	86.6
杨悦	计算机基础	78	80	79.2
陈诚	计算机基础	89	78	82.4
马振亮	计算机基础	95	98	96.8
谢芳	计算机基础	77	65	69.8
王建一	计算机基础	76	54	62.8
张建越	计算机基础	96	98	97.2
李享	计算机基础	78	86	82.8
刘畅	计算机基础	89	87	87.8
王四铜	计算机基础	82	76	78.4

图 3-38　"学生学期成绩查询"的结果

例 3.11　在"高考成绩"查询中,添加"总分"计算字段。具体的操作步骤如下:

(1) 根据"高考成绩"表建立"高考成绩"查询。

(2) 在"高考成绩查询"查询的设计视图中,选择新的列,在"字段"栏中输入:

总分:[语文]+[政治]+[英语]+[物理]+[化学]+[数学]

例 3.12　在"学生学期成绩查询"查询中增加"备注"计算列。将考试成绩在 90 分以上的注释为"优秀"。具体操作步骤如下：

（1）进入"学生学期成绩查询"查询设计视图。

（2）选择新的列，在"字段"栏中输入

备注：IIF([考试成绩]>89,"优秀"," ")"

说明：函数 IIF(条件,值1,值2)的功能是如果条件成立,那么函数的结果是值1,否则是值2。

3.3.4 创建自定义查询

上面介绍的统计查询是使用总计函数对表中已有字段进行总计计算,以及创建自定义表达式,对现有字段进行计算。除此之外,用户还可以创建自定义表达式,对现有字段进行计算后再求总计。

例 3.13 计算男同学的平均年龄。

具体的操作步骤如下：

（1）将"学生"表中的"性别"字段添加到查询设计网格的"字段"行；

（2）在"字段"行的第一个空白列输入表达式：

年龄:year(date())-year([出生日期])

（3）在"性别"字段的条件行输入"男",单击"设计"选项卡上的"显示/隐藏"选项组中的"Σ汇总"选项,在"总计"行选择"分组";在新添加的"年龄"字段的"总计"行选择"平均值"选项。在查询设计如图 3-39 所示(或输入表达式年龄：Avg(year(date())－year([出生日期]),在"总计"行选择"表达式"选项)。

（4）单击快速访问工具栏上的"保存"按钮,在"查询名称"文本框中输入"统计男生平均年龄查询",然后单击"确定"按钮,查询结果如图 3-40 所示。

图 3-39 计算字段的设计窗口

图 3-40 "统计男生平均年龄查询"的结果

3.4 交叉表查询

Access 2010 支持一种特殊类型的统计查询,叫做交叉表查询。利用该查询,可以在类似电子表格的格式中查看计算值。

交叉表查询是将源于某个表中的字段进行分组,一组列在数据表的左侧,一组列在数据表的上部,然后在数据表行与列的交叉处显示表中某个字段的各种计算值,比如,求总和、统计个数、平均值、最大值、最小值等。建立交叉表查询的方法有两种:使用交叉表查询向导和使用"设计"视图来建立。

3.4.1 引例

若用户要对"教务管理"数据库中的表和查询进行分类统计。例如:在"教师"表中统计各个系的教师人数及其职称分布情况;还有统计每个学生的选课情况等。那么交叉表查询非常适合这种分类统计,可以使用"交叉表查询向导"或"设计"视图建立交叉表查询。具体如何操作?用户要面临以下几个问题:

- 如何使用"交叉表查询向导"建立查询?
- 如何使用"设计"视图建立交叉表查询?

以下就如何解决上述问题展开讲解。

3.4.2 使用"交叉表查询向导"建立查询

使用"交叉表查询向导"建立交叉表查询时,使用的字段必须属于同一个表或同一个查询。如果使用的字段不在同一个表或查询中,则应先建立一个查询,将它们集中在一起。

例 3.14 在"教师"表中统计各个系的教师人数及其职称分布情况,建立所需的交叉表。

从交叉表可以看出,在其左侧显示了教师所属系,上面显示了各部门职工人数及职称类型,行、列交叉处显示了各职称在各系中的人数。由于该查询只涉及"教师"表,所以可以直接将其作为数据源。具体的操作步骤如下:

(1) 选择数据库窗口中的"创建"选项卡中的"查询"选项组,然后单击"查询向导"选项,这时屏幕上显示"新建查询"对话框。

(2) 在"新建查询"对话框中,选择"交叉表查询向导",单击"确定"按钮,这时屏幕上显示"交叉表查询向导"对话框,此时选择"教师"表,如图 3-41 所示,然后单击"下一步"按钮。

(3) 选择作为行标题的字段。行标题最多可选择 3 个字段,为了在交叉表的每一行前面显示教师所属系,这里应双击"可用字段"框中的"部门编号"字段,将它添加到"选定字段"框中。如图 3-42 所示,然后单击"下一步"按钮。

(4) 选择作为列标题的字段。列标题只能选择一个字段,为了在交叉表的每一列的上面显示职称情况,单击"职称"字段;如图 3-43 所示,然后单击"下一步"按钮。

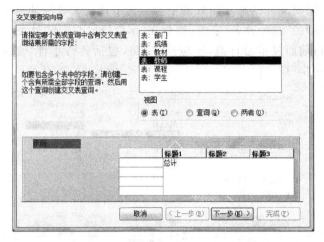

图 3-41　"交叉表查询向导"对话框

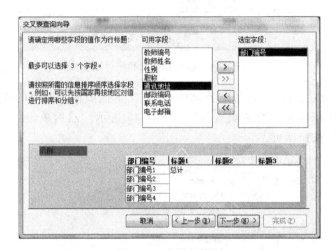

图 3-42　选择行标题

图 3-43　选择列标题

（5）确定行、列交叉处的显示内容的字段。为了让交叉表统计每个系的教师职称个数，应单击字段框中的"教师姓名"字段，然后在"函数"框中选择"计数（Count）"函数。若要在交叉表的每行前面显示总计数，还应选中"是，包括各行小计"复选框，如图 3-44 所示，最后单击"下一步"按钮。

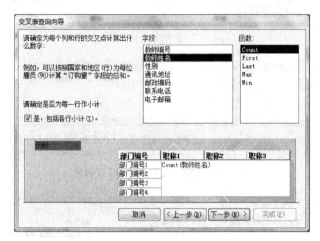

图 3-44　选择列标题和统计项

（6）在弹出的对话框的"请指定查询的名称"文本框中输入所需的查询名称，这里输入"统计各系教师职称人数交叉表查询"，如图 3-45 所示。然后单击"查看查询"单选按钮，再单击"完成"按钮即可。

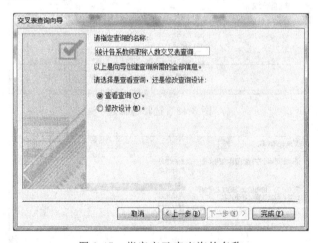

图 3-45　指定交叉表查询的名称

这时，系统开始建立交叉表查询，查询结果如图 3-46 所示。

部门编号	总计 教师	副教授	讲师	教授
001	2	1		1
002	2			1
003	2	1	1	
004	2		1	1
005	2	2		

图 3-46　"统计各系教师职称人数交叉表查询"的结果

3.4.3 使用"设计"视图建立交叉表查询

除了可以使用"交叉表查询向导"建立交叉表查询以外,还可以使用"设计"视图建立交叉表查询。

例 3.15 统计每个学生的选课情况,建立相关的交叉表。

从交叉表可以看出,"姓名"作为行标题;"课程名称"作为列标题;行、列交叉处显示了每名学生的选课数。由于在查询中还要计算每名学生总的选课门数,所以还要增加一个"总计选课门数"字段作为行标题。该查询涉及"学生"表、"课程"表和"成绩"表。具体的操作步骤如下:

(1) 在数据库窗口中,选择"创建"选项卡中的"查询"选项组,然后单击"查询设计"选项,这时屏幕上显示查询"设计"视图。将"学生"表中的"姓名"字段、"课程"表中的"课程名称"字段和"成绩"表中的"课程编号"字段拖放到设计网格的"字段"行。

(2) 选择"设计"选项卡中的"查询类型"选项组,然后单击"交叉表查询"选项即可。

(3) 为了将"姓名"放在每行的左边,应单击"姓名"字段的"交叉表"行单元格,然后单击该单元格右边的下拉按钮,选择"行标题"选项;为了将"课程名称"放在第一行,单击"课程名称"字段的"交叉表"行单元格,然后单击该单元格右边的下拉按钮,选择"列标题"选项;为了在行和列的交叉处显示选课数,应单击"课程编号"字段的"交叉表"行单元格,然后单击该单元格右边的下拉按钮,选择"值"选项;单击"课程编号"字段的"总计"行单元格,然后单击该单元格右边的下拉按钮,选择"计数"函数。

(4) 由于要计算每个学生总的选课门数,因此,应在第一个空白字段单元格中添加自定义字段名称"总计选课门数",用于在交叉表中作为字段名显示。"课程编号"仍作为计算字段。单击该字段的"交叉表"行单元格,然后单击该单元格右边的下拉按钮,选择"行标题"选项,单击"课程编号"字段的"总计"行单元格,然后单击该单元格右边的下拉按钮,选择"计数"函数。设计好的交叉表查询"设计"视图如图 3-47 所示。

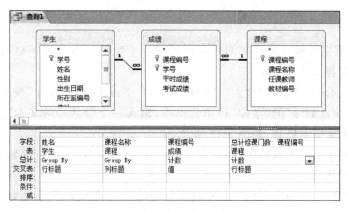

图 3-47 交叉表查询"设计"视图

(5) 单击工具栏上的"保存"按钮,在"查询名称"文本框中输入"统计学生选课情况交叉表查询",然后单击"确定"按钮,运行后的交叉表查询显示结果如图 3-48 所示。

统计学生选课情况交叉表查询

姓名	总计修课门	程序设计	多媒体技术	计算机基础	软件工程	数据库应用	网站设计
陈诚	2			1		1	
李享	2		1	1			
刘畅	2			1			1
马振亮	2			1		1	
王建一	2			1		1	
王四铜	2			1			1
魏明	3	1		1	1		
谢芳	2			1		1	
杨悦	3	1		1	1		
张建越	2		1	1			

图 3-48 "统计学生选课情况交叉表查询"的结果

3.5 参数查询

以上的查询都是对某个固定条件的查询，使用时不太方便。Access 2010 提供了一种通用的查询方式——参数查询。执行参数查询时，弹出一个"输入参数值"对话框。用户输入要查找的内容，然后单击"确定"按钮。Access 根据用户输入值作为查询条件，将查询结果显示出来。

参数查询可以在运行查询的过程中自动修改查询的规则，用户在执行参数查询时，会显示一个输入对话框，提示用户输入信息，这种查询叫做参数查询。

如果用户知道所要查找的记录的特定值，那么使用参数查询较为方便。参数查询包括单参数查询和多参数查询。执行参数查询时，数据库系统显示所需参数的对话框，由用户输入相应的参数值。

查询设计的开始几步与前几节所述类似，只是需要在查询设计网格的"条件"单元格中添加运行时系统将显示的提示信息。运行查询时，用户按提示信息输入待定值即可。即建立参数查询的方法与用"设计视图"建立查询的操作方法基本一致，只是查询条件表达式的写法不同，从常量改为变量。变量的格式是：

[变量名]

例 3.16 根据所输入的专业编号查询该专业学生的基本信息。显示姓名、性别、专业编号。具体的操作步骤如下：

(1) 将要显示的"姓名"、"性别"、"所在系编号"字段添加到"设计"视图的"字段"行。

(2) 在"所在系编号"的"条件"行单元格中，输入一个带括号的文本"[请输入学生所在系编号：]"作为提示信息，如图 3-49 所示。

(3) 单击快速访问工具栏中的"保存"按钮，在"查询名称"文本框中输入"参数查询"，然后单击"确定"按钮。

(4) 单击"设计"选项卡上的"结果"选项组中的"运行"选项，弹出参数查询对话框，输入查询参数"001"，如图 3-50 所示。

(5) 单击"确定"按钮，结果如图 3-51 所示。

如果要设置两个或多个参数，则在两个或多个字段对应的条件单元格中，输入带方括号的文本作为提示信息即可。执行查询时，根据提示信息依次输入特定值。

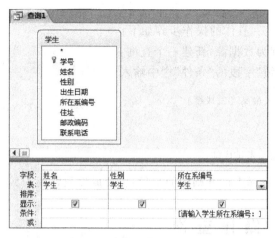

图 3-50 "输入参数值"对话框

图 3-49 参数查询的设计视图

图 3-51 参数查询的结果

例 3.17 建立一个参数查询,按输入姓名查找学生。具体的操作步骤如下:

(1) 选择"创建"选项卡上的"查询"选项组中的"查询设计"选项,即可进入查询设计视图,并同时显示"显示表"对话框。

(2) 在"显示表"对话框中选择查询所涉及的表或查询,比如"学生信息"表。

(3) 在"设计视图"窗口的"字段"栏中添加和插入查询所需的字段。

(4) 在"设计视图"窗口的"姓名"字段的"条件"栏中输入带方括号的文本:"[请输入姓名]",便建立了一个参数查询,以"按姓名查询"为名字保存。

(5) 在数据库窗口中,打开该查询时,就会弹出"输入参数值"对话框。用户在输入了要查找的姓名之后,则显示选择查询的结果。

方括号中的文字肩负双重作用,一方面它作为"输入参数值"对话框的提示信息,另一方面它是一个变量名,用户输入的参数值就赋给它。然后 Access 根据该值到数据表中查找符合条件的记录。需要注意的是方括号中的文字不能与字段名相同。

例 3.18 修改"按姓名查询"的条件,改为按姓查找学生。具体的操作步骤如下:

(1) 在"所有 Access 对象导航窗格"中选择查询对象,右击"按姓名查询"对象,在弹出的快捷菜单中选择"设计视图"选项。

(2) 在设计视图窗口的"姓名"字段的"条件"栏中输入:

```
like [输入贵名]&"*"
```

说明:符号 & 的作用是将使两个表达式连接在一起,通配符"*"表示零个或多个字符。

例 3.19 按大于某个分数查找学生成绩。具体的操作步骤如下:

(1) 以此前建立的"学生成绩"查询为数据源,新建一个查询。

(2) 在"设计视图"窗口的"考试成绩"字段的"条件"栏中输入:

```
[输入考试成绩]
```

(3) 单击"设计视图"窗口"设计"选项卡上的"结果"选项组中的"运行"选项,运行该查询。

例 3.20 按某个成绩区间查找学生。具体的操作步骤如下：

(1) 以此前建立的"学生成绩"查询为数据源，新建一个查询。

(2) 在"设计视图"窗口的"考试成绩"字段的"条件"栏中输入：

between[输入最低考试成绩] and [输入最高考试成绩]

或者

>= [输入最低考试成绩] and <= [输入最高考试成绩]

总之，将带方括号的文本取代原来选择查询准则中的常量，就变成参数查询了。

3.6 操 作 查 询

前面介绍的几种查询方法都是根据特定的查询准则，从数据源中产生符合条件的动态数据集，但是并没有改变表中原有的数据，即查询在运行过程中对原始表不做任何修改。因此，它们都属于选择查询。而操作查询是建立在选择查询的基础之上，对原有的数据进行批量的更新、追加和删除，或者创建新的数据表等操作，即操作查询不仅进行查询，而且对表中的原始记录进行相应的修改。所谓操作查询是指仅在一个操作过中就能更改许多记录的查询。通过操作查询，可以使数据的更改更加有效、方便和快捷。

操作查询和选择查询另一个重要的不同之处在于：打开选择查询，就能够显示符合条件的数据集；而打开操作查询，运行了更新、追加和删除等操作后，不会直接显示操作的结果，只有通过打开目的表，即被更新、追加、删除和生成的表，才能了解操作查询的结果。

由于操作查询将改变数据库的内容，而且某些错误的操作查询操作可能会造成数据库中数据的丢失，因此用户在进行操作查询之前，应该先对数据库或表进行备份。

对数据库的备份可以在 Windows 资源管理器中进行，与通常复制文件的方法相同。而对数据表的备份应在数据库窗口的表对象中进行，先选择要备份的表，然后选择"文件"选项卡中的"另存为"选项，便可完成数据表的备份。

3.6.1 引例

对于学校而言，新的学期已经开始了，新生的变动信息已经稳定了，此时数据也可以进行全面地更新了；学生换专业的情况要进行相应的删除和追加；毕业生的信息也要做适当的删除……

教务处的老师经常会为原始表中大量的信息要进行成批的删除、更新、追加工作而发愁。若全部在表中进行手工修改的话，不仅费时费力，而且不能保证正确无误，怎么办呢？答案是采用操作查询来解决这类问题。因为，操作查询可以对表中的原始记录进行成批的修改，而且可以从几个表中提取数据生成一个新表，永久保存起来。这样就省事多了，具体操作时用户将面临以下几个问题：

• 如何进行生成表查询？

• 如何进行删除查询？

- 如何进行更新查询?
- 如何进行追加查询?

以下就如何解决上述问题展开讲解。

3.6.2 生成表查询

生成表查询可以从一个或多个表的数据中产生新的数据表,生成的表可以作为数据备份,或者作为新的数据集。生成表查询就是利用查询建立一个新表。在 Access 2010 中,从表中访问数据比从查询中访问数据快得多。因此,当需要经常从几个表中提取数据时,最好的方法是使用生成表查询将从多个表中提取的数据生成一个新表,永久保存起来。

例 3.21 在"教务管理"数据库中,根据"学生"表和"成绩"表建立一个查询,然后把查询结果存储为一个表。具体的操作步骤如下:

(1) 将"学生"表中的"姓名"字段和"性别"字段、"成绩"表中的"平时成绩"字段和"考试成绩"字段添加到设计网格的"字段"行。

(2) 然后选择"设计"选项卡中的"查询类型"选项组,单击"生成表"选项。这时屏幕上显示"生成表"对话框,如图 3-52 所示。

图 3-52 "生成表"对话框

(3) 在"表名称"文本框中输入要创建的新表名称"学生成绩生成表",单击"当前数据库"选项,把新表放入当前打开的"教务管理"数据库中,单击"确定"按钮。

(4) 单击"设计"选项卡上的"结果"选项组中的"视图"选项,预览"生成表查询"新建的表。如果不满意,可以再次单击"视图"选项,返回"设计"视图进行更改,直到满意为止;在运行查询结果之前,应先单击数据库窗口中的"安全警告"栏内的"启用内容"按钮,如图 3-53 所示。

图 3-53 "安全警告"提示框

(5) 在"设计"视图中,单击"设计"选项卡上的"结果"选项组中的"运行"选项,弹出如图 3-54 所示的提示框。

(6) 单击"是"按钮,Access 2010 将开始新建"学生成绩生成表"。生成新表后不能撤销所做的更改。单击"否"按钮,不建立新表。这里单击"是"按钮。

(7) 单击快速访问工具栏上的"保存"按钮,在查询名称文本框中输入"学生成绩生成表查询",然后单击"确定"按钮,保存所建的查询。

当单击表对象时,在表对象窗口可以看到除了原来已有的表名称外,增加了"学生成绩生成表"的表名称,结果如图 3-55 所示。

图 3-54　生成表提示框

图 3-55　生成表查询结果

例 3.22　将"成绩"表中不及格记录生成一个"不及格"表。具体的操作步骤如下:

(1) 以"成绩"表为数据源,用查询设计视图创建查询。

(2) 选择生成表所需的字段和条件。

(3) 选择"设计"选项卡中的"查询类型"选项组,然后单击"生成表查询"选项,弹出"生成表"对话框。

(4) 输入生成表的表名"不及格"。

(5) 保存查询为"生成不及格查询"。

(6) 运行"生成不及格查询",可以生成"不及格"表。

3.6.3　删除查询

删除查询就是利用查询删除一组记录。删除后的记录无法恢复。

随着时间的推移,所建数据库中的数据会越来越多,其中有些数据是有用的,而有些数据已无用,对于这些没有用的数据应该及时从数据库中删除。如果使用简单的删除操作来删除属于同一类型的一组记录,需要用户在表中一个一个地将它们找到后再删除,操作起来非常麻烦。Access 2010 提供了一个删除查询,利用该查询可以一次删除一组同类型的记录,从而大大提高数据管理的效率。

删除查询可以从单个表中删除记录,也可以从多个相互关联的表中删除记录。如果要从多个表中删除相关记录,必须满足以下几点:

• 在关系窗口中定义相关表之间的关系。
• 在关系对话框中选择"实施参照完整性"复选框。
• 在关系对话框中选择"级联删除相关记录"复选框。

例 3.23 在例 3.21 中，利用生成表查询建立了一个名为"学生成绩生成表"的新表。若希望删除该表中所有男生的一组记录，则利用删除查询可以方便、快速地完成操作。具体的操作步骤如下：

(1) 将"学生成绩生成表"添加到查询设计视图的上半部分。

(2) 然后选择"设计"选项卡中的"查询类型"选项组，单击"删除"选项，这时在查询设计网格中显示一个"删除"行。

(3) 把"学生成绩生成表"的字段列表中的" ＊ "号拖动到查询设计网格的"字段"行单元格中，这时系统将"删除"单元格设定为"From"，表示要对哪一个表进行删除操作。

(4) 将要设置"条件"的"性别"字段拖动到查询设计网格的"字段"行单元格，这时系统将"删除"单元格设定为 Where，在"性别"的"条件"行单元格中输入表达式："男"。查询设计如图 3-56 所示。

(5) 单击"设计"选项卡上的"结果"选项组中的"视图"选项，预览"删除查询"检索到的一组记录。如果预览到的一组记录不是要删除的记录，则可以再次单击

图 3-56　删除查询"设计"视图

工具栏上的"视图"选项，返回到"设计"视图，对查询进行所需的更改，直到满意为止；在运行查询结果之前，应先单击数据库窗口中的"安全警告"栏内的"启用内容"按钮，如图 3-53 所示。

(6) 在"设计"视图中，单击"设计"选项卡上的"结果"选项组中的"运行"选项，弹出如图 3-57 所示的提示框。

(7) 单击"是"按钮，Access 2010 将开始删除属于同一组的所有记录；单击"否"按钮，不删除记录。这里单击"是"按钮。

当单击"表"对象，然后再双击"学生成绩生成表"时，就可以看到所有男生的记录已被删除，共删除了 13 条记录。删除查询结果如图 3-58 所示。

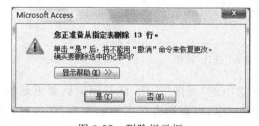

图 3-57　删除提示框

图 3-58　删除查询结果

例 3.24 清空"新生"表。具体的操作步骤如下：

(1) 以"新生"表为数据源，用查询设计视图创建查询。

(2) 将"新生"表字段中的" ＊ "拖放到网格，选择所有字段，" ＊ "代表所有字段。

(3) 选择"设计"选项卡中的"查询类型"选项组，然后单击"删除"选项，此时删除栏中

出现 From 字样。

（4）保存查询为"清除新生"。

（5）运行"清除新生"查询，可以清除"新生"表的所有记录。

3.6.4 更新查询

更新查询就是利用查询对表中符合查询条件的记录进行成批的改动，即改变一组记录的值。

在建立和维护数据库的过程中，常常需要对表中的记录进行更新和修改。如果要对符合条件的一组记录进行逐条更新修改，既费时费力，又不能保证没有遗漏。因此，对于这种一次改变一组记录值的操作，最简单、最有效的方法是利用 Access 2010 提供的更新查询。

例 3.25 如果在计算学生学期成绩时，平时成绩占 40％，考试成绩占 60％，则在"教务管理"数据库中，利用更新查询将"平时成绩"改为"平时成绩×40％"，将"考试成绩"改为"考试成绩×60％"。具体的操作步骤如下：

（1）将"学生成绩生成表"中的全部字段添加到查询设计网格的"字段"行。

（2）然后选择"设计"选项卡中的"查询类型"选项组，单击"更新"选项，这时在查询设计网格中显示一个"更新到"行。

（3）在"平时成绩"字段的"更新到"行单元格中输入改变字段数值的表达式："[平时成绩]×40％"；在"考试成绩"字段的"更新到"行单元格中输入改变字段数值的表达式："[考试成绩]×60％"，注意，字段名一定要加方括号（[]）。查询设计如图 3-59 所示。

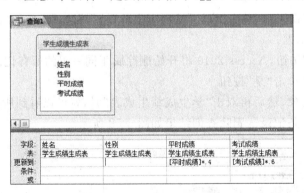

图 3-59　更新查询"设计"视图

（4）单击"设计"选项卡上的"结果"选项组中的"视图"选项，能够预览到要更新的一组记录。再次单击"视图"选项，返回到"设计"视图，对查询进行所需的修改；在运行查询结果之前，应先单击数据库窗口中的"安全警告"栏内的"启用内容"按钮，如图 3-53 所示。

（5）在"设计"视图中，单击"设计"选项卡上的"结果"选项组中的"运行"选项，弹出如图 3-60 所示的提示框。

（6）单击"是"按钮，Access 2010 将开始更新属于同一组的所有记录。一旦利用"更新查询"更新后的记录，就不能用"撤销"命令恢复所做的更改了。单击"否"按钮，则不更新表中的记录。这里单击"是"按钮。

（7）单击快速访问工具栏上的"保存"按钮，保存所建的查询。更新查询结果如图 3-61 所示。

图 3-60　更新提示框

图 3-61　更新查询结果

例 3.26　设计更新查询，将"学生信息"表中电话局为 6223 的改为 6421。具体的操作步骤如下：

（1）以"学生信息"表作为查询数据源，使用设计视图建立新的查询。

（2）在"设计视图"窗口中选择"联系电话"字段。

（3）选择"设计"选项卡中的"查询类型"选项组，而后单击"更新"选项。

（4）在"更新到"栏中输入更新表达式：

```
"6421"&Right([电话],4)
```

（5）在"条件"栏中输入条件表达式：

```
Like"6223*"
```

（6）保存查询为"电话更改"。

（7）在查询对象窗口中，选择"电话更改"查询，并双击运行"电话更改"查询。

（8）选中"表"对象，打开"学生信息"表，检查联系电话字段的内容是否更新。

说明：文本操作函数 Right(string,n)的功能是从文本 string 的右端取出 n 个字符，例如 Right("abcde",2)的返回值是"de"。

3.6.5　追加查询

追加查询可以从一个数据表中读取记录，把它们追加到其他表中。追加记录时只能追加匹配的字段，其他字段将被忽略。即追加查询就是利用查询将一个表中的一组记录添加到另一个表的末尾。

例 3.27　在"教务管理"数据库中，将"学生"表中的记录追加到"学生成绩生成表"中。具体的操作步骤如下：

（1）将"学生"表的全部字段添加到查询设计网格的"字段"行。

（2）然后选择"设计"选项卡中的"查询类型"选项组，单击"追加"选项，这时屏幕上显示"追加"对话框，如图 3-62 所示。

（3）在"表名称"文本框中输入需添加记录的表的名称，即"学生成绩生成表"，表示将查询的记录追加到"学生成绩生成表"表中，然后选中"当前数据库"单选按钮，单击"确定"按钮。这时，在查询设计网格中显示一个"追加到"行。

（4）系统将在"设计网格"的"追加到"行自动填上"学生成绩生成表"表中的相应字

图 3-62　"追加"对话框

段,以便将"学生"表中的信息追加到"学生成绩生成表"表相应的字段上(所谓相应字段在这里主要是指同名字段),如图 3-63 所示;在运行查询结果之前,应先单击数据库窗口中的"安全警告"栏内的"启用内容"按钮,如图 3-53 所示。

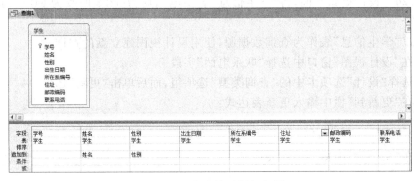

图 3-63　追加查询"设计"视图

(5) 在"设计"视图中,单击"设计"选项卡上的"结果"选项组中的"运行"选项,弹出如图 3-64 所示的提示框。

(6) 单击"是"按钮,Access 2010 开始将符合条件的一组记录追加到指定的表中。一旦利用"追加查询"追加了记录,就不能用"撤销"命令恢复所做的更改了。单击"否"按钮,则不追加记录。

(7) 单击快速访问工具栏上的"保存"按钮,保存所建的查询。追加查询结果如图 3-65所示。

图 3-64　追加提示框　　　　　　　　　　图 3-65　追加查询结果

通过前面的介绍可以看出,不论是哪一种操作查询,都可以在一个操作中更改多条记录,并且在执行操作查询后,不能撤销刚刚做过的更改操作。因此,用户在使用操作查询时应注意在执行操作查询之前,最后单击工具栏上的"视图"按钮,预览即将更改的记录。如果预览到的记录就是要操作的记录,则执行操作查询。另外,在使用操作查询之前应该备份数据,这样,即使不小心更改了记录,还可以从备份中恢复。注意到了这几点,在执行操作查询时就不会遇到太多的麻烦,从而正确完成对数据的更新。

例 3.28 将"新生"表的记录追加到"学生"表中。具体的操作步骤如下:

注:"新生"表的结构与"学生"表的结构相同,并且其"学号"字段的内容与"学生"表的"学号"字段的内容都不相同。要求将"新生"表的记录追加到"学生"表中(此处需建立一个"新生"表)。

(1)以"新生"表为数据源,使用设计视图创建查询。

(2)选择"设计"选项卡中的"查询类型"选项组,而后单击"追加"选项。

(3)弹出"追加"对话框。

(4)在"表名称"列表框中选择目的表,选择"学生"表。

(5)以"追加学生"为名字保存查询。

(6)运行"追加学生"查询,系统提示将产生追加操作,确认追加操作。

(7)选中"表"对象,打开"学生"表,检查是否增加了新的记录。

注意:执行了追加查询操作后,如果再次执行该追加查询,就会因"学生"表中已存有"新生"表的记录而造成主键值重复,从而出现"错误操作"提示对话框。

3.7 SQL 查 询

刚开始使用 Access 时,利用设计视图和向导可以建立很多有用的查询,而且它们的功能基本上能满足用户的需要。但在实际工作中,经常会碰到这样一些查询,这些查询用各种查询向导和设计视图都无法实践,而此时就要用 SQL 查询来完成比较复杂的查询工作了。

SQL 查询是用户使用 SQL 语句创建的查询。前面讲过的查询,系统在执行时自动将其转换为 SQL 语句执行。用户也可以在 SQL 视图中直接书写 SQL 查询语句。SQL 查询可以分为以下 4 类:联合查询、传递查询、数据定义查询和子查询。

1. 联合查询

这种类型的查询将来自一个或多个表或查询的字段(列)组合为查询结果中的一个字段或列。

2. 传递查询

这种类型的查询使用服务器能接受的命令直接将命令发送到 ODBC 数据库,如 Microsoft FoxPro。可以使用传递查询来检索记录或更新数据。

3. 数据定义查询

这种类型的查询可以创建、删除、更改表或创建数据库中的索引,如 Microsoft Access 或 Microsoft FoxPro 表。

4. 子查询

这种类型的查询包含另一个选择查询或操作查询中 SQL SELECT 的语句。可以在查询设计网格的"字段"行输入这些语句来定义新字段，或在"准则"行定义字段的准则。在以下方面可以使用子查询：

- 测试子查询的某些结果是否存在（使用 EXISTS 或 NOT EXISTS 保留字）。
- 在主查询中查找任何等于、大于或小于由子查询返回的值（使用 ANY，IN 或 ALL 保留字）。
- 在子查询中创建子查询（嵌套子查询）。

单纯的 SQL 语言所包含的语句并不多，但在使用的过程中需要大量输入各种表、查询和字段的名称。这样，当建立一个涉及大量字段的查询时，需要输入大量文字，与用查询设计视图建立查询相比非常麻烦。所以，在建立查询的时候，建议先在查询设计视图中将基本的查询功能都实现，最后再切换到 SQL 视图，通过编写 SQL 语句完成一些特殊的查询。下面来看如何切换到 SQL 视图。

在数据库窗口中，选择"创建"选项卡上的"查询"选项组中的"查询设计"选项，这时屏幕显示"查询设计视图"窗口和"显示表"对话框，在"显示表"对话框中选择所需表或查询，这里添加"学生"表，在屏幕上出现的设计视图，如图 3-66 所示。现在切换到 SQL 视图，即选择"设计"选项卡上的"结果"选项组中的"视图"选项下拉按钮，单击，在弹出的下拉菜单中选中"SQL 视图"选项，即可将视图切换到 SQL 状态，如图 3-67 所示。

图 3-66 "设计"视图

图 3-67 SQL 视图

在 SQL 视图中输入相应的 SQL 命令后，单击"设计"选项卡上的"结果"选项组中的"运行"选项，可以看到这个查询的结果，与直接用查询视图设计的查询产生的效果相同。

其实 Access 中所有的数据库操作都是由 SQL 语言构成的，微软公司只是增加了更加方便的操作向导和可视化设计。用设计视图建立一个同样的查询以后，将视图切换到 SQL 视图，可以看到，在这个视图的 SQL 编辑器中也有同样的语句。看来是 Access 自动生成的语句。原来，Access 也是先生成 SQL 语句，然后用这些语句再操纵数据库。

在下一章，我们将详细介绍 Access 中常用到的一些 SQL 命令。

本 章 小 结

Access 2010 提供了选择查询、参数查询、交叉表查询、操作查询和 SQL 查询,共 5 种类型的查询,了解它们的特点和功能是设计好查询的前提。

- "选择查询"从一个或多个表中检索数据,并在数据表中显示记录集,还可以将数据分组、求和、计数、求平均值以及进行其他类型的统计。
- "交叉表查询"通过同时使用行标题和列标题来排列记录,使记录更便于分类汇总。
- "参数查询"在运行时显示一个对话框,提示用户输入用作查询条件的信息。还可以设计一个参数查询以提示输入多项信息,例如一个参数查询可以让用户输入两个日期,Access 将检索两个日期之间对应的所有数据。
- "操作查询"用于创建新表,或通过向现有表添加数据、从现有表中删除数据或更新现有表中的数据来更改现有表。
- "SQL 查询"是使用结构化查询语言 SQL 语句创建的,它是查询、更新和管理关系数据库的高级方式。创建这种类型的查询时,Access 可以自动或由用户自行创建 SQL 语句。

习　　题

一、简答题

1. 简述 Access 查询方法。

2. 简述查询"设计视图"的作用。

3. 说明查询和表的区别。

4. 如何设置参数查询的变量?

5. 怎样创建追加查询?

二、选择题

1. 某数据库表中有一个 Name 字段,查找 Name 不为空的记录的准则可以设置为(　　)。

    A) Not Null　　　　B) Is Not Null　　　C) Between 0 and 64　　　D) Null

2. 在已创建的"图书查询"查询中分别查找书籍分类编号为 1 和 9 的所有图书,则应该在"分类编号"字段下方的准则框中输入如下的查询条件(　　)。

    A) 1 and 9　　　　　　　　　　　B) 1 or 9

    C) 1 and 9 和 1 or 9 都正确　　　　D) 都不对

3. 如果在数据库中已有同名的表,那么下列哪一项查询将覆盖原有的表?(　　)

    A) 删除　　　　　B) 追加　　　　　C) 生成表　　　　D) 更新

4. 对于交叉表查询时,用户只能指定总计类型的字段的个数为(　　)。

    A) 1　　　　　　　B) 2　　　　　　　C) 3　　　　　　　D) 4

5. Access 提供了组成查询准则的运算符是（　　　）。

    A）只有关系运算符　　　　　　　　B）关系运算符和逻辑运算符

    C）特殊运算符　　　　　　　　　　D）关系运算符、逻辑运算符和特殊运算符

6. 某数据库表中有一个 Name 字段，查找 Name 为 Mary 和 Lisa 的记录的准则可以设置为（　　　）。

    A）In("Mary","Lisa")　　　　　　B）Like "Mary" And Like "Lisa"

    C）Like("Mary","Lisa")　　　　　D）"Mary" And "Lisa"

7. 某数据库表中有一个地址字段，查找字段最后 3 个字为"9 信箱"的记录，准则是（　　　）。

    A）Right（[地址],3）＝"9 信箱"　　　B）Right（[地址],6）＝"9 信箱"

    C）Right("地址",3）＝"9 信箱"　　　D）Right("地址",5）＝"9 信箱"

8. 使用查询向导不可以创建（　　　）。

    A）简单的选择查询　　　　　　　　B）基于一个表或查询的交叉表查询

    C）操作查询　　　　　　　　　　　D）查找重复项查询

9. 下列说法中，正确的是（　　　）。

    A）创建好查询后，不能更改查询中的字段的排列顺序

    B）对己创建的查询，可以添加或删除其数据来源

    C）对查询的结果，不能进行排序

    D）上述说法都不正确

10. 下列说法中，错误的是（　　　）。

    A）查询是从数据库的表中筛选出符合条件的记录，构成一个新的数据集合

    B）Access 中不能进行交叉查询

    C）创建复杂的查询不能使用查询向导

    D）可以使用函数、逻辑运算符、关系运算符创建复杂的表达式

三、填空题

1. 操作查询共有 4 种类型，分别是删除查询、生成表查询、_____和更新查询。

2. 在设置查询的"准则"时，可以直接输入表达式，也可以使用表达式_____来帮助创建表达式。

3. 若上调产品价格，最方便的方法是使用以下_____查询。

4. 在创建交叉查询时，在"交叉表"行上有且仅有一个的是_____。

5. 查询能实现的功能有_____。

实验（实训）题

利用"教务管理"数据库完成以下各项操作（没有的字段可按需求自行添加）。

（1）利用参数查询，按学生的学号查找学生。

（2）利用参数查询，按部门编号查看人员情况。

（3）建立交叉表查询，了解每个部门职工出勤的平均次数。

（4）利用"重复项查询"查找同名的职工。

（5）采用"不匹配项查询"，查找不是本单位的人员情况。

（6）查找工作时间超过 1 年，但还没有转正的人员情况。

（7）采用更新查询的方法，根据"教师"表，修改"工资"表，将凡是已经退休的"是否退休"字段变为 True。基本工资加上 300 元。（可根据授课教师的要求，创建所需数据表或在已有数据表中添加相关字段）

（8）采用追加查询的方法，将新进入单位的人员情况追加到对应的表中。

（9）采用生成表查询的方法，将"教师"表中的"是否退休"字段为 False 的记录生成一个名为"在职教师"的表。

第4章 关系数据库标准语言 SQL

Access 2010 数据库系统是一种可视化的关系型数据库管理系统,它通过系统提供的查询设计视图创建查询。实际上,Access 2010 中的查询是以 SQL 语句为基础来实现查询功能的,因此,Access 2010 中所有的查询都可以认为是一个 SQL 查询。但是,查询的设计视图并不能创建所有的查询,有些查询只能通过 SQL 语句来实现。

4.1 概　　述

4.1.1　SQL 概述

SQL 在 20 世纪 70 年代诞生于 IBM 公司在加利福尼亚 San Jose 的试验室中。SQL 即 Structured Query Language 的英文缩写,称为结构化查询语言。它集数据定义语言 DDL、数据操纵语言 DML、数据控制语言 DCL 于一体,是综合的、功能极强的关系数据库的标准语言。

SQL 的前身是 1972 年提出的 SQUARE 语言。1974 年由 Boyce 和 Chanberlin 提出将其修改并改名为 SEQUEL,简称 SQL,在 IBM 公司的关系数据库系统 SYSTEM R 上得到了实现。

在 SQL 中,一般称字段为列,记录为行。

SQL 有两种使用方式:

* 联机交互式——在数据库管理软件提供的命令窗口输入 SQL 命令,交互地进行数据库操作。
* 嵌入式——将 SQL 语句嵌入用高级语言(如 FORTRAN、Cobol、Pascal、PL/I、C、Ada 等)编写的程序中,完成对数据库的操作。

标准的 SQL 语言包括 4 部分内容,即:

* 数据定义——用于定义和修改基本表、定义视图和定义索引。数据定义语句包括 CREATE(建立)、DROP(删除)、ALTER(修改)。
* 数据操纵——用于表或视图的数据进行添加、删除和修改等操作。数据操纵语句包括 INSERT(插入)、DELETE(删除)、UPDATE(更新)。
* 数据查询——用于从数据库中检索数据。数据查询语句包括 SELECT(选择)。
* 数据控制——用于控制用户对数据的存取权力。数据控制语句包括:GRANT(授权)、REVOTE(回收权限)。

4.1.2　在 Access 中使用 SQL 语言

大多数数据库管理系统都是提供图形用户界面,可以利用菜单命令和工具栏完成对数据库的常用操作,同时也提供 SQL 语句输入界面。

1. 在 SQL 视图中使用

在查询"设计"视图中创建查询时,Access 将在后台构造等效的 SQL 语句。事实上,在查询"设计"视图属性表中,大多数的查询属性在 SQL 视图中都有可用的等效子句和选项。可以在 SQL 视图中查看和编辑 SQL 语句。下面以"学生学期成绩查询"为例,介绍查看和编辑语句的方法:

（1）在"所有 Access 对象导航窗格"的"查询"对象中选中"学生学期成绩查询"。

（2）双击"学生学期成绩查询",在数据表视图显示该查询结果。

（3）然后选择"开始"选项卡中的"视图"选项组内的"SQL 视图"选项,将数据表视图转换成 SQL 视图,如图 4-1 所示。

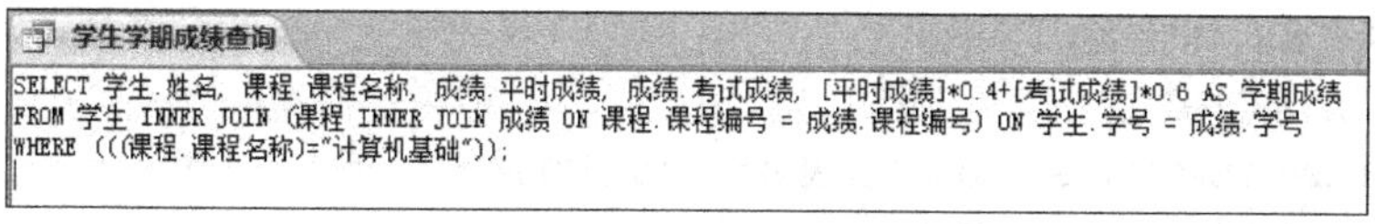

```
学生学期成绩查询
SELECT 学生.姓名, 课程.课程名称, 成绩.平时成绩, 成绩.考试成绩, [平时成绩]*0.4+[考试成绩]*0.6 AS 学期成绩
FROM 学生 INNER JOIN (课程 INNER JOIN 成绩 ON 课程.课程编号 = 成绩.课程编号) ON 学生.学号 = 成绩.学号
WHERE (((课程.课程名称)="计算机基础"));
```

图 4-1　SQL 视图

在弹出的窗口中看到的命令

SELECT 学生.姓名,课程.课程名称,成绩.平时成绩,成绩.考试成绩,[平时成绩]＊0.4+[考试成绩]＊0.6 AS 学期成绩 FROM 学生 INNER JOIN (课程 INNER JOIN 成绩 ON 课程.课程编号=成绩.课程编号) ON 学生.学号=成绩.学号 WHERE (((课程.课程名称)="计算机基础"));

即为该查询对应的 SQL 语句。也可以直接在 SQL 视图窗口中输入 SQL 语句,然后单击"设计"选项卡上的"结果"选项组中的"运行"选项来执行。大多数 SQL 命令可以在 SQL 视图中执行。

2. 嵌入式使用

在 Visual Basic 编程语言中使用 SQL 语句。设定一个 ADO Connection 对象,将 SQL 语句传送给 Connection 对象的运行程序。例如:

```
Private Sub Command1_Click()
    Dim conDatabase As ADODB.Connection
    Dim SQL As String
    ……
    Set conDatabase=Application.CurrentProject.Connection
    SQL="CREATE VIEW V_a AS SELECT 姓名,性别,所在系编号 FROM 学生;"
    conDatabase.Execute SQL
    conDatabase.Close
    Set conDatabase=Nothing
End Sub
```

其中"CREATE VIEW v_a AS SELECT 姓名,性别,所在系编号 FROM 学生;"为要执行的 SQL 语句。

4.2 数 据 查 询

SQL 语言的核心是查询命令 SELECT，它不仅可以实现各种查询，还能进行统计、结果排序等操作。

4.2.1 SELECT 语句介绍

格式：

```
SELECT[谓词][表别名.]SELECT 表达式[AS 列别名][,[表别名.]SELECT 表达式[AS 列别
名]…]
[INTO 新表名][IN 库名]
FROM 表名 [AS 表别名]
    [[INNER|LEFT|RIGHT|JOIN[[<表名>][AS 表别名]
    [ON 联接条件]]…][IN 库名]
[WHERE 逻辑表达式]
[GROUP BY 分组字段列表]][HAVING 过滤条件]
[UNION SELECT 命令]
[ORDER BY 排序字段[ASC|DESC][,排序字段][ASC|DESC]…]]
```

功能：根据 WHERE 子句中的条件表达式，从表中找出满足条件的记录，按 SELECT 子句中的目标列，选出记录中的字段形成结果表。即从一个或多个表中检索数据。

1. 选择输入 SELECT 子句

用于指定在查询结果中包含的字段、常量和表达式。其中：

(1) [表别名]——在 FROM 子句中给表取的别名，主要用于不同表中存在同名字段时，区别数据来源表。

(2) SELECT 表达式——是用户要查询的内容。如果是多个字段，则用逗号分隔。既可以是字段名，也可以用函数（系统及自定义函数），还可以是一个"＊"，表示输出表中所有字段。

(3) [AS 列别名]——如果不想使用字段名作为输出的列名，可以在 AS 后给出另一个列标题名称。

(4) [谓词]——指定查询选择的记录，可取 ALL、DISTINCT、DISTINCTROW、TOP n PERCENT。用法如下：

- ALL——显示查询结果中全部数据（含重复记录），可省略。如：SELECT 学号 FROM 学生；从"学生"表中查询所有学生的学号。
- DISTINCT——忽略在选定字段中包含重复数据的记录。例如：SELECT DISTINCT 学号 FROM 学生。
- DISTINCTROW——忽略整个重复记录的数据，而不仅是重复的字段。仅在选择的字段源于查询中所使用的表的一部分而不是全部时，才会生效。如果查询仅包含一个表或者要从所有的表中输出字段，DISTINCTROW 就会被忽略。

- TOP n［PERCENT］——返回出现在范围内的一定数量的记录。例如：SELECT TOP 5 学号 FROM 学生。

2. 数据来源 FROM 子句

用于指定查询的表名，即指定要查询的数据出自哪张表，可以是一个表，也可以是多个表，并同时可以给出表别名。其中：

（1）<表名>［AS<表别名>］——为表指定一个临时别名。若指定了表别名，则整个 SELECT 语句中都必须使用这个别名代替表名。

（2）INNER JOIN——规定内连接。只有在被连接的表中有匹配的记录时，记录才会出现在查询结果中。

（3）LEFT JOIN——规定左外连接。JOIN 左侧表中的所有记录及 JOIN 右侧表中匹配的记录，才会出现在查询结果中。

（4）RIGHT JOIN——规定右外连接。JOIN 右侧表中的所有记录及 JOIN 左侧表中匹配的记录，才会出现在查询结果中。

（5）［ON 连接条件］——指定连接条件。

（6）［IN 库名］——指定表所在的库，用库文件的完整路径表示，省略表示当前库。

3. 输出目标 INTO 子句

（1）［INTO 新表名］——创建一个新表，将查询结果存入其中。例如：

SELECT DISTINCT 学号 INTO 选课的学生 FORM 学生；

查询结果：创建新表"选课的学生"，并将本次查询结果存入新表中。新表的结构以查询结果中包含的字段为准。

（2）［IN 库名］——将产生的新表存入指定的数据库中，否则存在当前数据库中。

4. 条件 WHERE 子句

指定查询条件。只把满足逻辑表达式的数据作为查询结果。作为可选项，如果不加条件，则所有数据都作为查询结果。

逻辑表达式一般包括连接条件和过滤条件。

其中：连接条件用于当从多个表中进行数据查询时，指定表和表之间的连接字段。也可以在 FROM 的 ON 子句中指定连接条件。格式如下：

别名 1.字段表达式 1=别名 2.字段表达式 2

过滤条件用于对数据进行筛选时指定筛选条件，只将满足筛选条件的数据作为查询结果，其格式如下：

别名.字段表达式=值

表达式中可用的运算符如表 4-1 所示。

5. 分组统计 GROUP 子句

GROUP BY 子句用于对查询结果按指定的列进行分组，并且可以利用函数进行统计，如求平均值、最大值、最小值和计数等。即对查询结果进行分组统计，统计选项必是数值型的数据。其中：

表 4-1　WHERE 子句常见的查询条件表

查询条件	所用符号或关键字	说　　明
关系条件	=,>,>=,<,<=,==,<>,#,!=	对符号两端的表达式进行比较后返回 True 或 False 或 Null
复合条件	NOT,AND,OR	对复合表达式进行判断后返回 True 或 False 或 Null
确定范围	BETWEEN…AND(或反条件 NOT BETWEEN…AND)	表达式 BETWEEN 值 1 AND 值 2 若表达式的值在值 1 和值 2 之间(包括值 1 和值 2),返回 True;否则返回 False
包含子项	IN(或反条件 NOT IN)	表达式 IN(值 1,值 2,…)若表达式的值包含在列出的值中,返回 True;否则返回 False
字符匹配	LIKE(字符串格式中可使用通配符)	可使用的通配符包括星号(∗)、百分号(%)、问号(?)、下划线字符(_)、数学符号(#),感叹号(!)、连字符(-)以及方括号([])等

(1) 分组字段列表——最多可指定 10 个用于分组记录的字段。列表中的字段名称的顺序决定了分组的先后顺序。

可以和 GROUP BY 一起使用的统计函数有:

* Sum(字段表达式)——求某字段表达式的和,忽略字段为 NULL 的数据。
* Avg(字段表达式)——求某字段表达式的平均值,忽略字段为 NULL 的数据。
* Count(字段表达式)——统计查询返回的记录数,忽略字段为 NULL 的数据。如果表达式使用通配符 ∗,则返回所有记录数。
* Max(字段表达式)、Min(字段表达式)——返回表达式的最大值或最小值。
* First(字段表达式)、Last(字段表达式)——返回在查询所返回的结果集中的第一个或者最后一个记录的字段值。
* StDev()、StDevP(字段表达式)——返回已包含在查询的指定字段内的一组值作为总体样本或总体样本抽样的标准偏差的估计值。
* Var()、VarP(字段表达式)——返回已包含在查询的指定字段内的一组值为总体样本或总体样本抽样的方差的估计值。

(2) HAVING 过滤条件——功能与 WHERE 一样,只是要与 GROUP 子句配合使用表示条件,将统计结果作为过滤条件。也就是说,当 GROUP BY 子句用来对记录进行分组时,如果在分组时要求满足某个条件,可以用 HAVING 子句。HAVING 子句总是跟在 GROUP BY 子句之后,它用来限定分组必须满足的条件,将满足 HAVING 子句指定条件的组放到结果集中,不可以单独使用。在 SELECT 语句中,如果 WHERE 子句和 HAVING 子句同时存在,则先用 WHERE 子句限定记录,然后进行分组,最后再用 HAVING 子句限定分组。

6. 排序 ORDER BY 子句

用来对查询结果按指定的列进行排序。即指定查询结果排列顺序,一般放在 SQL 语句的最后。其中:

(1) 排序字段——设置排序的字段或表达式。

(2) ASC——按表达式升序排序,默认为升序。

（3）DESC——按表达式降序排序。

7. UNION 子句

将两个查询结果合并输出，但输出字段的类型和宽度必须一致。

4.2.2 单表查询

1. 简单查询

例 4.1 查询学生表、课程表、成绩表中的所有记录。结果如图 4-2～图 4-4 所示。

SELECT * FROM 学生；

SELECT * FROM 课程；

SELECT * FROM 成绩；

学号	姓名	性别	出生日期	所在系编号	住址	邮政编码	联系电话
20120021203201	魏明	男	1994/10/14	001	北京市朝阳区	100011	13333324132
2012021203202	杨悦	女	1994/11/11	001	北京市通州区	100100	13696664563
2012021204101	陈诚	男	1994/4/18	003	北京市宣武区	100015	13546987885
2012021204102	马振亮	男	1994/3/18	003	北京市朝阳区	100011	13698775699
2012021205101	谢芳	女	1993/12/3	002	北京市大兴区	100224	13711112221
2012021205102	王建一	男	1994/1/11	002	北京市崇文区	100013	12536654566
2012021206101	张建越	男	1994/10/18	004	北京市海淀区	100088	18667547735
2012021206102	李享	女	1993/6/6	004	北京市东城区	100055	15734789383
2012021207101	刘畅	女	1993/4/26	005	北京市西城区	100033	18737458734
2012021207102	王四铜	男	1994/11/11	005	北京市海淀区	100088	15683459358
2012021208201	魏明亮	男	1994/11/14	001	北京市朝阳区	100011	13666624132

图 4-2 学生表所有记录

课程编号	课程名称	任课教师	教材编号
C001	计算机基础	丁辉	B002
C002	程序设计	王凯	B001
C003	网站设计	李毅	B004
C004	多媒体技术	陈丽	B005
C005	数据库应用	刘畅	B006
C006	软件工程	曹韵文	B007

图 4-3 课程表所有记录

课程编号	学号	平时成绩	考试成绩
C001	2012021203201	89	85
C001	2012021203202	78	80
C001	2012021204101	89	78
C001	2012021204102	95	98
C001	2012021205101	77	65
C001	2012021205102	76	54
C001	2012021206101	96	98
C001	2012021206102	78	86
C001	2012021207101	89	87
C001	2012021207102	82	76
C002	2012021203201	76	67
C002	2012021203202	89	87
C003	2012021207101	76	79
C003	2012021207102	84	84
C004	2012021206101	90	90
C004	2012021206102	68	56
C005	2012021204101	76	67
C005	2012021204102	78	87
C005	2012021205101	76	56
C005	2012021205102	96	98
C006	2012021203201	78	76
C006	2012021203202	78	67

图 4-4 成绩表所有记录

2. 选择字段查询

例 4.2 从教师表中查询教师编号、教师姓名、所在部门、职称、电子邮箱等信息，如图 4-5 所示。

SELECT 教师编号,教师姓名,部门编号,职称,电子邮箱 FROM 教师；

例 4.3 查找学生的学号和年龄，如图 4-6 所示。

SELECT 学号,year(Date())-Year([出生日期]) FROM 学生；

123

图 4-5　查询结果

图 4-6　查询结果

SELECT 语句后面可以是字段名,也可以是字段和常数组成的算术表达式,还可以是字符串。如果 SELECT 语句后面是表达式,则可以使用 AS 来确定结果集中的字段标题。

```
SELECT 学号,Year(Date())-Year([出生日期])  AS 年龄 FROM 学生;
```

3. 带有条件的查询

例 4.4　从学生表中查询出学号后 2 个字符是"02"的学生的学号、姓名、出生日期,并将查询结果按出生日期从大到小的顺序排列,如图 4-7所示。

```
SELECT 学号,姓名,出生日期 FROM 学生 WHERE RIGHT(学号,
2)='02'ORDER BY 出生日期 DESC;
```

图 4-7　查询结果

例 4.5　在成绩表中查找课程编号为 1101 且考试成绩在 80 分到 90 分之间的学生的学号。

```
SELECT 学号,课程编号,考试成绩 FROM 成绩 WHERE ((课程编号="1101") AND (考试成绩
Between 80 And 90));
```

使用 BETWEEN…AND 可以用来查找在指定范围内的记录。BETWEEN 80 AND 90 的含义是:＞＝80 AND ＜＝90。也可以使用 NOT BETWEEN…AND 检索不指定范围内的记录。如检索不在 80 到 90 之间的学生的学号。

```
SELECT 学号,课程编号,考试成绩 FROM 成绩 WHERE ((课程编号="1101") AND (考试成绩 not
Between 80 And 90));
```

例 4.6　查找课程编号为 1101 和 1102 的两门课的学生成绩。

```
SELECT * FROM 成绩 WHERE 课程编号 IN ("1101","1102");
```

使用 IN 可以查找字段值在指定集合内的记录,也可以用 NOT IN 查找属性值不在指定集合内的记录。在这里 IN("1101","1102")等价于课程编号＝'1101' OR 课程编号＝'1102'

例 4.7　查找所有的基础课程信息(基础课程"课程编号"值以 1 开头)。

```
SELECT * FROM 课程 WHERE 课程编号 LIKE '1 * ';
```

LIKE 用来进行字符串匹配。LIKE 的用法与准则表达式相同,在这里,LIKE '1 * '表

示查找"课程编号"值以 1 开头的记录。"＊"为通配符,代表任意字符。

例 4.8 查找没有指定教材的课程名称。

SELECT 教材名称 FROM 课程 WHERE 教材编号 IS NULL;

测试字段的值是否为空值的一般形式是:

列名 IS [NOT] NULL

需要注意的是,不能写成:

列名＝ NULL

4. 统计查询

例 4.9 从教师表中统计教师人数,如图 4-8 所示。

SELECT COUNT(教师编号) AS 教师总数 FROM 教师;

例 4.10 从学生选课表中统计每个学生的选修课总评成绩(按平时成绩占总评的 40%,期末考试成绩占总评的 60% 计算),如图 4-9 所示。

SELECT 学号,课程编号,平时成绩 ＊ 0.4+考试成绩 ＊ 0.6 AS 总评成绩 FROM 成绩;

例 4.11 求选修课程编号为 1101 的学生的平均分数。

SELECT AVG(考试成绩) FROM 成绩 WHERE 课程编号＝'1101';

例 4.12 求选修课程编号为 1101 的学生人数。

SELECT COUNT(＊) FROM 成绩 WHERE 课程编号＝'1101';

5. 分组统计查询

例 4.13 从学生选课表中统计每个学生的所有选修课程的平均考试成绩,如图 4-10 所示。

SELECT 学号, AVG(考试成绩) AS 平均考试成绩 FROM 成绩 GROUP BY 学号;

学号	课程编号	总评成绩
20120212 03201	C001	86.6
20120212 03202	C001	79.2
20120212 04101	C001	82.4
20120212 04102	C001	96.8
20120212 05101	C001	69.8
20120212 05102	C001	62.8
20120212 06101	C001	97.2
20120212 06102	C001	82.8
20120212 07101	C001	87.8
20120212 07102	C001	78.4
20120212 03201	C002	70.6
20120212 03202	C002	87.8
20120212 07101	C003	77.8
20120212 07102	C003	84
20120212 06101	C004	90
20120212 06102	C004	60.8
20120212 04101	C005	70.6
20120212 05101	C005	83.4
20120212 05101	C005	64
20120212 05102	C005	97.2
20120212 06101	C005	76.8
20120212 03202	C006	71.4

学号	平均考试成
2012021203201	76
2012021203202	78
2012021204101	72.5
2012021204102	92.5
2012021205101	60.5
2012021205102	76
2012021206101	94
2012021206102	71
2012021207101	83
2012021207102	80

查询1
教师总数
10

图 4-8 例 4.9 查询结果　　　图 4-9 例 4.10 查询结果　　　图 4-10 例 4.13 查询结果

在进行查询时,先将数据按学号分组,每组对考试成绩求平均,输出学号和平均考试成绩,在结果集中,每个学号占一行即一条记录。

例 4.14　从学生选课表中统计每个学生的所有选修课程的考试成绩的平均,并且只列出平均值大于 85 分的学生学号和平均考试成绩,如图 4-11 所示。

SELECT 学号,AVG(考试成绩) as 平均考试成绩 FROM 成绩 GROUP BY 学号 HAVING AVG(考试成绩)>=85;

例 4.15　从学生选课表中统计学号前 4 个字符为 2012 的每个学生的所有选修课程的考试成绩的平均,并且只列出平均值大于 85 分的学生学号和平均考试成绩,如图 4-12 所示。

SELECT 学号,AVG(考试成绩) as 平均考试成绩 FROM 成绩 WHERE 学号 LIKE "2012 * " GROUP BY 学号 HAVING AVG(考试成绩)>=85;

学号	平均考试成...
2012021204102	92.5
2012021206101	94

学号	平均考试成...
2012021204102	92.5
2012021206101	94

图 4-11　例 4.14 查询结果　　　　　　　图 4-12　例 4.15 查询结果

例 4.16　求每门课程的平均成绩。

SELECT 课程编号,AVG(考试成绩) FROM 成绩 GROUP BY 课程编号;

例 4.17　查找选修课程超过 3 门课程的学生学号。

SELECT 学号 FROM 成绩 GROUP BY 学号 HAVING COUNT(*)>3;

6. 查询排序

例 4.18　从学生列表中查询 2012 级学生的信息,并将查询结果按出生日期排序,如图 4-13 所示。

SELECT * FROM 学生 WHERE 学号 LIKE "2012 * " ORDER BY 出生日期;

学号	姓名	性别	出生日期	所在系编号	住址	邮政编码	联系电话
2012021207101	刘畅	女	1993/4/26	005	北京市西城区	100033	18737458734
2012021206102	李享	女	1993/6/6	004	北京市东城区	100055	15734789383
2012021205101	谢芳	女	1993/12/3	002	北京市大兴区	100224	13711112221
2012021205102	王建一	男	1994/1/11	002	北京市崇文区	100013	12536654566
2012021204102	马振亮	男	1994/3/18	003	北京市朝阳区	100011	13698775699
2012021204101	陈诚	男	1994/4/18	003	北京市宣武区	100015	13546987885
2012021203201	魏明	男	1994/10/14	001	北京市朝阳区	100011	13333324132
2012021206101	张建越	男	1994/10/18	004	北京市海淀区	100088	18667547735
2012021207102	王四铜	男	1994/11/11	005	北京市海淀区	100088	15683459358
2012021203202	杨悦	女	1994/11/11	001	北京市通州区	100100	13696664563
2012021208201	魏明亮	男	1994/11/14	001	北京市朝阳区	100011	13666624132
*							

图 4-13　例 4.18 查询结果

例 4.19　从学生选课表查询每个学生的选课信息,将结果按考试成绩从高到低排序,如图 4-14 所示。

SELECT * FROM 成绩 ORDER BY 考试成绩 DESC,平时成绩 DESC;

例 4.20　求选修课程编号为 1101 的学生学号和考试成绩,且按考试成绩降序排列。

SELECT 学号,考试成绩 FROM 成绩 WHERE 课程编号='1101' ORDER BY 考试成绩 DESC;

7. 包含谓词的查询

例 4.21 从学生选课表中查询有选修课程的学生的学号(要求同一个学生只列一次),如图 4-15 所示。

```
SELECT DISTINCT 学号 FROM 成绩;
SELECT DISTINCTROW 学号 FROM 成绩;
```

查询结果如图 4-16 所示。

课程编号	学号	平时成绩	考试成绩
C005	2012021205102	96	98
C001	2012021206101	96	98
C001	2012021204102	95	98
C004	2012021206101	90	90
C002	2012021203202	89	87
C001	2012021207101	89	87
C005	2012021204102	78	87
C001	2012021206102	78	86
C001	2012021203201	89	85
C003	2012021207102	84	84
C001	2012021203202	78	80
C003	2012021207101	76	79
C001	2012021204101	89	78
C001	2012021207102	82	76
C006	2012021203201	78	76
C006	2012021203202	78	67
C005	2012021204101	78	67
C002	2012021203201	76	67
C001	2012021205102	77	65
C005	2012021205101	76	56
C004	2012021206102	68	56
C001	2012021205102	76	54

图 4-14 查询结果

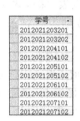

图 4-15 例 4.21 的查询结果

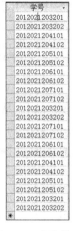

图 4-16 查询结果

4.2.3 多表查询

若查询涉及两个以上的表,即当要查询的数据来自多个表时,必须采用多表查询方法,该类查询方法称为连接查询。连接查询是关系数据库最主要的查询功能。连接查询可以是两个表的连接,也可以是两个以上表的连接,也可以是一个表自身的连接。

使用多表查询时必须注意:

(1) 在 FROM 子句中列出参与查询的表。

(2) 如果参与查询的表中存在同名的字段,并且这些字段要参与查询,必须在字段名前加表名。

(3) 必须在 FROM 子句中用 JOIN 或 WHERE 在子句中将多个表用某些字段或表达式连接起来,否则,将会产生笛卡儿积。

1. 用 WHERE 子句写连接条件

例 4.22 从学生表和成绩表中查询每个学生的学号、姓名和考试成绩,如图 4-17 所示。

学号	姓名	考试成绩
2012021203201	魏明	85
2012021203201	魏明	67
2012021203201	魏明	76
2012021203202	杨悦	80
2012021203202	杨悦	87
2012021203202	杨悦	67
2012021204101	陈诚	78
2012021204101	陈诚	67
2012021204102	马振亮	98
2012021204102	马振亮	87
2012021205101	谢芳	65
2012021205101	谢芳	56
2012021205102	王建一	54
2012021205102	王建一	98
2012021206101	张建越	98
2012021206101	张建越	90
2012021206102	李享	86
2012021206102	李享	56
2012021207101	刘畅	87
2012021207101	刘畅	79
2012021207102	王四铜	76
2012021207102	王四铜	84

图 4-17 例 4.22 查询结果

```
SELECT a.学号,a.姓名,b.考试成绩 FROM 学生 as a,成绩 as b WHERE a.学号=b.学号;
```

例 4.23 从学生表和部门表中查询 2012 级每个学生的全部信息以及部门名称,如图 4-18 所示。

```
Select  a.部门名称,b.* FROM 部门 as a,学生 as b WHERE a.部门编号=b.所在系编号 AND
学号 LIKE "2012*";
```

部门名称	学号	姓名	性别	出生日期	所在系编号	住址	邮政编码	联系电话
电气信息系	2012021203201	魏明	男	1994/10/14	001	北京市朝阳区	100011	13333324132
电气信息系	2012021203202	杨悦	女	1994/11/11	001	北京市通州区	100100	13696664563
电气信息系	2012021208201	魏明亮	男	1994/11/14	001	北京市朝阳区	100011	13666624132
艺术设计系	2012021205101	谢芳	女	1993/12/3	002	北京市大兴区	100224	13711112221
艺术设计系	2012021205102	王建一	男	1994/1/11	002	北京市崇文区	100013	12536654566
艺术教育系	2012021204101	陈诚	男	1994/4/18	003	北京市宣武区	100015	13546987885
艺术教育系	2012021204102	马振亮	男	1994/3/18	003	北京市朝阳区	100011	13698775699
语言文化系	2012021206101	张建越	男	1994/10/18	004	北京市海淀区	100008	18667547125
语言文化系	2012021206102	李享	男	1993/6/6	004	北京市东城区	100055	15734789383
应用心理学系	2012021207101	刘畅	女	1993/4/26	005	北京市西城区	100033	18737458734
应用心理学系	2012021207102	王四铜	男	1994/11/11	005	北京市海淀区	100088	15683459358

图 4-18 例 4.23 查询结果

例 4.24 从成绩表、学生表、课程表中查询学生姓名、所选课程名称和该课程总评成绩,如图 4-19 所示(按平时成绩占总评的 40%,期末考试成绩占总评的 60% 计算)。

SELECT 姓名,课程名称,平时成绩 * 0.4+考试成绩 * 0.6 AS 总评成绩 FROM 学生 as a,课程 as b,成绩 as c WHERE a.学号=c.学号 AND b.课程编号=c.课程编号;

例 4.25 查找学生信息以及所选修课的课程编号及考试成绩。

SELECT * FROM 学生,成绩 WHERE 学生.学号=成绩.学号

本例题中将学生表和成绩表通过字段进行连接,这种连接方法必须指定 WHERE 条件。WHERE 后面的条件称为连接条件。连接条件中的字段称为连接字段。连接字段的类型不必相同,但是必须具有可比性。连接条件中比较符可以是=、>、<、>=、<=、<>。当比较符为"="时,就是等值连接。若字段名在各个表中是唯一的,可以直接使用字段名,否则必须在字段名前加上表名。如"学生.学号"表示学生表中的学号字段,"成绩.学号"表示成绩表中的学号字段。

姓名	课程名称	总评成绩
魏明	计算机基础	86.6
杨悦	计算机基础	79.2
陈诚	计算机基础	82.4
马振亮	计算机基础	96.8
谢芳	计算机基础	69.8
王建一	计算机基础	62.8
张建越	计算机基础	97.2
李享	计算机基础	82.8
刘畅	计算机基础	87.8
王四铜	计算机基础	78.4
魏明	程序设计	70.6
杨悦	程序设计	87.8
刘畅	网站设计	77.8
王四铜	网站设计	84
张建越	多媒体技术	90
李享	多媒体技术	60.8
陈诚	数据库应用	70.6
马振亮	数据库应用	83.4
谢芳	数据库应用	64
王建一	数据库应用	97.2
魏明	软件工程	76.8
杨悦	软件工程	71.4

图 4-19 例 4.24 查询结果

2. 用 JOIN 子句写连接条件

例 4.26 从学生表和部门表中查询每个学生的学号、姓名以及部门名称,如图 4-20 所示。

SELECT 部门名称,学号,姓名 FROM 部门 as a INNER JOIN 学生 as b ON a.部门编号=b.所在系编号;

例 4.27 从学生表和部门表中查询每个学生的学号、姓名以及部门名称。要求把没有学生的部门也列出来,如图 4-21 所示。

SELECT 部门名称,学号,姓名 FROM 部门 as a LEFT JOIN 学生 as b ON a.部门编号=b.所在系编号;

部门名称	学号	姓名
电气信息系	2012021203201	魏明
电气信息系	2012021203202	杨悦
电气信息系	2012021208201	魏明亮
艺术设计系	2012021205101	谢芳
艺术设计系	2012021205102	王建一
艺术教育系	2012021204101	陈诚
艺术教育系	2012021204102	马振亮
语言文化系	2012021206101	张建越
语言文化系	2012021206102	李享
应用心理学系	2012021207101	刘畅
应用心理学系	2012021207102	王四铜

图 4-20　例 4.26 查询结果

部门名称	学号	姓名
电气信息系	2012021203201	魏明
电气信息系	2012021203202	杨悦
电气信息系	2012021208201	魏明亮
艺术设计系	2012021205101	谢芳
艺术设计系	2012021205102	王建一
艺术教育系	2012021204101	陈诚
艺术教育系	2012021204102	马振亮
语言文化系	2012021206101	张建越
语言文化系	2012021206102	李享
应用心理学系	2012021207101	刘畅
应用心理学系	2012021207102	王四铜
经济贸易系		
国际金融系		

图 4-21　例 4.27 查询结果

在查询出的数据中,由于国际金融系和经济贸易系没有学生,所以学生的学号和姓名为空。

例 4.28　查找学生的学号、姓名以及所选修课程的课程编号及考试成绩。

SELECT 学生.学号,学生.姓名,成绩.课程编号,成绩.考试成绩 FROM 学生 INNER JOIN 成绩 ON 学生.学号=成绩.学号;

本例中 INNER ON 联接方法用于具有内部联接关系的表的联接。

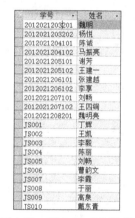

学号	姓名
2012021203201	魏明
2012021203202	杨悦
2012021204101	陈诚
2012021204102	马振亮
2012021205101	谢芳
2012021205102	王建一
2012021206101	张建越
2012021206102	李享
2012021207101	刘畅
2012021207102	王四铜
2012021208201	魏明亮
JS001	丁辉
JS002	王凯
JS003	李毅
JS004	陈丽
JS005	刘畅
JS006	曹韵文
JS007	李霞
JS008	于丽
JS009	高泉
JS010	戴东青

图 4-22　例 4.29 查询结果

3. 联合查询

联合查询可以将两个或多个独立查询的结果组合在一起,如图 4-22 所示。

例 4.29　查询所有学生的学号和姓名以及所有老师的编号和姓名。

SELECT 学号,姓名 FROM 学生 UNION SELECT 教师编号,教师姓名 FROM 教师;

在 UNION 操作中的所有查询必须请求相同数量的字段。但是,这些字段不必都具有相同的大小或数据类型。

例 4.30　查找选修课程编号为 1102 课程的学生学号及成绩在 80 分以上的学生学号。

SELECT * FROM 成绩 WHERE 课程编号='1102' UNION SELECT * FROM 成绩 WHERE Grade>80

该查询是一个联合查询。联合查询使用 UNION 将多个查询结果合并起来,系统会自动去掉重复的记录。需要注意,参加 UNION 操作的各结果集中的字段数必须相同,并且对应字段的数据类型必须相同。联合查询不能通过查询的设计视图实现,只能通过 SQL 语言实现。

4. 子查询

子查询是一个 SELECT 语句。它嵌套在一个 SELECT 语句、SELECT…INTO 语句、INSERT…INTO 语句、DELETE 语句或 UPDATE 语句中或嵌套在另一个查询中。

例 4.31　求选修计算机基础的学生的学号和姓名,如图 4-23 所示。

学号	姓名
2012021203201	魏明
2012021203202	杨悦
2012021204101	陈诚
2012021204102	马振亮
2012021205101	谢芳
2012021205102	王建一
2012021206101	张建越
2012021206102	李享
2012021207101	刘畅
2012021207102	王四铜

图 4-23　例 4.31 查询结果

```
SELECT 学号,姓名
FROM 学生
WHERE 学号 IN
    (SELECT 学号
    FROM 成绩
    WHERE 课程编号=
        (SELECT 课程编号
        FROM 课程
        WHERE 课程名称='计算机基础'));
```

本例中描述的查询是一个嵌套查询,嵌套查询又称为子查询。嵌套查询是指一个 SELECT-FROM-WHERE 查询块中可以嵌入另一个 SELECT-FROM-WHERE 查询块。 SQL 中允许多层嵌套。嵌套是由内向外处理的,外层查询可以利用内层查询的结果。

例 4.32 查找没有选修课程编号为 1102 的学生的学号和姓名。

```
SELECT 学号,姓名
FROM 学生
WHERE 学号 NOT IN
    (SELECT 学号
    FROM 成绩
    WHERE 课程编号='1102');
```

4.3 数据定义功能

SQL 的数据定义功能包括定义基本表和定义索引。

数据定义语句包括:

- 创建表——CREATE TABLE。
- 修改表——ALTER TABLE。
- 创建索引——CREATE INDEX。
- 创建视图——CREATE VIEW。
- 创建存储过程——CREATE PROCEDURE。
- 创建用户或用户组——CREATE USER/GROUP。
- 删除表、索引、视图、存储过程等——DROP。
- 赋予权限   GRANT。
- 回收权限——REVOKE。

下面介绍常用命令的使用。

4.3.1 表的定义与维护

1. 创建表

格式:

CREATE [TEMPORARY] TABLE 表名 (字段名 1 类型 [(长度)] [NOT NULL] [WITH COMPRESSION|
WITH COMP] [索引 1] [,字段名 2 类型 [(长度)] [NOT NULL] [索引 2] [,…]] [,CONSTRAINT 多
字段索引 [,…]])

功能：按指定的表名和字段位置建立一个新表。

说明：

(1) 表名——要创建的表的名称。

(2) 字段 1,字段 2——要在新表中创建的字段名称。必须创建至少一个字段。

- 类型——在新表中字段的数据类型。
- 长度——以字符为单位的字段大小(仅限于文本和二进制字段)。
- 索引 1,索引 2——用于定义单字段索引。

(3) 多字段索引——用定义多字段索引。

(4) CONSTRAINT——用于指定字段或表级约束。其格式如下：

CONSTRAINT 约束名 {PRIMARY KEY (主键字段 1[,主键字段 2[,…]])|
UNIQUE (唯一字段 1[,唯一字段 2 [,…]])|
NOT NULL (非空字段 1[,非空字段 2[,…]])
POREIGN KEY [NO INDEX] (外键字段 1[,外键字段 2[,…]])
REFERENCES 参照表 [(参照字段 1 [,参照字段 2[,…]])]}

其中：

- 约束名——要创建的约束名称。
- 主键字段 1,主键字段 2——将指定的字段名或字段名组合指定为表的主键约束。一个表只能设一个主键约束。
- 唯一字段 1,唯一字段 2——为指定的字段或字段组合指定唯一性。
- 非空字段 1,非空字段 2——限制为非空值的字段名。
- 外键字段 1,外键字段 2——引用另一个表中的字段的外键字段的名称。
- 参照表——包含参照字段的表的名称。
- 参照字段 1,参照字段 2——参照表中的参照字段的名称。如果所引用字段是参照表的主键,可以忽略这个子句。

例 4.33 用 SQL 语句建立专业表,字段包括专业编号,文本,长度 4;专业名称,文本,长度 40;所属系,文本,长度 40;备注,备注型,并且将专业编号设为主键。

CREATE TABLE 专业 (专业编号 CHAR(4) PRIMARY KEY,专业名称 CHAR(40),所属系 CHAR(40),
备注 MEMO);

其中字段专业编号后面的 PRIMARY KEY 表示将该字段设为主键。

利用"SQL 视图"创建该查询后进行保存。而后运行该查询,将出现如图 4-24 所示的提示框,单击"是"按钮即可创建"专业"数据表,新建的"专业"数据表如图 4-25 所示。

例 4.34 创建学生信息表,字段包括学号,文本,长度 12;姓名,文本,长度 8;专业编号,文本,长度 4;出生日期 日期型;入学日期,日期型;入学成绩,整型数;团员否,是/否;照片,照片;简历,备注型。并将学号设为主键,专业编号参照专业表中的专业编号字段

图 4-24　利用"SQL 视图"创建查询的提示框

图 4-25　"专业"数据表

（不同于先前创建的学生表）。

> CREATE TABLE 学生信息(学号 CHAR(12) PRIMARY KEY,姓名 CHAR(8),专业编号 CHAR(4)
> REFERENCES 专业(专业编号),出生日期 DATETIME,入学日期 DATETIME,入学成绩 INTEGER,
> 团员否 YESNO,照片 IMAGE,简历 MEMO);

其中专业编号字段后面的 REFERENCES 专业（专业编号）表示学生表中专业编号字段中的数据，参照专业表中专业编号字段中的数据。

例 4.35　创建课程信息表，字段包括课程编号，文本，长度 4；课程名称，文本，长度 20；学时，整型数；学分，整型数；课程性质，文本，长度 8；备注，备注型（不同于先前创建的课程表）。

> CREATE TABLE 课程信息(课程编号 CHAR(4),课程名称 CHAR(20),学时 INTEGER,
> 学分 INTEGER,课程性质 CHAR(8),备注 MEMO);

例 4.36　创建成绩练习表，字段包括学号，文本，长度 12，数据参照学生信息表中的学号；课程编号，文本，长度 4；开课时间，日期型；平均成绩，整型数；考试成绩，整型数。以学号和课程编号两个字段共同作主键（不同于先前创建的成绩表）。

> CREATE TABLE 成绩练习(学号 CHAR(12) REFERENCES 学生信息,课程编号 CHAR(4),开课时间
> DATETIME,平时成绩 INTEGER,考试成绩 INTEGER,CONSTRAINT 成绩练习 PRIMARY KEY(学号,
> 课程编号));

其中，学号参照学生信息表中的学号。由于学生表中学号为主键，此处可省略字段名；CONSTRAINT 成绩练习 PRIMARY KEY（学号，课程编号）表示建立包含学号和课程编号两个字段的主键。

2. 修改表

格式：

> ALTGER TABLE 表名 {ADD {COLUMN 字段类型 [(长度)]
> [NOT NULL] [CONSTRAINT 索引]|ALTER COLUMN 字段类型 [(长度)]|CONSTRAINT 多重字段索
> 引}|DROP {COLUMN 字段 |CONSTRAINT 索引名}}

功能：修改、增加、删除表中字段，约束等。

说明：

- ADD 子句用于增加新列和新的完整性约束条件。
- ALTER 子句用于修改指定列和该列的完整性约束条件。
- DROP 子句用于删除指定列和该列的完整性约束条件。

例 4.37 在例 4.34 所创建的学生信息表中增加字段性别，文本，长度 2。

```
ALTER TABLE 学生信息 ADD COLUMN 性别 CHAR(2);
```

例 4.38 将在例 4.35 中创建的课程信息表中课程编号设为表的主键。

```
ALTER TABLE 课程信息 ALTER 课程编号 CHAR(4) PRIMARY KEY;
```

例 4.39 给在例 4.36 中创建的成绩练习表中的课程编号设定约束为参考课程信息表中的课程编号字段。

```
ALTER TABLE 成绩练习 ADD CONSTRAINT 课程信息 FOREIGN KEY(课程编号) PRFERENCES 课程
信息;
```

例 4.40 删除课程信息表中的备注字段。

```
ALTER TABLE 课程信息 DROP 备注;
```

3. 删除表

删除一个表是将表结构和表中记录一起删除，如果这个表上建有索引，则将索引一起删除。

格式：

```
DROP TABLE 表名;
```

功能：删除指定的表。

例 4.41 删除名称为"选课的学生"的表。

```
DROP TABLE 选课的学生;
```

4.3.2 索引的定义和维护

1. 创建索引

建立索引是加快查询速度的有效手段。用户可根据需要在基本表上建立一个或多个索引(2 或 3 个索引)。

格式：

```
CREATE [ UNIQUE ] INDEX 索引
ON 表(字段 [ASC|DESC][,字段 ASC|DESC],…))
[WITH{PRIMARY|DISALLOW NULL|IGNORE NULL}]
```

功能：建立索引。

说明：

- 索引——要创建的索引名称。

- 表——将包含该索引的现存表的名称。
- 字段——要被索引的字段名称。要创建单一字段索引,在表名称后面的括号中列出字段名。

要创建多重字段索引,列出包括在索引中的每个字段的名称。如果索引为递减排序,使用 DESC 保留字;否则,索引总是递增排序。
- UNIQUE:创建值唯一的索引。
- WITH PRIMARY:索引为主键。
- WITH DISALLOW NULL:索引字段不允许为空值。
- WITH IGNORE NULL:避免索引中包含值为空的字段。

例 4.42 为专业表的专业名称字段设置唯一索引。

CREATE UNIQUE INDEX 专业名称 ON 专业(专业名称);

该索引创建完毕,保存查询,运行该查询后,显示如图 4-24 所示的提示框。此时,专业表中的专业名称字段已经被进行了索引,其结果如图 4-26 所示。

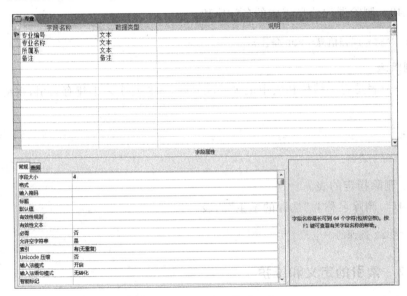

图 4-26 索引结果

例 4.43 给学生信息表中的入学成绩字段创建索引。

CREATE INDEX 入学成绩 ON 学生信息(入学成绩);

例 4.44 为课程信息表中的课程名称和学时创建唯一索引。

CREATE UNIQUE INDEX 课程名称 ON 课程信息(课程名称,学时);

2. 删除索引

格式:

DROP INDEX 索引名 ON 表名

功能：删除指定表中的指定索引。

例 4.45 删除课程信息表中索引名为课程名称的索引。

```
DROP INDEX 课程名称 ON 课程信息；
```

4.3.3 视图的定义和使用

视图是存在数据库中的虚表，用来隔离用户和表之间的直接联系，以实现数据和应用之间的逻辑独立性。

1. 创建视图

格式：

```
CREATE VIEW 视图名 [(字段 1[,字段 2[,…]])] AS 查询语句；
```

功能：建立新的视图。

说明：

- 视图名——新创建的视图名称，不能和已有的表名相同。
- 字段名 1,字段名 2——在创建的视图中设置字段名。字段名必须与查询结果中的列对应。若省略，则用查询结果的列名作为视图中的字段名。
- 查询语句——以查询结果作为视图的数据来源。注意，SELECT 语句中不能包含 INTO 子句，也不能带参数。

例 4.46 建立视图用来从学生表中查询 2012 级的学生的学号、姓名、性别等信息。

```
CREATE VIEW 学生视图 AS SELECT 学号,姓名,性别 FROM 学生 WHERE 学号 LIKE '2012 * ';
```

例 4.47 建立一个视图，命名为"平均成绩"，统计每个学生所有选修课的平均成绩。要求视图中包含姓名和平均成绩，平均成绩按平时成绩占 40%，考试成绩占 60% 计算。

```
CREATE VIEW 平均成绩 AS SELECT 姓名,avg(平时成绩 * 0.4+考试成绩 * 0.6) AS 平均成绩
FROM 成绩 INNER 学生 ON 成绩.学号=学生.学号 GROUP BY 成绩.学号,姓名；
```

创建的视图包含两个字段：姓名、平均成绩。其中姓名来源于学生表，平均成绩来源于对成绩的统计。

2. 视图查询

创建后的视图与表的使用类似。可以通过视图进行数据查询。例如：

```
SELECT * FROM 学生视图；
```

表示查询视图学生视图中的所有数据。其结果是从学生表中查询 2012 级学生的学号、姓名和性别。

```
SELECT * FROM 平均成绩；
```

可以统计出每个学生的所有选修课的平均成绩，并且显示其姓名和平均成绩。

3. 视图更新

可以通过视图对数据进行修改或增加，请参见 4.4 节。

4. 删除视图

格式：

```
DROP VIEW 视图名;
```

功能：删除指定的视图。

例 4.48 删除视图平均成绩。

```
DROP VIEW 平均成绩;
```

4.4 数 据 更 新

SQL 的数据更新包括对表中记录的添加、删除和修改。

4.4.1 数据插入

插入数据分为两种格式，一种是插入单个记录，另一种是插入一个子查询的结果。
格式1：

```
INSERT INTO 表名 [(字段名 1[,字段名 2[,…]]) VALUES (值 1[,值 2[,…] )
```

格式2：

```
INSERT INTO 表名 [(字段名 1[,字段名 2[,…]]) [IN 外部数据库]
SELECT 查询字段 1[,查询字段 2[,…]] FROM 表名列表
```

功能：将数据插入指定的表中。格式 1，一条语句插入一条记录；格式 2，将用
SELECT 语句查询的结果插入指定的表中。

说明：

- 字段名 1，字段名 2——需要插入数据的字段。若省略，则表示表中的每个字段均
  要插入数据。
- 值 1，值 2——插入到表中的数据，其顺序和数量必须与字段名 1，字段名 2 一致。

例 4.49 向学生表中加入学生数据。

```
INSERT INTO 学生 VALUES ("2009021201001","谢胜", "男", #1980-10-23#,"005",null,
"100088","13567658879");
INSERT INTO 学生(学号,姓名,性别,出生日期, 所在系编号,邮编,联系电话) VALUES
("2009021201002","张辉", "女", #1981-10-31#,"004","100011","13567651205");
```

第一条语句指定插入数据存储的字段，所以每个字段都要赋值，不填入数据的字段用
null 表示。第二条语句指定了要填充的字段，值和字段要一一对应。

依据上述例题建立 SQL 查询，保存并运行该查询后，首先显示如图 4-27 所示系统
提示信息，即准备添加数据；而后显示如图 4-28 所示的提示框（每插入一条记录就显示
一次该提示框），单击"是"按钮即可将要插入的记录插入到学生表中，其结果如图 4-29
所示。

图 4-27　准备添加记录提示框

图 4-28　添加记录提示框

学号	姓名	性别	出生日期	所在系编号	住址	邮政编码	联系电话	单击以添加
2009021201001	谢胜	男	1980/10/23	005		100088	13567658879	
2009021201002	张辉	女	1981/10/31	004		100011	13567651205	
2012021203201	魏明	男	1994/10/14	001	北京市朝阳区	100011	13333324132	
2012021203202	杨悦	女	1994/11/11	001	北京市通州区	100100	13696664563	
2012021204101	陈诚	男	1994/4/18	003	北京市宣武区	100015	13546987885	
2012021204102	马振亮	男	1994/3/18	003	北京市朝阳区	100011	13698775699	
2012021205101	谢芳	女	1993/12/3	002	北京市大兴区	100224	13711112221	
2012021205102	王建一	男	1994/1/11	002	北京市崇文区	100013	12536654566	
2012021206102	张建越	男	1994/10/18	004	北京市海淀区	100088	18667547735	
2012021206102	李享	女	1993/6/6	004	北京市东城区	100055	15734789383	
2012021207101	刘畅	女	1993/4/26	005	北京市西城区	100033	18737458734	
2012021207102	王四铜	男	1994/11/11	005	北京市海淀区	100088	15683459358	
2012021208201	魏明亮	男	1994/11/14	001	北京市朝阳区	100011	13666624132	

图 4-29　添加记录的结果

例 4.50　从"学生"表中将学号,姓名查询出来,插入到新生表中(请学生自建"新生表")。

INSERT INTO 新生(学号,姓名) SELECT 学号,姓名 FROM 学生;

例 4.51　利用例 4.46 建立的视图学生视图,将以下数据插入学生表中。

INSERT INTO 学生视图 VALUES('2009021201003',"刘备",'男');

由于视图学生视图的 3 个字段分别对应学生表中的学号、姓名和性别,通过视图学生视图可以将数据插入到学生表对应的字段中。

4.4.2　数据修改

格式:

UPDATE 表名 SET 字段名 1=新值[,字段名 2=新值 2…] WHERE 条件;

功能:修改指定表中符合条件的记录。

说明:

• 表名——即将修改数据的表。

• 字段名 1,字段名 2——要修改的字段。

• 新值 1,新值 2——和字段 1 和字段 2 对应的数据。

• WHERE 条件——限定符合条件的记录参加修改。

例 4.52　将所有课程的学分数减少 1 学分。

UPDATE 课程 SET 学分=学分-1;

依据上述例题建立 SQL 查询,保存并运行该查询后,显示如图 4-30 所示的提示框,单击"是"按钮即可更新课程表中的数据,其更新前结果如图 4-31 所示,更新后结果如图 4-32 所示。

图 4-30　更新记录的提示框

课程编号	课程名称	任课教师	教材编号	学分	单击以添加
C001	计算机基础	丁辉	B002	4	
C002	程序设计	王凯	B001	4	
C003	网站设计	李毅	B004	4	
C004	多媒体技术	陈丽	B005	3	
C005	数据库应用	刘畅	B006	3	
C006	软件工程	曹韵文	B007	3	

图 4-31　更新前的结果

课程编号	课程名称	任课教师	教材编号	学分	单击以添加
C001	计算机基础	丁辉	B002	3	
C002	程序设计	王凯	B001	3	
C003	网站设计	李毅	B004	3	
C004	多媒体技术	陈丽	B005	2	
C005	数据库应用	刘畅	B006	2	
C006	软件工程	曹韵文	B007	2	

图 4-32　更新后的结果

例 4.53　将学生表中性别字段的值换成"男"。

UPDATE 学生 SET 性别="男";

例 4.54　将学生表中学号为偶数的记录性别改为"女"。

UPDATE 学生 SET 性别="女" WHERE 学号 LIKE "*[0,2,4,6,8]";

例 4.55　利用例 4.46 建立的视图学生视图将学号为"2012021201003"的数据的姓名改为"曹操"。

UPDATE 学生视图 SET 姓名="曹操" WHERE 学号=" 2012021201003";

4.4.3　数据删除

格式:

DELETE FROM 表名 [WHERE 条件]

功能:从指定表中删除符合条件的数据。

说明:如果没有加 WHERE 条件子句,则删除表中的所有数据。

例 4.56 删除成绩表中的学号为"2012021201003"的数据。

`DELETE FROM 成绩 WHERE 学号="2012021201003";`

例 4.57 通过视图学生视图删除学生表中学号为"2012021201002"的数据。

`DELETE FROM 学生视图 WHERE 学号="2012021201002";`

例 4.58 删除所有的学生。

`DELETE`
`FROM 学生`

本 章 小 结

结构化查询语言 SQL 是数据库的标准语言,其中最重要的是数据查询命令 Select。其中包含数据查询过程中的各种设置,如 From 子句设置查询来源表或视图。如果数据来自多个表或视图,可以在 From 子句中用 Join 子句和 On 子句将多个表连接起来。Select 子句负责字段的筛选,同时,也可以利用函数或表达式进行数据统计。Where 子句负责完成数据筛选,也可以在该子句中设置表之间的连接关系。Group by 子句可以实现数据的分组统计,其中的 Having 子句设置统计结果作为筛选条件。Order by 子句指定数据的排序依据。数据定义命令包括 Create、Alter、Drop 等,数据操作命令包括 Insert、Delete、Update 等。

习 题

一、简答题

1. 简述 SQL 查询语句中各字句的作用。
2. 简述数据定义的功能。
3. 简述数据更新的功能。
4. 什么是子查询?
5. 什么是视图?

二、选择题

1. 若设定 SQL 的条件表达式为"<60 Or >100"表示( )。

   A) 查找小于 60 或大于 100 的数　　B) 查找不大于 60 或不小于 100 的数

   C) 查找小于 60 并且大于 100 的数　　D) 查找 60 和 100 的数(不包括 60 和 100)

2. SQL 语句中的 DROP INDEX 的作用是( )。

   A) 从数据库中删除表　　　　　　B) 从表中删除记录

   C) 从表中删除字段　　　　　　　D) 从表中删除字段索引

3. 下面 SELECT 语句中语法正确的是( )。

   A) SELECT * FROM '通信录' WHERE 性别='男'

   B) SELECT * FROM 通信录 WHERE 性别="男"

C) SELECT * FROM '通信录' WHERE 性别＝男

D) SELECT * FROM 通信录 WHERE 性别＝男

4. SQL 的基本命令中,插入数据命令所用到的语句是(   )。

A) SELECT   B) INSERT   C) UPDATE   D) DELETE

5. 在 SQL 查询中,若要取得"学生"数据表中的所有记录和字段,其 SQL 语法为( )。

A) SELECT 姓名 FROM 学生

B) SELECT * FROM 学生

C) SELECT 姓名 FROM 学生 WHILE 学号＝02650

D) SELECT * FROM 学生 WHILE 学号＝02650

6. 用 SQL 语言描述"在教师表中查找男教师的全部信息",以下描述正确的是( )。

A) SELECT FROM 教师表 IF(性别＝'男')

B) SELECT 性别 FROM 教师表 IF(性别＝'男')

C) SELECT * FROM 教师表 WHERE(性别＝'男')

D) SELECT FROM 性别 WHERE(性别＝'男')

7. 在 SQL 查询中,使用 WHILE 子句指出的是(   )。

A) 查询目标   B) 查询结果   C) 查询视图   D) 查询条件

8. 下列 SQL 语句中,用于修改表结构的是(   )。

A) ALTER   B) CREATE   C) UPDATE   D) INSERT

9. 哪个查询是包含另一个选择或操作查询中的 SQL SELECT 语句,可以在查询设计网格的"字段"行输入这些语句来定义新字段,或在"准则"行来定义字段的准则?(   )

A) 联合查询   B) 传递查询   C) 数据定义查询   D) 子查询

10. 什么是将一个或多个表、一个或多个查询的字段组合作为查询结果中的一个字段,执行此查询时,将返回所包含的表或查询中对应字段的记录(   )。

A) 联合查询   B) 传递查询   C) 选择查询   D) 子查询

三、填空题

1. Access 数据库中的 SQL 查询主要包括联合查询、传递查询、子查询和_____ 4 种方式。

2. SQL 语言中提供了 SELECT 语句,用来进行数据库的_____。

3. 在 SQL 查询中,GROUP BY 语句用于_____。

4. 在 SQL 的 SELECT 语句中,用于实现选择运算的是_____。

5. 要删除"成绩"表中的所有行,在 SQL 视图中可输入_____。

实验(实训)题

1. 从学生表中查询所有学生的基本信息。

2. 从教材表中查询"VB 程序设计基础"类的教材名称、出版社和出版时间等信息。

3. 从教材表中统计所有教材的平均价格。

4. 从学生表中统计男生的人数。

5. 从学生表、课程表和成绩表中统计男生所学课程的课程名称、姓名、学号以及考试成绩情况。

6. 用命令建立新教师表，其结构与教师表一致。

7. 将新教师表中的所有数据删除。

第 5 章 窗 体

窗体作为一种灵活性很强的数据库对象,其数据来源可以是表、查询,并通过灵活多样的控件使用构成了用户与 Access 数据库交互的界面,从而完成显示、输入和编辑数据等多种事务,是构成 Access 应用系统用户界面的基础。

本章介绍如何在 Access 中创建和使用窗体,主要内容包括窗体的基础知识、窗体的创建和修改以及使用窗体来处理数据等。

5.1 窗 体 概 述

窗体是 Access 数据库的重要组成部分,与数据表不同的是,窗体本身没有存储数据,也不像表那样只以行和列的形式显示数据。利用窗体可以将整个应用程序组织起来,形成一个完整的应用系统。但任何形式的窗体都是建立在表或查询基础上的。

5.1.1 窗体的功能

窗体作为 Access 数据库的重要组成部分,起着联系数据库与用户的桥梁作用。以窗体作为输入界面时,它可以接受用户的输入,判定其有效性、合理性,并响应消息执行一定的功能。以窗体作为输出界面时,它可以输出一些记录集中的文字、图形图像,还可以播放声音、视频、动画、实现数据库中的多媒体数据处理。窗体还可作为控制驱动界面,用它将整个系统中的对象组织起来,从而形成一个连贯、完整的系统。

具体来说,窗体具有以下功能:

(1)显示与编辑数据——这是窗体的基本功能,它可显示来自多个表的数据。利用窗体可对数据库中相关数据进行添加、删除、修改,以及设置数据的属性等。

(2)接收数据输入——用户可以设计一个专用的窗体,作为数据库数据的输入界面。

(3)控制应用程序流程——Access 的窗体可以与函数、过程等 VBA 结合完成一定的功能。

(4)信息显示——在窗体中可采取灵活多样的形式显示一些警告或解释信息。

(5)数据打印——可以使用窗体打印数据。

5.1.2 窗体的视图

不同视图的窗体利用不同的布局来显示数据。窗体有 3 种常用视图,分别是"设计视图"、"窗体视图"和"布局视图"。

设计视图:用于创建窗体或修改窗体的窗口,如图 5-1 所示。

窗体视图:用于显示记录数据、添加和修改表中数据的窗口,如图 5-2 所示。

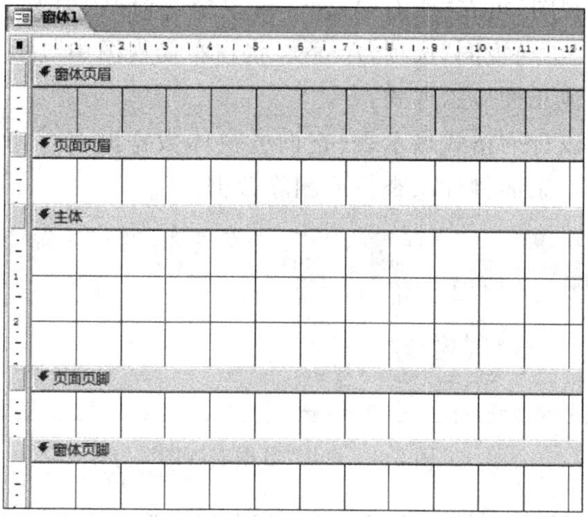

图 5-1　设计视图

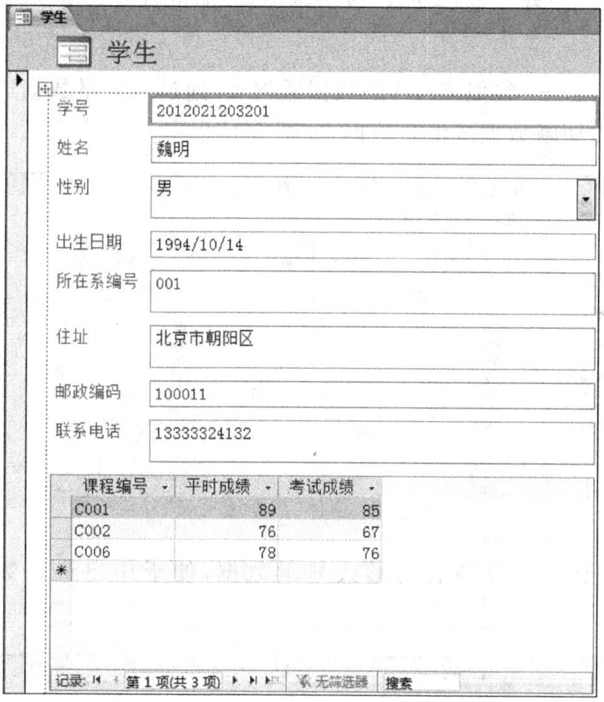

图 5-2　窗体视图

布局视图：与设计视图相比，布局视图更注重于外观。在布局视图中查看窗体时，每个控件都显示真实数据。因此，该视图非常适合设置控件的大小或者执行其他许多影响窗体的视觉外观和可用性的任务。创建窗体后，可以轻松地在布局视图中对其设计进行调整。用实际的窗体数据作为指导，可以重新排列控件并调整控件的大小。可以向窗体中添加新控件，并设置窗体及其控件的属性。

若要切换到布局视图，可在“所有 Access 对象导航窗格”中右击窗体名称，然后在弹出的快捷菜单中单击“布局视图”选项，Access 将在布局视图中显示窗体的数据。

此外窗体还有其他几种显示方式：

数据表视图——以行列格式显示表、查询或窗体数据的窗口，如图 5-3 所示。在“数据表视图”中可以编辑、添加、修改、查找或删除数据。

课程编号	课程名称	任课教师	教材编号	学分
C001	计算机基础	丁辉	B002	3
C002	程序设计	王凯	B001	3
C003	网站设计	李毅	B004	3
C004	多媒体技术	陈丽	B005	2
C005	数据库应用	刘畅	B006	2
C006	软件工程	曹韵文	B007	2

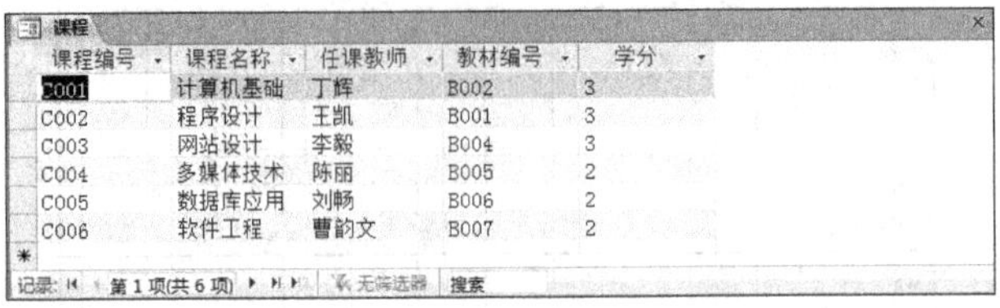

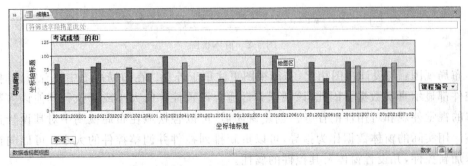

图 5-3　窗体“数据表视图”

窗体的“数据表视图”和表的“数据表视图”在现实形式上很相近，但二者之间也存在一定的差别，即对于表的数据表视图，如果该表与另一个表由于一对多的关系，其数据表视图中的每一个记录前有一个“+”号，单击该加号，即可显示与该记录有一对多关系的其他表记录。

数据透视表视图——类似 Excel 的数据透视表，通过对大量数据进行分析，修改横纵交叉表格，从而查看明晰数据或汇总数据，如图 5-4 所示。

学号	C001 考试成绩	C002 考试成绩	C003 考试成绩	C004 考试成绩	C005 考试成绩	C006 考试成绩	总计 无汇总信息
2012021203201	85	67				76	
2012021203202	80	87				67	
2012021204101	78				67		
2012021204102	98				87		
2012021205101	65				56		
2012021205102	54				98		
2012021206101	98			90			
2012021206102	86			56			
2012021207101	87		79				
2012021207102	76		84				
总计							

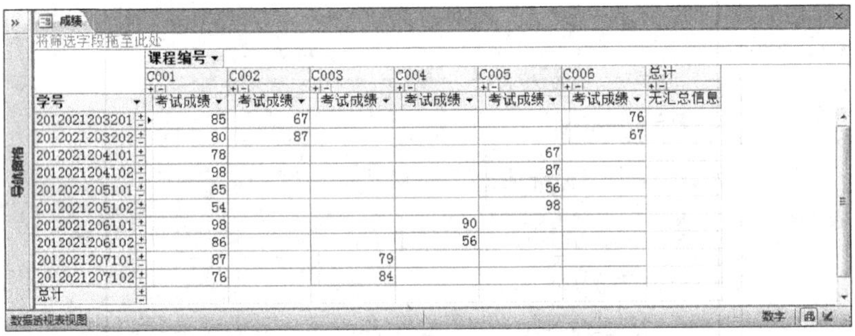

图 5-4　窗体“数据透视表”

数据透视图视图——以图表的形式显示数据，便于用户进行数据分析，如图 5-5 所示。

图 5-5　窗体“数据透视图”

5.1.3 窗体的组成

在 Access 2010 中,窗体最多可以由 5 个部分构成,分别是窗体页眉、页面页眉、主体、页面页脚和窗体页脚,每一部分称为一个节。大部分的窗体只有主体节(默认情况),其他的节可以根据实际需要通过"视图"选项组中的选项进行添加,如图 5-1 所示。

1. 窗体页眉

用于显示窗体标题、窗体使用说明或者打开相关窗体或运行其他任务的命令按钮等。窗体页眉会按照完整的高度显示,这样此节中的控件将始终出现在屏幕上。在"窗体"视图中,窗体页眉显示在窗体的顶端;打印窗体时,窗体页眉打印输出到文档的开始处。窗体页眉不会出现在"数据表视图"中。

2. 页面页眉

在每一页的顶部显示标题、字段标题或所需要的其他信息。页面页眉只在打印时出现在窗体上。

3. 主体节

用于显示窗体记录源的记录。主体节通常包含同记录源中的字段绑定的控件,但是也可以包含没有绑定的控件,例如用于识别字段内容的标签等。

4. 页面页脚

在每一页的底部显示日期、页码或所需要的其他信息。页面页脚只在打印时出现在窗体上。

5. 窗体页脚

用于显示窗体、命令按钮或接受输入的未绑定控件等对象的使用说明。窗体页脚会按照完整的高度显示,这样此节中的控件将始终出现在屏幕上。在"窗体"视图中,窗体页脚显示在窗体的底部;打印时,窗体页脚打印输出到文档的结尾处。与窗体页眉类似,窗体页脚也不会出现在"数据表视图"中。

5.1.4 窗体的信息来源

窗体是 Access 数据库中的对象,是用户和 Access 应用程序之间的主要接口。窗体本身没有数据存储功能,多数窗体展示的数据都是来源于表或查询。具体来说,窗体的数据来源有以下两个方面。

1. 表或查询

如果窗体需要显示数据库中的数据,则创建窗体时,先以数据库中的表或查询作为窗体的数据源。这时,窗体与选择的表或查询相关,使得窗体对数据进行编辑时数据操作的结果会自动保存到相关数据表中。当然,数据源表中的记录发生变化时,窗体中的信息也会随之发生变化。

2. 附加信息

设计窗体时,为了美观或是为了给用户提供提示信息,可以在窗体中添加一些说明性文字或图形元素,如线条、矩形等。

数据源为窗体提供所需数据,多数窗体在应用中都需要数据源的支持,仅有应用程序封面等少数窗体不需要数据源。

5.1.5 窗体的类型

根据显示数据的方式不同，Access 提供了纵栏式窗体、表格式窗体、数据表窗体、主/子窗体、图表窗体和数据透视表窗体 6 种类型的窗体。

1. 纵栏式窗体

纵栏式窗体是最常用的窗体类型，每次只显示一条记录。窗体中显示的记录按列分割，每列的左边显示字段名，右边显示字段的值，如图 5-6 所示。

图 5-6　纵栏式窗体

在纵栏式窗体中，可以随意地安排字段、可以使用 Windows 的多种控制操作，还可以设置直线、方框、颜色、特殊效果等。通过建立和使用纵栏式窗体，可以美化操作界面，提高操作效率。

2. 表格式窗体

表格式窗体在一个窗体中一次显示多条记录的信息。如图 5-7 所示"学生"窗体就是

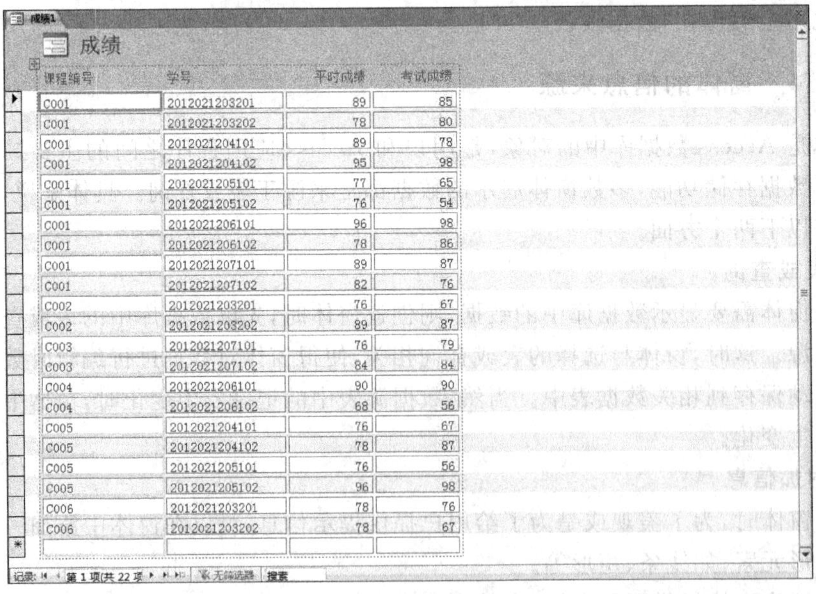

图 5-7　纵栏式窗体

一个表格式窗体,窗体上显示了 6 条记录。如果要浏览更多的记录,可以通过垂直滚动条进行浏览。当拖动滚动条浏览后面记录时,窗体上方的字段名称信息固定不动,滚动的只是记录信息。

3. 数据表窗体

数据表窗体与数据表和查询显示数据的界面相同,如图 5-8 所示。数据表窗体的主要作用是作为一个窗体的子窗体。

4. 主/子窗体

窗体中的窗体称为子窗体,包含子窗体的基本窗体称为主窗体。主窗体和子窗体通常用于显示多个表或查询中的数据,这些表或查询中的数据应具有一对多关系。其中"一方"数据在主窗体中显示,"多方"数据在子窗体中显示。在这种窗体中,主窗体和子窗体彼此链接,主窗体显示某一条记录的信息,子窗体就会显示与主窗体当前记录相关的记录信息。

图 5-8　数据表窗体

在"教务管理"数据库中,"学生表"和"成绩表"之间就存在一对多的关系,"学生表"中的每一条记录都与"成绩表"中的多条记录相对应。这时,可以创建一个带子窗体的主窗体,用于显示"学生表"和"成绩表"中的数据,如图 5-2 所示。

在主/子窗体中,主窗体只能显示为纵栏式的窗体,子窗体可以显示为数据表窗体,也可显示为表格式窗体。当在主窗体中输入数据或添加记录时,Access 会自动保存每一条记录到子窗体对应的表中。

5. 图表窗体

图表窗体是利用 Microsoft Graph 以图表方式显示用户的数据。可以单独使用图表窗体,也可以在子窗体中使用图表窗体来增加窗体的功能,如图 5-5 所示。

6. 数据透视表窗体

数据透视表是指通过指定格式(布局)和计算方法(求和、平均等)汇总数据的交互式表格,用此方法创建的窗体称为数据透视表窗体,如图 5-4 所示。用户也可以改变透视表的布局,以满足不同的数据分析方式和要求。在数据透视表窗体中,可以查看和组合数据库中的数据、明细数据和汇总数据,但不能添加、编辑或删除透视表中显示的数据值。

5.2　使用向导快速创建窗体

Access 提供了多种制作窗体的方法,包括窗体的快速创建、空白窗体创建、"窗体向导"创建、"窗体设计视图"创建、"数据透视图向导"等,在设计 Access 应用程序时,往往先使用"向导"建立窗体的基本轮廓,然后再切换到窗体"设计视图",以人工方式进行调整。

5.2.1 引例

学习了窗体基本知识后,就可以着手创建一个窗体了。如图5-6所示的纵栏式窗体是一个常见的窗体,在该窗体中可以很容易地操作数据源中的每条记录,那么像这样的常见窗体是怎样完成创建的呢? 它和数据表又是怎样关联的呢? 还有没有其他外观的常见窗体呢? 下面就用多种不同方法来完成简单窗体的创建。

5.2.2 快速创建窗体

首先用户选择某个数据表,然后选择"创建"选项卡上的"窗体"选项组中的各个选项,就可以自动创建窗体了。窗体选项组如图5-9所示;当单击窗体选项组中"导航"选项右侧的下拉按钮,出现菜单如图5-10所示;当单击窗体选项组中"其他窗体"选项右侧的下拉按钮,出现菜单如图5-11所示。

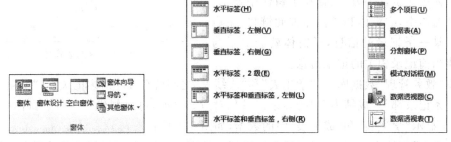

图5-9 "创建"选项卡上的"窗体"选项组 图5-10 "导航"选项菜单 图5-11 "其他窗体"选项菜单

例5.1 分别使用"窗体"选项组中的"窗体"选项、"分割窗体"选项、"多个项目"选项创建名称为"学生信息"的窗体,具体的操作步骤如下:

(1) 在"数据库"窗口中,选定"学生"表,并选择"创建"选项卡上的"窗体"选项组,如图5-9所示。

(2) 单击"窗体"选项,即可建立纵栏式"学生信息"窗体,如图5-12所示。

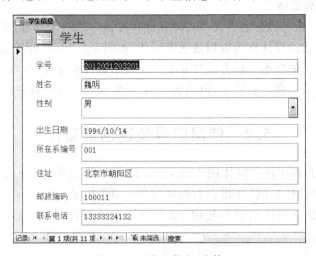

图5-12 "学生信息"窗体

（3）单击"其他窗体"选项中的"分割窗体"选项，也可建立分割式"学生信息"窗体，如图 5-13 所示。

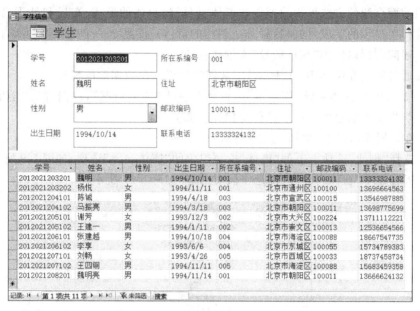

图 5-13　"学生信息"分割窗体

单击"分割窗体"选项建立的窗体，会直接进入"布局视图"模式，同时显示"窗体视图"和"数据表视图"，由于使用相同的数据源，所以彼此之间的数据能够同时更新。

（4）单击"其他窗体"选项中的"多个项目"选项，创建如图 5-14 所示的表格式"学生信息"窗体。

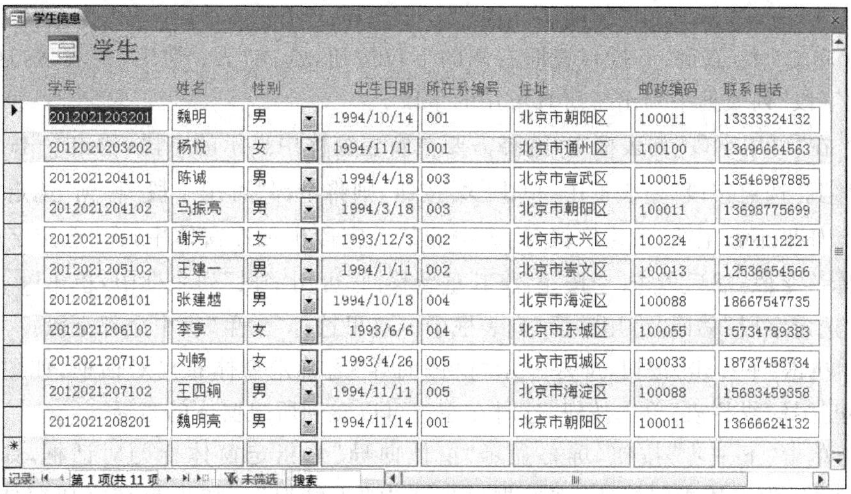

图 5-14　"多个项目"式"学生信息"窗体

除了数据表视图能够同时显示多项数据外，一般创建的窗体一次显示一条记录，使用多个项目，能在窗体上一次显示多条记录，用户可根据需要自定义窗体内容。

5.2.3 使用"窗体向导"创建窗体

按照前面介绍的方法可以快速创建窗体,但所建窗体的形式、布局和外观已经确定,不能再选择要显示的字段,同时这种方法创建的窗体只能显示一个数据源的所有数据,要想解决上述问题可以使用"窗体向导"来创建窗体。

下面通过实例介绍利用"窗体向导"来创建基于一个数据源的窗体。

例 5.2 使用"窗体向导"创建窗体,窗体名称为"学生情况",数据源为"学生表",窗体中显示学生基本信息的字段。具体的操作步骤如下:

(1) 在数据库窗口中,选择"学生"表对象。

(2) 选择"创建"选项卡上的"窗体"选项组中的"窗体向导"选项,如图 5-9 所示。

(3) 屏幕显示"窗体向导"之确定字段对话框,如图 5-15 所示。

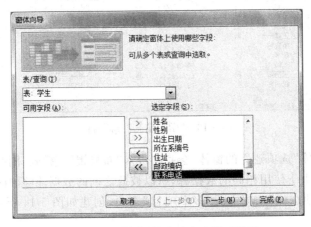

图 5-15 "窗体向导"之确定字段对话框

(4) 单击"表/查询"下拉列表框右侧的下拉按钮,选择"表:学生"列表项,这时在左侧"可用字段"列表框中列出了所有可用的字段。

(5) 在"可用字段"列表框中,选择需要在新建窗体中显示的字段,单击 > 按钮,将所选字段移到"选定字段"列表框中,单击 >> 按钮,则将全部"可用字段"移到"选定字段"列表框中。如果不希望在"选定字段"列表中的某个字段出现在窗体中,在"选定字段"列表框中选择该字段,然后单击 < 按钮,将其重新移回"可用字段"列表框中,单击 << 按钮,则将全部"选定字段"移回"可用字段"列表框中。这里选择"学生"表中全部字段。

(6) 单击"下一步"按钮,屏幕显示"窗体向导"之确定窗体布局对话框,如图 5-16 所示。这里选择"纵栏表"单选按钮,这时在左边可以看到所建窗体的布局。

(7) 单击"下一步"按钮,屏幕显示"窗体向导"之指定窗体标题对话框,如图 5-17 所示。在"请为窗体指定标题"文本框中输入"学生情况"。如果想在完成窗体的创建后,打开窗体并查看或输入数据,选中"打开窗体查看或输入信息"单选按钮;如果要调整窗体的设计,则选中"修改窗体设计"选项。这里选择"打开窗体查看或输入信息"单选按钮。

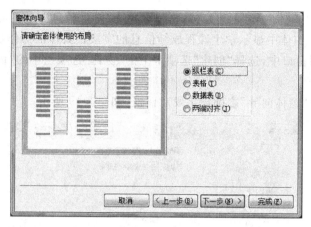

图 5-16 "窗体向导"之确定窗体布局

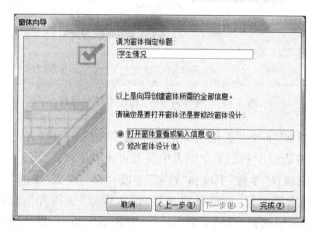

图 5-17 "窗体向导"之指定窗体标题

（8）单击"完成"按钮，创建的窗体显示在屏幕上，结果如图 5-18 所示。

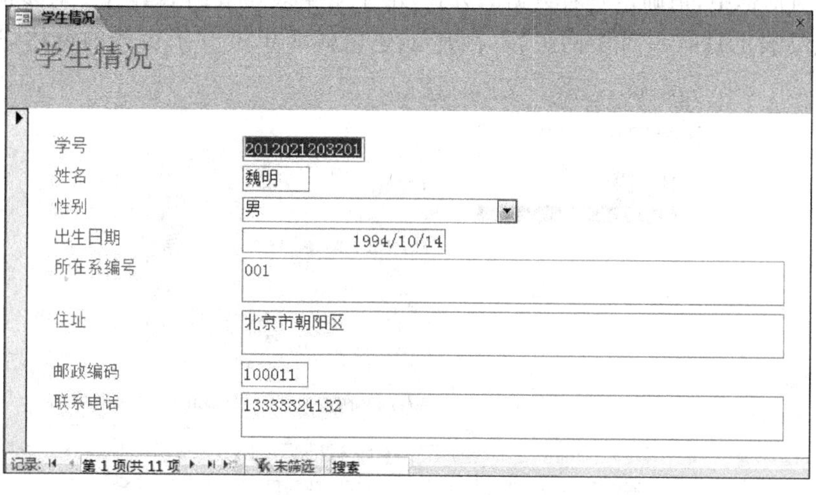

图 5-18 完成后的"学生情况"窗体

例 5.3　使用"窗体向导"创建窗体,窗体名称为"学生信息",数据源为"学生表"、"课程"表和"成绩"表,窗体中显示学生课程成绩信息的字段。具体的操作步骤如下:

(1) 在数据库窗口中,选择"创建"选项卡上的"窗体"选项组中的"窗体向导"选项,如图 5-9 所示。

(2) 屏幕显示"窗体向导"之确定字段对话框,如图 5-19 所示。

图 5-19　"窗体向导"之确定字段对话框

(3) 单击"表/查询"下拉列表框右侧的向下箭头按钮,选择"表:学生"列表项,这时在左侧"可用字段"列表框中列出了学生表中所有可用的字段。

(4) 在这里分别选择"学号"字段和"姓名"字段,而后在"表/查询"下拉列表框中选择"课程"表,继续选择所需字段,这里分别选择"课程编号"字段和"课程名称"字段,再在"表/查询"下拉列表框中选择"成绩 i"表,继续选择所需字段,这里分别选择"平时成绩"字段和"考试成绩"字段。

(5) 单击"下一步"按钮,屏幕显示"窗体向导"之确定查看方式对话框,如图 5-20 所示。在此对话框中,请确定查看数据的方式,由于学生表与成绩表具有一对多的关系,课程表与成绩表也具有一对多的关系,故所创建窗体属于带有子窗体的窗体,这里要么

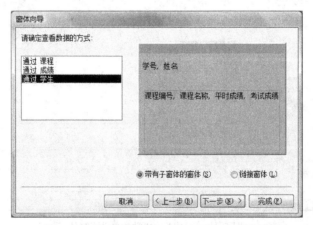

图 5-20　"窗体向导"之确定查看方式对话框

选择"通过学生"查看数据，即学生表的内容显示在主窗体中，其他数据显示在子窗体中，要么选择"通过课程"查看数据，即课程表的内容显示在主窗体中，其他数据显示在子窗体中。

（6）单击"下一步"按钮，屏幕显示"窗体向导"之确定子窗体布局对话框，如图 5-21 所示。请确定子窗体使用的布局，选择"数据表"单选按钮，这时在左边可以看到所建窗体的布局。

图 5-21 "窗体向导"之确定子窗体布局对话框

（7）单击"下一步"按钮，屏幕显示"窗体向导"之为窗体指定标题对话框，如图 5-22 所示。在"请为窗体指定标题"窗体文本框中输入"学生信息"，子窗体文本框中输入"成绩子窗体"。如果想在完成窗体的创建后，打开窗体并查看或输入数据，选中"打开窗体查看或输入信息"单选按钮；如果要调整窗体的设计，则选中"修改窗体设计"选项。这里选择"打开窗体查看或输入信息"单选按钮。

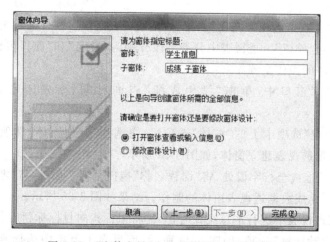

图 5-22 "窗体向导"之为窗体指定标题对话框

(8) 单击"完成"按钮，创建的窗体显示在屏幕上，结果如图5-23所示。

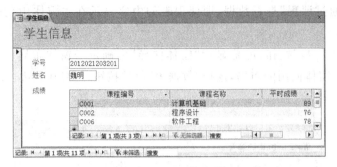

图5-23 完成后的"学生信息"窗体

5.2.4 创建数据透视表/图窗体

数据透视表是一种交互式的表格，可以进行某些计算，如求和与计数等。所进行的计算与数据在数据透视表中的排列有关。例如，可以水平或者垂直显示字段值，然后计算每一行或列的合计；也可以将字段值作为行号或列标，在每个行列交汇处计算出各自的数量，然后计算小计和总计。

例如，如果要按季度来分析每个雇员的销售业绩，可以将雇员名称作为列标放在数据透视表的顶端，将季度名称作为行号放在数据透视表的左侧，然后对每一个雇员计算以季度分类的销售数量，放在每个行和列的交汇处。之所以称之为数据透视表，是因为可以动态地改变其版面布局，以便按照不同方式分析数据，也可重新安排行号、列标和页字段。每一次改变版面布局时，数据透视表会立即按照新的布局重新计算数据。另外，如果原始数据发生更改，数据透视表则可以随之更新。在Access中可以用"数据透视表向导"来创建数据透视表。这种向导用Excel创建数据透视表，再用Microsoft Access创建内嵌数据透视表的窗体。

例5.4 使用"数据透视表向导"创建"数据透视表窗体"，窗体名称为"数据透视表窗体"，数据源为"学生成绩"。透视表中分类字段分别为"姓名"和"课程名称"，汇总字段为"考试成绩"。具体的操作步骤如下：

(1) 在数据库窗口中，单击"学生成绩"查询对象（事先已建立好，方法请参见3.2.2)节。

(2) 选择"创建"选项卡上的"窗体"选项组，再选择"其他窗体"选项中的"数据透视表"选项，进入数据透视表建立窗体，如图5-24所示。

(3) 将"姓名"拖拽至行字段处，将"课程名称"拖拽至列字段处，将"考试成绩"拖拽至汇总字段处，即可完成数据透视表窗体的制作。结果如图5-25所示。

若要在数据透视表中进行汇总统计时，只需将鼠标指向目标标题后右击，在弹出的快捷菜单中选择"自动计算"选项，如图5-26所示，而后在子菜单中选择所需的计算命令。这里选择"姓名"字段，右击，在弹出的快捷菜单中选择"自动计算"中的"计数"选项后，结果如图5-27所示。

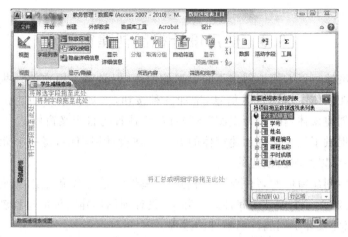

图 5-24　数据透视表建立窗体结构图

图 5-25　完成后的数据透视表"学生"窗体

图 5-26　自动计算下的各种
计算选项

图 5-27　数据透视表汇总统计后的结果

5.3 使用设计视图创建窗体

利用向导虽然可以方便地创建不同类型的窗体,但是对于用户的一些特殊要求却无法实现,例如,在窗体中增加说明信息,增加各种按钮,实现检索等功能。这时需要通过"设计视图"来创建窗体,在"设计视图"下设计的窗体称为自定义窗体。

设计视图提供了最灵活的创建窗体的方法。在设计视图中,每一个元素都可以自己创建和修改,还可以修改已创建的窗体。

在利用向导创建窗体时,每个控件的类型和属性都是由系统决定的,而在"设计视图"中,需要用户自定义每个控件的属性。实际上,设计视图创建窗体的过程就是选择不同的控件,为每个控件设计不同属性和事件的过程。

5.3.1 用设计视图创建窗体的一般过程

用设计视图可以创建任意样式的窗体,不同窗体包含对象不同,创建过程也有所不同,但步骤和顺序大致相同,下面介绍在设计视图中创建窗体的一般步骤。

1. 打开窗体设计视图

单击"创建"选项卡中的"窗体"选项组,选择"窗体设计"选项,就会进入窗体设计视图,如图 5-28 所示。

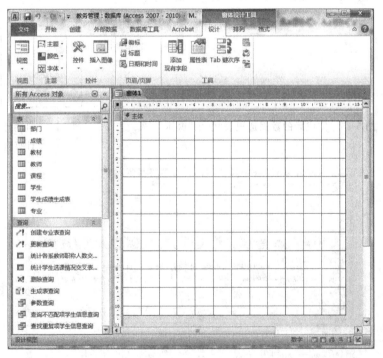

图 5-28　窗体设计视图界面

当打开窗体设计视图后,在系统菜单上会出现 3 个窗体设计工具的选项卡,即"设计"、"排列"和"格式"选项卡,分别如图 5-29~图 5-31 所示,用户可以利用"设计"、"排列"和"格式"选项卡创建和修改窗体。

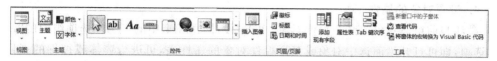

图 5-29 "设计"选项卡

图 5-30 "排列"选项卡

图 5-31 "格式"选项卡

2. 确定窗体数据源

在窗体设计视图下,单击"设计"选项卡中的"工具"选项组内的"添加现有字段"选项,即可打开当前数据库的所有数据表字段列表,如图 5-32 所示,可以通过指定字段列表中的字段来确定窗体设计视图的数据源。

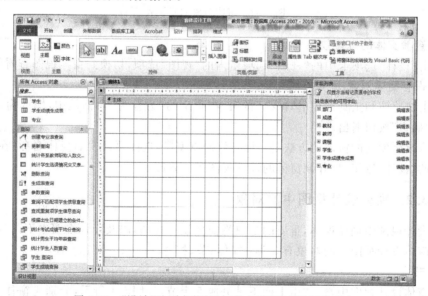

图 5-32 "设计"选项卡的"添加现有字段"项及字段列表

3. 在窗体上添加控件

经常用两种方法添加控件:

- 从数据源的字段列表中选择所需要的字段拖放到窗体上,Access 会根据字段的类型自动生成相应的控件,并在控件和字段之间建立关联。

- 从工具箱中选择需要的控件添加到窗体上。

4. 设置对象的属性

激活当前窗体对象或某个控件对象,单击"设计"选项卡中的"工具"选项组内的"属性表"选项,即可打开当前选中对象或某个控件对象的属性表,可进行窗体或控件的属性设置,如图 5-33 所示。

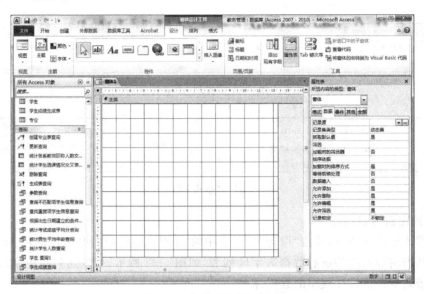

图 5-33　窗体对象的属性表

5. 查看窗体的设置效果

单击"设计"选项卡中的"视图"选项组内的"视图"选项,切换到窗体视图查看效果。

6. 保存窗体对象

单击快速访问工具栏中的"保存"按钮,在弹出的"另存为"对话框中,输入窗体名称,并单击"确定"按钮退出。

要修改已创建的窗体的方法是:打开数据库窗口,选择要修改的窗体名称,在单击窗口上方的"设计"按钮,打开该窗体的设计视图进行修改。

5.3.2　窗体设计视图中的对象

在设计视图中创建窗体,重要的是熟悉窗体设计视图,以及设计视图中不同的操作对象。在窗体设计视图中的对象有 3 类:窗体、节、控件。

1. 节

在窗体设计视图中,窗体由上而下被分成 5 个节,如图 5-1 所示,分别是窗体页眉、页面页眉、主体、页面页脚、窗体页脚。其中,页面页眉和页面页脚中的内容在打印时才会显示。

(1) 主体:数据记录的存放区。窗体里都必须有一个主体节,用来显示表(查询)中的字段、记录等信息;其他相关控件的设置,通常也在此区域内完成。在刚进入窗体设计视图窗口后系统默认情况只显示"主体"节。

（2）窗体页眉：位于设计窗口的最上方，常用来显示窗体的名称、提示信息或放置命令按钮，拖动窗口时，此区域的内容并不会跟着卷动，但在打印时会打印在第一页。若要显示或使用"窗体页眉/页脚"节，则在"主体"节空白位置处单击鼠标右键，在打开的快捷菜单中选择"窗体页眉/页脚"命令，即可在窗体设计视图中显示"窗体页眉/页脚"节。

（3）页面页眉：页面页眉的内容在打印时才会出现，而且会打印在每一页的顶端，用来显示每一页的标题、字段名等信息。若要显示或使用"页面页眉/页脚"节，则在"主体"节空白位置处单击鼠标右键，在打开的快捷菜单中选择"页面页眉/页脚"命令，即可在窗体设计视图中显示"页面页眉/页脚"节。

（4）页面页脚：和"页面页眉"前后相对，在打印时出现在每一页的底端。通常用来显示页码、日期等信息。

（5）窗体页脚：与窗体页眉相对应，由于位于窗体的最底端，因而适合用来汇总主体节的数字型数据，例如"销售额"等。也可以和窗体页眉一样，放置命令按钮或提示信息等。

每节包含节栏和节背景两部分，节栏的左端显示了节的标题和一个向下箭头，表示下方为该节栏的背景区。

2. 窗体和节的选择与操作

窗体和节各有自己的选定器。当要对具体某部分进行操作时，单击该部分的选定器即可。此外选定器的操作还可以涉及到调整节、查看属性表等，如表 5-1 所示。

表 5-1　窗体和节的选择与操作

选择与操作	窗　　体	节
选定器的位置	在水平标尺与垂直标尺交叉处	在节栏左侧垂直标尺上
选择窗体或节	单击窗体选定器或窗体背景区外部（深灰色区域）	单击节选定器或节栏或节背景区中未设置控件的部分
调整节的高度与宽度	拖动节的下边缘调整节高，拖动节的右边缘调整节宽，拖动节的右下角调整节高和节宽	
显示属性表	双击窗体或节的选定器，若属性表已显示，只要选择窗体或节均会切换到相应的属性表	

3. 控件

控件是窗体上用于显示数据、执行操作、装饰窗体的图形化对象。在窗体中添加的每一个对象都是控件，例如：文本框、复选框、命令按钮或矩形等。控件的类型可以分为结合型控件、非结合型控件和计算型控件。

（1）结合型控件：该类控件与表或查询中的某个字段向关联，主要用于显示、输入、更新数据表中的字段值。向窗体中添加结合型控件的方法很简单，只要在"字段列表"中单击选中某个字段后，拖动到窗体的合适位置即可。

（2）非结合型控件：该类控件没有数据来源，可以用来显示各类信息、线条、矩形或图像。向窗体中添加非结合型控件时，可在"控件"选项组中单击选择相应的控件，然后在窗体的合适位置处单击即可。

（3）计算型控件：该类控件用表达式作为数据源，表达式可以利用窗体或报表所引用的表或查询字段值的数据，也可以是窗体或报表上的其他控件中的数据。

5.3.3 控件的使用及布局

1.“控件”选项组的使用

Access 在“设计”选项卡中提供了一个“控件”选项组，如图 5-34 所示，创建窗体所使用的控件都包含在控件组中。

如果要重复单击控件组中的某个控件按钮，比如要添加多个标签到窗体中，就可以将标签按钮锁定。控件按钮被锁定后，就不必每次执行重复操作时单击该按钮了。

锁定控件的方法是：双击要锁定的按钮。如果要解锁，则按 Esc 键即可。

图 5-34 “控件”选项组中各个控件选项

“控件”选项组是进行窗体设计的重要工具，各控件按钮的名称如表 5-2 所示。

表 5-2 控件按钮名称

控 件 按 钮	名　称	控 件 按 钮	名　称
	选择对象		图像
使用控件向导(W)	控件向导		非邦定对象
Aa	标签	XYZ	邦定对象
ab	文本框		分页符
XYZ	选项组		选项卡控件
	切换按钮		子窗体/子报表
	选项按钮		直线
	复选框		矩形
	组合框		列表框
xxxx	命令按钮		插入图表按钮
	插入超链接按钮		附件按钮
	Web 浏览器		导航

现对主要控件按钮的功能说明如下。

(1) 选择对象：用于选取窗体、窗体中的节或窗体中的控件。单击该按钮可以释放前面锁定的控件。

(2) 控件向导：用于打开或关闭"控件向导"。使用控件向导可以创建列表框、组合框、选项组、命令按钮、图表、子窗体或子报表等控件。要使用向导来创建这些控件，必须锁定"控件向导"按钮。

(3) 标签：用于显示说明文本的控件，例如，窗体上的标题或指示性文字。

(4) 文本框：用于显示、输入或编辑窗体数据源的数据，显示计算结果，或接收用户输入的数据。

(5) 选项组：选项组与复选框、选项按钮或切换按钮搭配使用，可以显示一组可选值。

(6) 切换按钮：切换按钮是与"是/否"型数据相结合的控件，或用来接收用户在自定义对话框中输入数据的非结合控件，或者是选项组的一部分。按下切换按钮其值为"是"，否则其值为"否"。

(7) 选项按钮：选项按钮是可以代表"是/否"值的小圆形，选中时圆形内有一个小黑点，代表"是"。未选中代表"否"。

(8) 复选框：复选框是代表"是/否"值的小方框，选中方框时代表"是"，未选中时代表"否"。

(9) 组合框：该控件组合了列表框和文本框的特性，既可以在文本框中输入文字，也可以在列表框中选择数据项，然后将值添加到相关字段中。

(10) 列表框：列表框中包含了可供选择的数据列表项，和组合框不同的是，用户只能从列表框中选择数据作为输入，而不能输入列表项以外的其他值。

(11) 命令按钮：用于完成各种操作，这些操作是通过设置该控件的事件属性实现的。例如：查找记录、打印记录等。

(12) 图像：用于在窗体中显示静态图片，美化窗体。由于静态图片并非 OLE 对象，所以一旦将图片添加到窗体或报表中，便不能在 Access 内进行图片编辑。

(13) 非绑定对象框：用于在窗体中显示非结合型 OLE 对象，例如 Excel 电子表格。当在记录间移动时，该对象将保持不变。

(14) 绑定对象框：用于在窗体或报表上显示结合型 OLE 对象，这些对象与数据源的字段有关。在窗体中显示不同记录时，绑定对象框内将显示不同的内容。

(15) 分页符：分页符控件在创建多页窗体时用来指定分页位置。

(16) 选项卡控件：用于创建多页选项卡窗体或选项卡对话框，可以在选项卡控件上复制或添加其他控件。

(17) 子窗体/子报表：用于显示来自多个表的数据。

(18) 直线：用于在窗体中隔离对象。

(19) 矩形：在窗体中绘制矩形，将相关的数据组织在一起，突出某些数据的显示效果。

(20) 超链接：用于实现超级链接的各种功能。该控件还可以设置静态控件的任何类型,比如位图、图标等。

(21) 图表:可以使用图表控件来嵌入所需的图表,该图表用来显示窗体或报表中的数据。

(22) 附件:要对附件数据类型的内容字段进行操作时,可使用附件控件。

(23) Web 浏览器:可以在窗体上显示网页。动态确定哪一页将显示在数据库中,也可以将其链接到字段或控件中。

(24) 导航:导航控件可以创建导航窗体。导航窗体是只包含一个导航控件的窗体。创建导航窗体是特别重要的,如果用户打算将数据库发布到网站上,就需要创建导航窗体,因为访问导航窗体中的数据是不需要在浏览器中显示的。

(25) ActiveX 控件:直接利用系统中的 ActiveX 控件中的各种控件并将其与相关数据绑定,就会使这些操作变得比较简单、直观,还可以减少误操作,使操作与视觉界面更加人性化。

2. 控件的布局

在窗体设计过程中,经常要在窗体上添加控件或删除控件,从而改变控件的布局效果。在这种情况下可能需要调整控件的大小、间距以及对齐方式等。为此必须掌握调整控件布局的基本操作,包括调整控件的位置、大小、调整控件之间的间隔和对齐方式、更改控件的字体和颜色以及设置控件的边框和特殊效果等。

1) 控件的选择

在"设计"视图中设置控件的格式和属性时,首先应选择这些控件。

若要选择一个单一的控件,只要单击该控件即可,如图 5-35 所示。

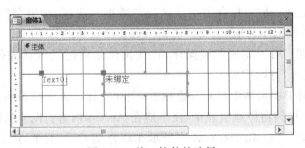

图 5-35 单一控件的选择

若要选择多个分散的控件,请在按住 Shift 键的同时单击要选择的各个控件;若要选多个相邻的控件,可按住鼠标左键在窗体上拖拽一个矩形选择框,以将这些控件包围起来。

若要选择当前窗体中的全部控件,请按 Ctrl+A 键,也可按住鼠标左键在窗体上拖拽一个矩形选择框,以将这些控件全部包围起来。当选择了某控件后,该控件的显示状态将发生变化,在其边框上将出现一些黄色的方块,其中较大的一个方块是移动控制柄,其他一些方块是尺寸控制柄。

2) 控件的移动

若要同时移动控件及其附加标签,请用鼠标指针指向控件或其附加标签(不是移动控制柄),当鼠标指针变成双十字状,将控件及其附加标签拖拽到新的位置上。

若要分别移动控件及其标签,请用鼠标指针指向控件或其标签左上角的移动控制柄上,当鼠标指针变成双十字状,将控件或标签拖到新的位置上。

3)调整控件大小

用鼠标指针指向控件的一个尺寸控制柄,当鼠标指针变成双向箭头时,拖动尺寸控制柄以调整控件的大小。如果选择了多个控件,则所有控件的大小都会随着一个控件的大小变化而变化。

若要通过调整所选控件的大小,并且正好容纳其内容,则应先选定该控件,然后在“排列”选项卡中选择“调整大小和排序”选项组内的“大小/空格”选项,而后单击“正好容纳”选项即可。

若要统一调整多个控件的相对大小,则应选定要调整大小的那些控件,然后在“排列”选项卡中选择“调整大小和排序”选项组内的“大小/空格”选项内的下列选项之一:

- 至最高——将选定控件调整为与最高的选定控件高度相同。
- 至最短——将选定控件调整为与最短的选定控件高度相同。
- 至最宽——将选定控件调整为与最宽的选定控件宽度相同。
- 至最窄——将选定控件调整为与最窄的选定控件宽度相同。

4)调整控件间的间距

除了通过移动控件来调整控件之间的间距以外,也可以用相关选项来平均分布控件或改变控件之间的间距。

要调整多个控件之间的间距,使用相关选项可以达到这个目的。在窗体上选定要调整间距的多个控件,至少要选择3个控件。对于带有附加标签的控件,应当选择控件,而不要选择其标签。然后在“排列”选项卡中选择“调整大小和排序”选项组内的“大小/空格”选项内的“水平相等”、“水平增加”、“水平减少”等选项可调整其水平位置间的距离,对于控件垂直间距可参照水平位置间的距离的调整方法即可。

控制控件之间的对齐,有两种方法:使用网格对齐和按照指定方式对齐。

使用网格对齐可在“排列”选项卡中选择“调整大小和排序”选项组内的“对齐”选项,然后选择“对齐网格”选项,按照指定方式对齐可在“对齐”选项中选择下列对齐方式之一:

- 靠左——将选定控件的左边缘与选取范围中最左边的控件的左边缘对齐。
- 靠右——将选定控件的右边缘与选取范围中最右边的控件的右边缘对齐。
- 靠上——将选定控件的顶部与选取范围中最上方控件的顶部对齐。
- 靠下——将选定控件的底端与选取范围中最下方控件的底端对齐。

5)删除控件

删除控件可在窗体上选择要删除的一个或多个控件,按 Delete 键即可。

6)复制控件

复制控件可在窗体上选择要复制的一个或多个控件,使用 Ctrl＋C 快捷键,然后确定要复制到的目标位置,使用 Ctrl＋V 快捷键即可完成复制操作。

5.3.4　对象的属性

在 Access 中,窗体和窗体中的控件都有各自的属性。属性决定了控件及窗体的结构和外观,包括它所包含的文本或数据的特性。使用"属性表"对话框可以设置属性,在选定窗体、节或控件后,单击"设计"选项卡中的"工具"选项组内的"属性表"选项,可以打开选中对象或控件的"属性表",如图 5-36 所示,该图显示的是"学生情况"窗体中"学号"文本框的属性表。

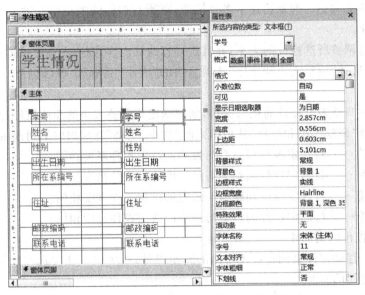

图 5-36 "学生情况"窗体"学号"文本框的属性表

下面简单介绍一些常用的属性。

1. 常用的格式属性

格式属性主要是针对窗体的显示格式和控件的外观而设置的。

1) 在控件中常用的"格式"属性

- "标题"属性:用于在控件中显示文字信息。
- "宽度"、"高度"、"上边距"、"左边距"等属性用来控制控件外观大小及其中文字的具体位置。
- "字体名称"、"字体大小"、"字体粗细"、"倾斜字体"等属性设置窗体和控件中文本的字体显示效果。
- 特殊效果属性:用于设定控件的显示效果,如"平面"、"凸起"、"凹陷"、"蚀刻"、"阴影"、"凿痕"等。

2) 在窗体中常用的"格式"属性

- 标题属性:用于在窗体标题栏上显示的文本信息。
- 默认视图属性:决定了窗体的显示形式,该属性值有"连续窗体"、"单一窗体"、"数据表"3 个选项。
- 滚动条属性:决定了窗体显示时是否有窗体滚动条,该属性值有"两者均无"、"水平"、"垂直"和"水平和垂直"4 个选项。
- 记录选择器属性:有"是"和"否"两个选项。它决定窗体显示时是否有记录选择器,即在数据表最左端是否有标志块。

- 导航按钮属性:有"是"和"否"两个选项。它决定窗体运行时是否有导航按钮,即数据表最下端是否有导航按钮组。
- 分隔线属性:有"是"和"否"两个选项。它决定窗体显示时是否显示窗体各节间的分隔线。
- 自动居中属性:有"是"和"否"两个选项。它决定窗体显示时是否自动居于桌面中间。
- 最大/最小化按钮属性:决定是否使用 Windows 标准的最大化和最小化按钮。

2. 常用的数据属性

"数据"属性决定了控件或窗体中的数据来源,以及操作数据的规则,如图 5-37 所示。

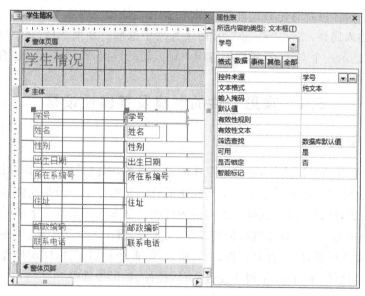

图 5-37 "数据"属性表

1) 在控件中常用的数据属性

- 控件来源属性:告诉系统如何检索或保存在窗体中要显示的数据。如果控件来源中包含一个字段名,那么在控件中显示的就是数据表中该字段的字段值,对窗体中的数据所进行的任何修改都将被写入该字段中。如果设置该属性值为空,除非编写了一个程序,否则在窗体控件中显示的数据 5 年将不会被写入到数据表的字段中;如果该属性含有一个计算表达式,那么这个控件会显示计算的结果。
- 输入掩码属性:用于设定控件的输入格式,仅对文本型或日期型数据有效。
- 默认值属性:用于设定一个计算型控件或非结合型控件的初始值,可以使用表达式生成器向导来确定默认值。
- 有效性规则属性:用于设定在控件中输入数据的合法性检查表达式,可以使用表达式生成器向导来建立合法性检查表达式。
- 是否锁定属性:用于指定该控件是否允许在"窗体"运行视图中接收编辑控件中显示数据的操作。

- 是否有效属性：用于决定鼠标是否能够单击该控件。如果设置该属性为"否"，那么这个控件虽然一直在"窗体"视图中显示，但不能用 Tab 键选中它或使用鼠标单击它，同时在窗体中该控件显示为灰色。

2) 在窗体中常用的数据属性
- 记录源属性：一般是当前数据库中的一个数据表对象名或查询对象名，它指明了该窗体的数据源。
- 排序依据属性：是一个字符串表达式，由字段名或字段名表达式组成，指定排序的规则。
- "允许编辑"、"允许添加"、"允许删除"属性：需在"是"或"否"两个选项中选取，它决定了窗体运行时是否允许对数据进行编辑、添加或删除等操作。
- 数据输入属性：需在"是"或"否"两个选项中选取。如果选择"是"，则在窗体打开时，只显示一个空记录，然后等待用户输入新的数据，否则将显示已有记录。

5.4 常见控件的创建及其属性设置

5.4.1 引例

在学会了设计窗体的方法，熟悉了窗体的设计视图，明白了控件在窗体设计视图中的重要性之后，就可以开始着手建立一个个性化的自定义窗体了。但是控件非常丰富，使用方法也非常灵活，什么情况下选择什么样的控件呢？下面先来学习一下不同控件的作用、使用方法及其相关属性。具体包括标签控件、文本框控件、选项组控件、切换按钮控件、选项按钮控件、复选框控件、组合框控件、列表框控件、命令按钮控件、图像控件、非绑定对象控件、绑定对象控件、子窗体/子报表控件、直线控件、矩形控件等。

5.4.2 标签控件

标签用于在窗体和报表上显示说明性文字，如标题或使用说明等信息。标签总是未绑定的，它不显示字段或表达式的值，在不同记录之间移动时，标签的内容保持不变。

标签可以是独立的，也可以附加到其他控件上。例如，在窗体的"设计"视图中，从字段列表中将字段拖拽到窗体上时，将创建一个绑定的文本框，同时也会自动地创建一个附加的标签，文本框用于显示窗体来源表中的字段值，而附加的标签则用于显示字段标题。

1. 创建独立的标签

独立的标签就是不附加到其他控件上的标签，它可以使用"控件"选项组中的"标签"选项 Aa 来创建，具体的操作步骤如下：

(1) 在"设计"视图中打开已有窗体或创建一个新窗体。

(2) 在"设计"选项卡上的"控件"选项组中单击"标签"选项。

(3) 在窗体上单击要放置标签的位置，然后输入文本内容，如图 5-38 所示。

(4) 若要使标签中显示多于一行的文本，则应在输入结束以后重新调整标签的尺寸，或者在第一行文本的结尾处按 Ctrl＋Enter 键，以插入一个回车符。此后，输入文本时将

图 5-38　创建的独立标签

自动换行。标签的最大宽度取决于第一行文本的长度。

（5）按 Enter 键,以结束文本输入。

2. 将标签附加到其他控件上

在设计窗体时,可以将标签附加到文本框或其他控件上。具体的操作步骤如下:

（1）在"设计"视图中,打开相应的窗体。

（2）在窗体上单击要附加到其他控件上的标签以选定它,然后从"开始"选项卡上的"剪贴板"选项组中选择"剪切"选项,或者使用快捷键 Ctrl+x。

（3）在窗体上单击要附加标签的那个控件(如文本框等),然后从"开始"选项卡上的"剪贴板"选项组中选择"粘贴"选项,或者使用快捷键 Ctrl+v。此时,附加有标签的控件的左上角将出现一个棕色控点方块,表明附加成功。

5.4.3　文本框控件

文本框在窗体和报表上提供一个位置,用于输入或查看文本的信息。在其他应用程序中,文本框有时称为编辑域。文本框可以是绑定的,也可以是未绑定的。绑定文本框用于显示来自数据源中的数据,并与某个字段绑定在一起;未绑定文本框用于接受用户输入或显示计算的结果。

1. 创建绑定文本框

若要在窗体上显示或编辑数据,通常要将文本框绑定在窗体来源表中的某个字段上,这样的文本框就是绑定文本框。创建绑定文本框的具体操作步骤如下:

（1）在"设计视图"中打开相应的窗体。

（2）如尚未指定窗体的记录源,则选择"设计"选项卡上的"工具"选项组中的"添加现有字段"选项,如图 5-39 所示。

图 5-39　"工具"选项组中的"添加现有字段"按钮

（3）窗体设计视图就会显示当前数据库的所有数据表和查询目录，如图 5-40 所示。

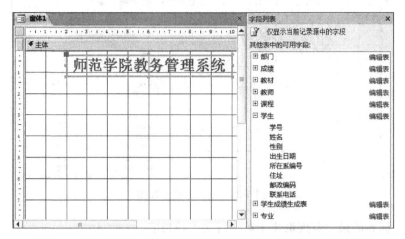

图 5-40　设计视图界面显示的当前数据库的所有数据表和查询列表

（4）在字段列表中选择一个或多个字段，然后将它们拖拽到窗体上。此时，Access 将为所选择的每个字段创建一个文本框（对于查阅字段可能会放置一个组合框），并为每个文本框创建一个附加标签。文本框绑定在窗体来源表的字段上，相应的附加标签显示该字段的名称或标题，如图 5-41 所示。

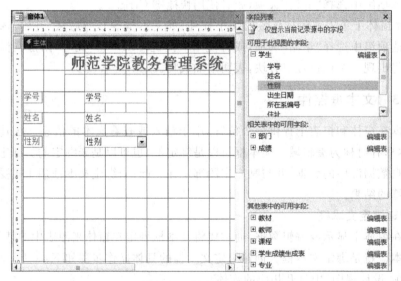

图 5-41　创建的文本框

（5）从"设计"选项卡上的"视图"选项组中选择"窗体视图"选项，通过绑定文本框查看或编辑表中数据。

2. 创建未绑定文本框

未绑定文本框控件可以使用"控件"选项组中的文本框选项 ab| 来创建。具体的操作步骤如下：

（1）在"设计"视图中打开相关的窗体。

（2）若想使用控件向导来创建未绑定文本框，以设置该文本框的字体、字号、字形、文本对齐方式以及特殊效果等，请确认"设计"选项卡上的"控件"选项组中的"控件向导"选项已处于凹陷状态，即锁定状态。

（3）在"设计"选项卡上的"控件"选项组中单击"文本框"选项ab|。

（4）在窗体上单击希望放置文本框控件左上角的位置，创建一个默认大小的文本框控件。并激活"控件向导"，如图5-42所示。

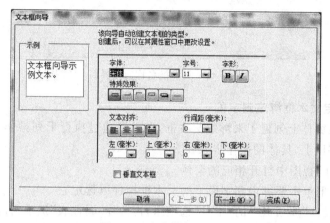

图5-42　文本框控件向导

这时输入具体参数，确定文本框外观。

（5）单击"下一步"按钮，进入文本框输入法向导界面，如图5-43所示。

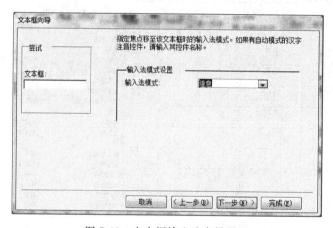

图5-43　文本框输入法向导界面

（6）确定输入法模式后单击"下一步"按钮，进入文本框名称向导界面，请确定文本框名称，如图5-44所示。

文本框名称在以后制定文本框属性时，很重要。然后，单击"完成"按钮即可建立一个未绑定文本框。

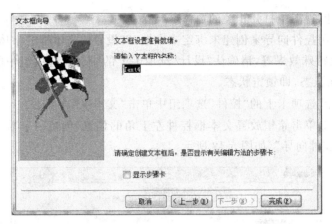

图 5-44　文本框名称向导界面

3. 将未绑定文本框绑定到字段

如果已经在窗体上创建了未绑定文本框,也可以通过执行下列操作步骤将其绑定到窗体来源表的字段上,具体的操作步骤如下:

(1) 在"设计"视图中打开相应的窗体。

(2) 在窗体上单击要绑定到字段上的文本框控件以选定它。

(3) 选择"设计"选项卡上的"工具"选项组,再选择"属性表"选项,打开该文本框的属性列表,如图 5-45 所示。

图 5-45　未绑定文本框属性列表

(4) 在文本框属性对话框中选择"数据"选项卡,然后在"控件来源"属性框中选择或输入要绑定的字段名称即可,如图 5-46 所示。值得注意的是窗体中没有"考试成绩"字段,而在"控件来源"列表框中却有是怎么回事? 那是由于事先作者在窗体中添加了一个"考试成绩"字段的文本框,而后又将其删掉了的原因。其后还有一些控件在绑定控件来源时需要如此操作,请用户格外注意。

图 5-46   "数据"选项卡"控件来源"属性框绑定的"考试成绩"字段

4. 创建计算型文本框

文本框常用于显示计算的结果,这种文本框也称为计算型文本框。

例 5.5   现要在窗体上添加一个计算型文本框,用来计算每个学生的考试成绩的平均分,创建这种计算型文本框的具体操作步骤如下:

(1) 在"设计"视图中打开相应的窗体(如图 5-46 所示)。

(2) 在"设计"选项卡上的"控件"选项组中单击"文本框"控件按钮,单击希望放置文本框左上角的位置,完成未绑定文本框的创建。

(3) 选中该文本框,打开属性表。然后在文本框"属性"对话框中选择"数据"选项卡,并在"控件来源"属性框中输入所需要的表达式"=avg([考试成绩])",如图 5-47 所示。

图 5-47   窗体中"平均考试成绩"控件的设置图

在创建窗体的过程中,如果有一个包含子窗体的主窗体,该子窗体包含计算型文本框(如总价格、平均价格),而希望其结果显示在主窗体上或者有一个包含命令按钮的窗体,该命令按钮用于打开第二个窗体,而希望第二个窗体上的文本框中显示第一个窗体上的控件的值的时候,则应使用以下语句设置"控件来源":"=［窗体名称］.Form!［控件名称］"。

其中窗体名称是要显示其值的控件所在的窗体的名称,控件名称是具体控件的名称。

(4) 从"设计"选项卡上的"视图"选项组中选择"窗体视图"选项,对计算型文本框进行测试,如图5-48所示。

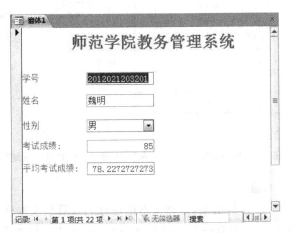

图 5-48　窗体中计算型文本框的结果

5.4.4　组合框和列表框控件

1. 列表框控件

列表框控件中包含一个列表和一个附加标签,列表中给出一系列可供选择的选顶,标签则用于描述这些选项。列表框与下拉式菜单相似,所不同的是列表框总是处于打开状态,可以从中选择所需要的选项。如果要在列表框中显示更多的选项,则会自动出现一个垂直滚动条。列表框分为绑定的和未绑定的两种。

例5.6　在"设计"视图中创建一个窗体,用于浏览和编辑学生成绩,要求使用列表框来显示课程编号、课程名称。具体的操作步骤如下:

(1) 在"设计"视图中打开相应的窗体(如图5-46所示)。

(2) 在"设计"选项卡上的"控件"选项组中单击"列表框"选项▣。

(3) 在窗体上单击希望放置列表框控件左上角的位置,创建一个默认大小的列表框控件。并激活"控件向导"。

(4) 当出现如图5-49所示的"列表框向导"之确定列表框获值对话框时,确定列表框获取数值的方式。

若要创建绑定列表框,则应当选择"使用列表框查阅表或查询中的值"单选按钮;若要创建未绑定列表框,则应选择"自行键入所需的值"单选按钮。在本例中,选择"使用列表框查阅表或查询中的值"单选按钮,然后单击"下一步"按钮。

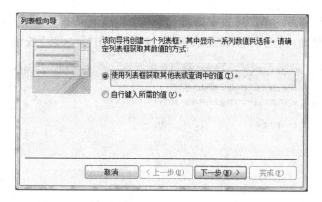

图 5-49 "列表框向导"之确定列表框获值对话框

（5）在如图 5-50 所示的"列表框向导"之选择数据源对话框中，在"选择为列表框提供数值的表或查询"列表中选择"查询：学生成绩"选项，单击"下一步"按钮。

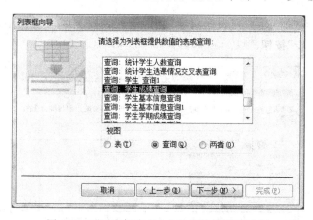

图 5-50 "列表框向导"之选择数据源对话框

（6）在如图 5-51 所示的"列表框向导"之确定列表框包含的字段对话框中，在确定哪些字段中含有准备包含到列表框中的数值时，选择"课程编号"和"课程名称"，如图 5-51 所示，单击"下一步"按钮。

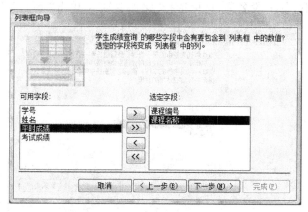

图 5-51 "列表框向导"之确定列表框包含的字段对话框

（7）在如图 5-52 所示的"列表框向导"之确定排序对话框中,确定是否需要排序,若需要选择相关字段即可,这里选择"课程编号"字段,单击"下一步"按钮。

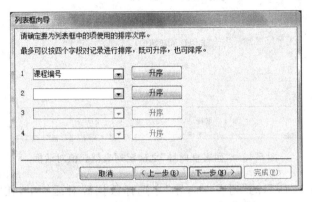

图 5-52　"列表框向导"之确定排序对话框

（8）在如图 5-53 所示的"列表框向导"之指定列表框宽度对话框中,指定列表框中列的宽度,单击"下一步"按钮。

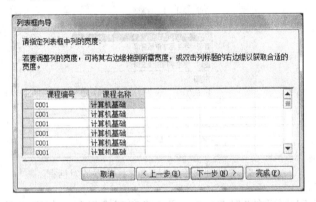

图 5-53　"列表框向导"之指定列表框宽度对话框

（9）在如图 5-54 所示的"列表框向导"之选择唯一标识该行的字段对话框中,确定列表框中唯一标识该行的字段名称,这里选择"课程编号",单击"下一步"按钮。

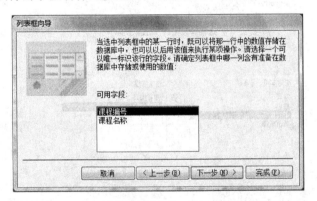

图 5-54　"列表框向导"之选择唯一标识该行的字段对话框

（10）在如图5-55所示的"列表框向导"之将数据保存在指定字段对话框中，选择"将该数值保存在这个字段中"单选按钮，并选择"课程编号"字段，单击"下一步"按钮。

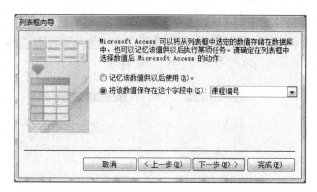

图5-55　"列表框向导"之将数据保存在指定字段对话框

（11）在如图5-56所示的"列表框向导"之为列表框指定标签对话框中，选择"请为列表框指定标签："内容为"课程"，单击"完成"按钮。

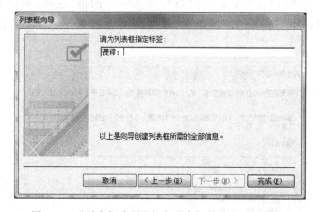

图5-56　"列表框向导"之为列表框指定标签对话框

（12）列表框制作完成，如图5-57所示。

图5-57　列表框制作完成

(13) 从"设计"选项卡上的"视图"选项组中选择"窗体视图"选项,以测试窗体的运行结果。"课程"列表框的当前选项用反显表示,在不同记录之间移动时该选项也随之发生变化,如图 5-58 所示。

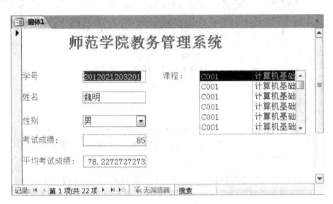

图 5-58　在"窗体视图"中测试列表框结果

另外,如果从例第(4)步开始,选择"自行键入所需的值"选项,则会有"确定在列表框中显示那些值"对话框,把"列数"值改为 2,并填写课程编号、课程名称等相关信息,如图 5-59 所示。

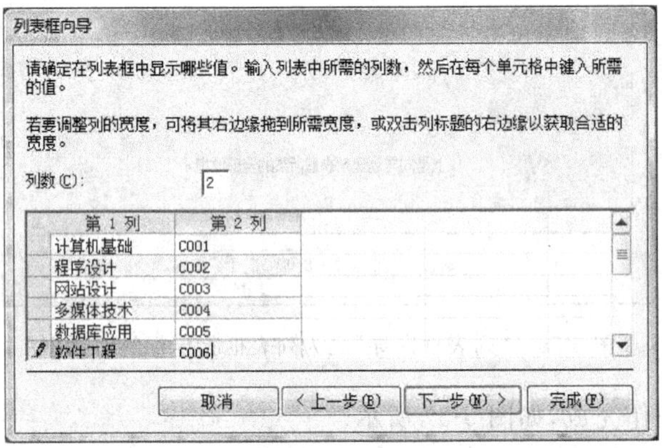

图 5-59　改变"列数"值的"列表框向导"对话框

单击"下一步"按钮,并指定第二列为可用字段,如图 5-60 所示。

在接下来的选择"将该值保存在这个字段中"选项对话框中,并选择"课程编号"字段(以下步骤略),即可出现另一种形式的列表框,如图 5-61 所示。

可在图 5-58 和图 5-61 之间进行列表框外形的比较,并在实际使用中加以选择。

2. 组合框控件

如果窗体没有足够的空间来显示列表框,就要使用组合框来代替列表框。组合框是列表框和文本框的组合。在一个组合框中可以输入一个值,或单击右侧下拉按钮并在下拉列表框中选择一项。根据获取数值的方式,组合框可以分为绑定的和未绑定的两种类型。如果一个组合框已绑定到某个字段上,在组合框输入或选择一个值时,则该值将保存

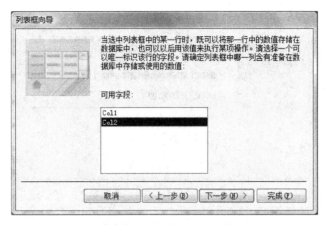

图 5-60　指定可用字段

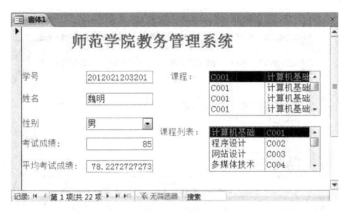

图 5-61　另一种形式的列表框

到所绑定的字段中。

例 5.7　把例 5.6 所做的"课程列表"列表框控件改变成用组合框控件来完成。具体的操作步骤如下：

（1）在"设计"视图中打开相应的窗体，如图 5-46 所示。

（2）在"设计"选项卡上的"控件"选项组中单击"组合框"选项 ██。

（3）在窗体上单击希望放置组合控件左上角的位置，创建一个默认大小的组合框控件。并激活"控件向导"。

（4）在出现如图 5-62 所示"组合框向导"之确定组合框获值对话框时，确定组合框获取数值的方式，这里选择"自行键入所需的值"单选按钮，单击"下一步"按钮。

（5）在如图 5-63 所示"组合框向导"之确定组合框中的值并确定列数对话框中，把"列数"值改为 2，并填写课程编号、课程名称等相关信息，单击"下一步"按钮。

（6）在如图 5-64 所示"组合框向导"之选择唯一标识该行的字段对话框中，指定可用字段，这里指定第二列为可用字段，单击"下一步"按钮。

（7）在接下来的如图 5-65 所示"组合框向导"之将该数值保存在指定字段中对话框

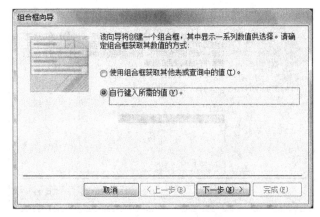

图 5-62　"组合框向导"之确定组合框获值对话框

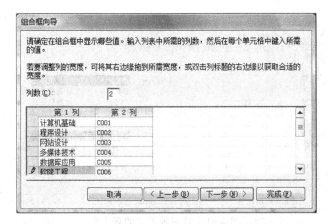

图 5-63　"组合框向导"之确定组合框中的值并确定列数对话框

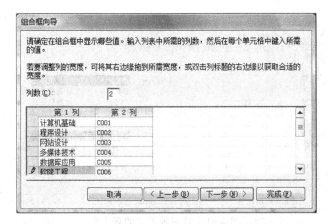

图 5-64　"组合框向导"之选择唯一标识该行的字段对话框

中,选择"将该数值保存在这个字段中"单选按钮,并选择"课程编号"字段,单击"下一步"按钮。

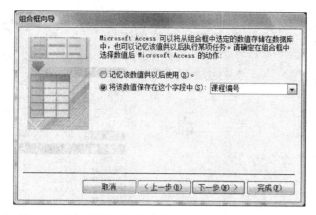

图 5-65 "组合框向导"该数值保存在指定字段中对话框

(8) 在如图 5-66 所示的"组合框向导"之为组合框指定标签对话框中,选择"请为组合框指定标签:"内容为"课程:",单击"完成"按钮。

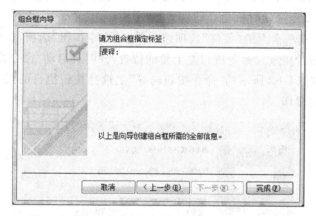

图 5-66 "组合框向导"之为组合框指定标签对话框

(9) 组合框制作完成,从"设计"选项卡上的"视图"选项组中选择"窗体视图"选项,以测试窗体的运行结果。"课程"组合框的当前选项用反显表示,在不同记录之间移动时,该选项也会随之变化,单击右侧■按钮,可见下拉列表,如图 5-67 所示。

5.4.5 命令按钮控件

在窗体上单击命令按钮时,Access 会执行特定的操作,例如记录浏览、记录操作以及窗体操作等。在 Access 中,可以使用"命令按钮向导"创建二十多种不同类型的命令按钮。

下面举例说明如何使用控件向导来创建命令按钮。

例 5.8 在"设计"视图中创建一个窗体,用于显示"学生"表中的记录,并在窗体上添加记录浏览按钮。

(1) 在"设计"视图中,创建一个窗体,并选择"学生"表作为其记录源。

(2) 将字段列表中的所有字段都拖拽到窗体上,此时将生成一些绑定文本框。

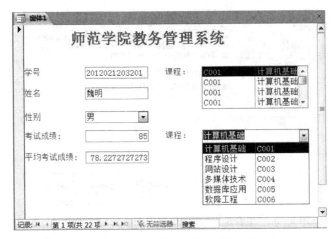

图 5-67 完成后的列表框测试效果

（3）在"设计"选项卡上的"控件"选项组中单击"控件向导"选项，确认它处于凹陷状态，这样在创建命令按钮时就会自动启动"命令按钮向导"。

（4）在"设计"选项卡上的"控件"选项组中单击"命令按钮"选项，如图 5-34 所示。

在窗体上单击希望放置命令按钮左上角的位置，此时将启动"命令按钮向导"。

（5）当出现如图 5-68 所示的"命令按钮向导"之选择按钮执行的操作对话框时，选择按下按钮时执行的操作。

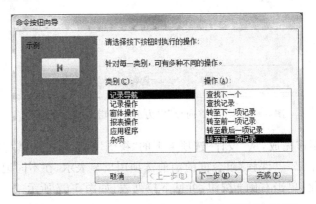

图 5-68　"命令按钮向导"之选择按钮执行的操作对话框

首先在"类别"列表框中选择按钮类别，可供选择的按钮类别包括"记录导航"、"记录操作"、"窗体操作"、"报表操作"、"应用程序"以及"杂项"；然后在"操作"列表框中选择一种操作，例如选择"记录导航"类别时，可供选择的操作包括"查找下一个"、"查找记录"、"转至下一项记录"、"转至前一项记录"、"转至最后一项记录"以及"转至第一项记录"。选择按钮类型及操作以后，单击"下一步"按钮。

（6）在如图 5-69 所示的"命令按钮向导"之确定按钮显示文本还是显示图片对话框中，确定在按钮上显示文本还是显示图片。

若要使用文本样式的命令按钮，则应选取"文本"选项并输入所需显示的文本；若要使

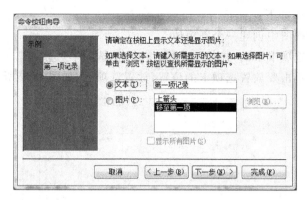

图 5-69 "命令按钮向导"之确定按钮显示文本还是显示图片对话框

用图片样式的命令按钮,则应选取"图片"选项并选择所要显示的图片,也可以单击"浏览"按钮以查看所需显示的图片。在对话框左边的"示例"框中可以查看命令按钮的显示效果。接着,单击"下一步"按钮。

（7）在如图 5-70 所示的"命令按钮向导"之指定按钮名称对话框中,为命令按钮指定一个有意义的名称,以便以后能够引用这个按钮。然后单击"完成"按钮。

（8）重复以上操作可完成其他记录导航按钮的制作。

（9）完成后的窗体显示效果如图 5-71 所示。可在"窗体"视图中对各个命令按钮的功能进行测试。

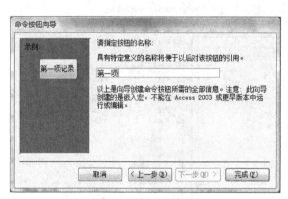

图 5-70 "命令按钮向导"之指定按钮名称对话框

图 5-71 添加了命令按钮的窗体

5.4.6 选项卡控件

当窗体中的内容较多无法在一页中全部显示时,可以使用选项卡来进行分页,用户只需要单击选项卡上的标签,就可以进行页面间的切换。

例 5.9 创建包含选项卡控件的"学生基本信息"窗体,使用"选项卡"分别显示两页的信息,一页显示"学生基本信息",另一页显示"部门基本信息"。

具体的操作步骤如下：

（1）在"设计"视图中创建一个新窗体。

（2）在"设计"选项卡上的"控件"选项组中单击"选项卡"选项。

（3）在窗体上单击要放置选项卡的位置，放置选项卡，如图5-72所示。

图5-72　在窗体上放置选项卡

（4）单击"设计"选项卡上的"工具"选项组中的"添加现有字段"选项，打开设计视图的字段列表，如图5-73所示。

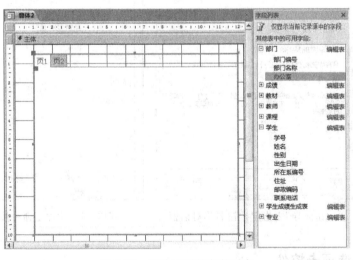

图5-73　设计试图的字段列表

（5）从字段列表中将"学生"表中各字段拖拽到选项卡控件的"页1"界面中，如图5-74所示。

（6）单击"页1"标签，再单击"设计"选项卡上的"工具"选项组中的"属性表"选项，在打开的属性表中，在"全部"选项卡中的"名称"属性中输入"学生基本信息"，至此，选项卡

图 5-74　拖拽表中各字段到选项卡控件的"页 1"界面中

中的"学生基本信息"选项卡制作完成,如图 5-75 所示。

图 5-75　建立"页 1"的标题

　　(7) 再从字段列表中将"部门"表中各字段拖拽到选项卡控件的"页 2"界面中,按以上办法制作"部门基本信息"选项卡,制作完成的包含选项卡控件的"选项卡练习"窗体如图 5-76 和图 5-77 所示。

5.4.7　图像、绑定对象控件

1. 图像控件

　　图像控件用于向窗体和报表中添加图片。具体的操作方法如下:

　　(1) 在"设计"视图中打开"学生基本信息"窗体(如图 5-71 所示)。

　　(2) 在"设计"选项卡上的"控件"选项组中单击"图像"选项 ,然后在窗体上单击要放置图片的位置。

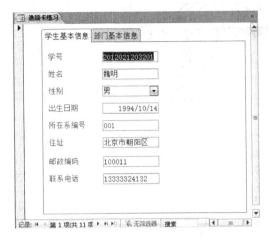
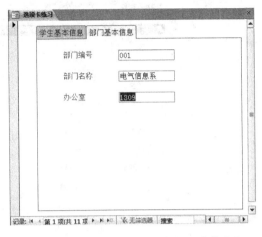

图 5-76　制作完成的包含"学生基本信息"
选项卡的"选项卡练习"窗体

图 5-77　制作完成的包含"部门基本信息"
选项卡的"选项卡练习"窗体

（3）当出现"插入图片"对话框时查找并打开所需要的图片文件，如图 5-78 所示。

图 5-78　"插入图片"对话框

（4）单击"确定"按钮，将图片添加到窗体上，其结果如图 5-79 所示。

（5）如果要在窗体上移动图片，请单击该图片以选定它，当鼠标指针变成双向十字箭头时，将图片拖到新的位置上。

（6）如果要更改图片的尺寸，请单击该图片以选定它，将鼠标指针指向图片的尺寸控制柄，当鼠标指针变成双向箭头时，通过拖动鼠标来改变图片的大小。

2．绑定对象控件

"控件"选项组中有两个对象框控件：一个是未邦定对象框，用于在窗体或报表中显示未绑定 OLE 对象，如 Excel 电子表格文件。当在记录之间移动时，该对象将保持不变；另一个是绑定对象框，用于在窗体或报表中显示或处理存储在表中的 OLE 对象的

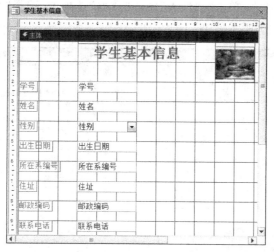

图 5-79　窗体上添加图片后的结果

控件,当在记录之间移动时,该对象将随之发生变化。

下面举例说明如何在窗体上创建绑定对象框。

例 5.10　在"教务管理"数据库中"学生"表内添加"照片"字段,并设置该字段的数据类型为"OLE 对象"类型,用于存储学生的照片。现在要创建一个窗体,用于显示"学生"表中的记录,要求使用绑定对象框控件来显示"照片"字段的内容。具体的操作步骤如下:

(1) 在"设计"视图中打开"学生基本信息"窗体(如图 5-71 所示)。

(2) 在"设计"选项卡上的"控件"选项组中单击"绑定对象框"选项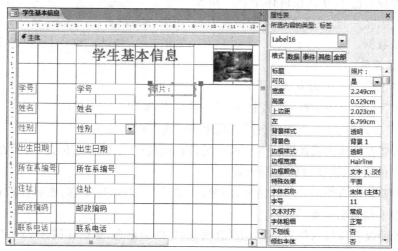,然后在窗体上单击要放置照片的位置,此时生成一个绑定对象框和一个附加的标签。

(3) 在窗体上单击附加在绑定对象框上的标签,将其内容更改为"照片",如图 5-80 所示。

图 5-80　添加"绑定对象框"控件

（4）打开控件属性表，单击"属性表"中的"数据"选项卡，选择"控件来源"再选择"照片"字段即可，如图 5-81 所示。

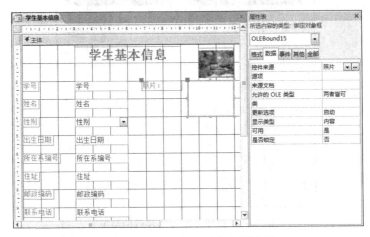

图 5-81   "控件来源"为"照片"字段

（5）从"设计"选项卡上的"视图"选项组中选择"窗体视图"选项，对绑定对象框进行测试。此时，可以在绑定对象框中看到学生的照片，当在记录之间移动时照片的内容会发生变化，如图 5-82 所示。

5.4.8   图形控件

控件箱中有两个图形控件：一个是直线控件 ＼，可以在窗体和报表上突出显示重要信息，或者将窗体页面分割成不同的部分；另一个是矩形控件 ▭，可以在窗体中将一组相关的控件组织在一起，或者在窗体和报表中突出显示重要数据。

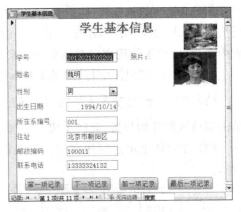

图 5-82   添加了"绑定对象框"控件的窗体

1. 直线控件

在窗体上绘制直线的方法如下：

（1）在"设计"视图中打开"学生基本信息"窗体（如图 5-71 所示）。

（2）在"设计"选项卡上的"控件"选项组中单击"直线"选项 ＼。

（3）若要在窗体上添加默认大小的直线，请单击窗体上的任意位置；若要在窗体上添加任意大小的直线，请在窗体上拖动鼠标。

（4）若要调整直线的长度和角度，请单击"直线"选项以选定它，然后在按住 Shift 键的同时按箭头键进行调整。

（5）若要改变直线的位置，请单击"直线"选项以选定它，然后在按住 Ctrl 键的同时按箭头键进行调整。

（6）若要设置直线的属性，请单击"直线"选项以选定它，并在"设计"选项卡上的"工具"选项组中单击"属性表"选项 ，然后选择"格式"选项卡，如图 5-83 所示。

图 5-83 添加了"直线"控件的窗体设计视图

（7）对直线属性进行设置。例如，在"边框样式"属性框中可以设置直线的样式（透明、实线、虚线、短虚线、点线、稀疏点线、点划线、点点划线），在"边框宽度"属性框中可以设置直线的粗细。

2. 矩形控件

在窗体上绘制矩形的方法如下：

（1）在"设计"视图中打开"学生基本信息"窗体（如图 5-71 所示）。

（2）在"设计"选项卡上的"控件"选项组中单击"矩形"选项 ▢。

（3）若要在窗体上添加默认大小的矩形，请单击窗体上的任意位置；若要在窗体上添加任意大小的矩形，请在窗体上拖拽鼠标。

（4）在窗体上绘制矩形以后，可以调整矩形的大小和位置，也可以设置矩形的属性，其操作方法与直线相同，如图 5-84 所示。

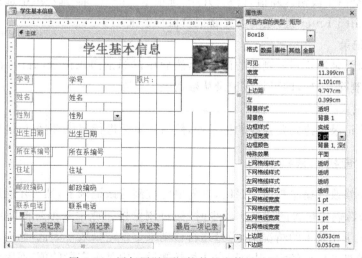

图 5-84 添加了"矩形"控件的窗体设计视图

5.5 使用窗体处理数据

5.5.1 引例

通过前面几节的学习,可以在数据库中创建窗体,并可以使用这些窗体对数据源表或查询中的数据进行各种维护操作,不仅可以在窗体中定位、浏览和查找记录,也可以借助于窗体添加新记录、修改和删除现有记录,此外还可以在窗体中对记录进行排序和筛选。

5.5.2 浏览记录

在"布局"视图或"窗体"视图中打开窗体时,总会在窗体的下方看到一个记录导航栏,其中记录导航栏包括一些浏览按钮和一个记录编号框,如图 5-85 所示。窗体的"记录导航栏"属性决定窗体上是否显示浏览按钮和记录编号框,将该属性设置为"是"(默认值),就会在窗体上看到浏览按钮和记录编号框。浏览按钮提供了在窗体中定位记录的有效方法,通过浏览按钮可以移到第一个、上一个、下一个、最后一个或空白(新)记录。记录编号框显示当前记录的编号。记录的总数显示在当前记录编号的旁边。在记录编号框中键入数字并按 Enter 键,可以移到指定的记录。

记录 ◄ 第 1 项(共 11 项) ► ►◄ │ ◄ 无筛选器 │ 搜索

图 5-85 记录导航栏

5.5.3 编辑记录

编辑记录包括在窗体上添加、删除、修改记录。

1. 添加记录

在窗体底部单击"记录导航栏"的"添加记录"按钮 ►※,系统会自动移动到一个新记录中,为每个空白字段输入新值,再从"开始"选项卡上的"记录"选项组中选择"保存记录"选项,或按 Shift+Enter 键,系统会将新记录保存下来。

2. 删除记录

先将当前记录定位到要删除的记录处,然后用鼠标指向该记录,右击,在弹出的快捷菜单中选择"删除"选项,即可将该记录从数据表中删除。

3. 修改记录

先将当前记录定位到要修改的记录处,然后用鼠标进行定位,定位后进行修改即可。

5.5.4 查找和替换数据

在窗体中修改或删除一条记录时,首先要定位到这条记录上,然后才能进行修改或删除操作;当来源表中包含的记录比较少时,通过浏览按钮或记录编号框即可完成记录的定位。但在记录比较多的情况下,通过逐行移动来定位记录效率太低,而通过指定记录编号来定位记录难度也比较大,因为用户往往是知道表中某个字段的值,而无法记住所需记录的记录编号,如果已经知道表中某个字段的值,要查找相应的记录,可以通过"查找"选项组中的"查找"选项来实现。

例 5.11 通过"学生"窗体快速查找一个叫"谢芳"的学生。具体的操作步骤如下:

(1) 在"设计"视图中,打开"学生"窗体。

(2) 在"学生"窗体中,将插入点放置在"姓名"字段中。

(3) 单击"开始"选项卡上的"查找"选项组中的"查找"选项 🔍,或使用"查找"的快捷键(Ctrl+F),出现"查找和替换"对话框。

(4) 当出现"查找和替换"对话框后,在"查找内容"框中输入要查找的内容(本例中为"谢芳"),然后单击"查找下一个"按钮,如果找到相应的记录,则会定位在该记录上,并以反显形式显示所找到的字段值,如图 5-86 所示。

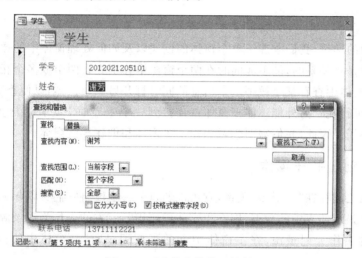

图 5-86 "查找和替换"对话框

如果要对查找到的内容作替换,则将"查找和替换"对话框切换到"替换"选项卡,在"替换值"文本框中输入要替换的值,单击"替换"按钮逐一替换,或单击"全部替换"按钮,可替换所有内容。

5.5.5 排序记录

在默认情况下,窗体中显示的记录是按照窗体来源表中记录的物理顺序来排列的。但也可以对窗体中的记录设置某种排序方式。

下面举例说明如何在窗体中排序记录。

例 5.12 在"学生成绩"窗体中排列记录。具体的操作方法如下:

(1) 在"窗体"视图中,打开"学生成绩"窗体。

(2) 在窗体上单击要作为排序依据的字段,本例中是按"出生日期"字段进行排列。

(3) 在"开始"选项卡上的"排序和筛选"选项组中,单击"降序"选项 🔽,此时,窗体中的记录将按照出生日期从高到低排列。

(4) 如果要恢复原来的记录顺序,可单击"清除所有排序"选项 🔽,选择恢复原来的次序。

5.5.6 筛选记录

在默认情况下,窗体显示来源表或查询中的全部记录。如果只查看某一部分记录则应当在窗体中对记录进行筛选。在窗体中可以应用4种类型的筛选,即按选定内容筛选、按窗体筛选、输入筛选目标和高级筛选/排序。不同的筛选方法适用于不同场合,这些筛选操作与第2章所介绍的数据表记录的筛选操作类似,此处不再赘述。

5.6 主子窗体和导航窗体

5.6.1 引例

通过前面的学习,我们掌握了单个窗体的创建以及如何处理窗体中的数据。但是,数据库的表通常是有关系的,能不能同时在两个窗体中分别查看两个或多个相关联的表呢?例如,在一个窗体中查看某个教师基本信息的同时打开另一个窗体,以便查看该教师的授课情况,是否可行呢?另外能不能把窗体都连接到一个主界面下呢?这样查看不同的窗体就更加方便了。因此,我们需要学习创建主子窗体和创建导航窗体。

5.6.2 创建主-子窗体

若两个表之间存在"一对多"关系,则可以通过公共字段将它们关联起来,并使用主窗体和子窗体来显示两表中的数据,即在主窗体中使用"一"方的表作为记录源,在子窗体中使用"多"方的表作为记录源,在主窗体中移动当前记录时,子窗体中的内容随着发生变化。

下面用两种方法创建主子窗体:一是同时创建主子窗体;二是先建立子窗体,再建立主窗体,然后将子窗体插入到主窗体中。

1. 同时创建主窗体和子窗体

例5.13 创建主子窗体,要求主窗体显示"学生"表的基本信息,子窗体显示"课程编号"、"课程名称"、"平时成绩"和"考试成绩"等字段,具体的操作步骤如下:

(1)在"教务管理"数据库中,单击"创建"选项卡上的"窗体"选项组,从中选择"窗体向导"选项,弹出"窗体向导"之确定窗体所需字段对话框,如图5-87所示。

(2)在"表/查询"下拉列表框中选择"表:学生",并将"学号"、"姓名"、"性别"3个字段添加到"选定字段"框中。再次在"表/查询"下拉列表框中选择"表:课程",并将"课程编号"和"课程名称"两个字段添加到"选定字段"框中。再在"表:成绩"中将"平时成绩"和"考试成绩"字段添加到"选定字段"框中。

(3)单击"下一步"按钮。如果两个表之间没有关系,则会出现一个提示对话框,要求建立两表之间的关系。确认后可打开关系视图同时退出窗体向导。

如果两个表之间已经正确设置了关系,则会进入"窗体向导"之确定查看数据方式对话框,确定查看数据的方式,如图5-88所示,这里默认保留设置。

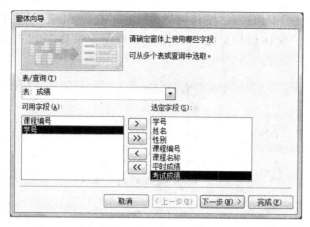

图 5-87 "窗体向导"之确定窗体所需字段对话框

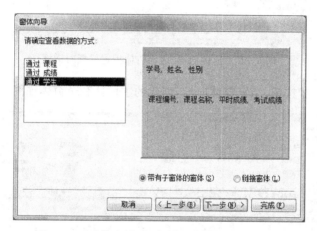

图 5-88 "窗体向导"之确定查看数据方式对话框

（4）单击"下一步"按钮。在"窗体向导"之确定子窗体布局对话框中选择子窗体的布局，默认为"数据表"，如图 5-89 所示。

图 5-89 "窗体向导"之确定子窗体布局对话框

(5) 单击"下一步"按钮。在"窗体向导"之为窗体指定标题对话框中为窗体指定标题,分别为主窗体、子窗体添加标题,"学生基本情况主窗体"和"成绩信息子窗体",如图 5-90 所示。

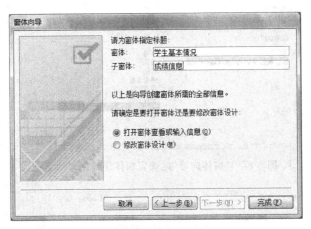

图 5-90 "窗体向导"之为窗体指定标题对话框

(6) 单击"完成"按钮,结束窗体向导,创建的主窗体和子窗体如图 5-91 所示。

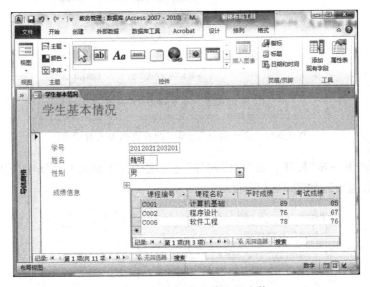

图 5-91 创建的主窗体的子窗体

这时,在"教务管理"数据库窗口下,会看到新增的两个窗体。如果单击"成绩信息子窗体",则只打开单个子窗体;如果单击"学生基本情况主窗体",会打开主子窗体。在主窗体中查看不同的学生记录时,子窗体会随之出现该学生所学课程的平时成绩和考试成绩。

2. 创建子窗体并插入到主窗体

在实际应用中,往往存在这样的情况:某窗体已经建立,然后再将其与另一个窗体关联起来,这时就需要把一个窗体(子窗体)插入到另一个窗体(主窗体)中,使用"控件"选项组中的"子窗体/子报表"控件来完成此操作。

例 5.14 创建两个窗体,其中"教材"主窗体有"教材编号"、"出版社"、"教材名称"、"出版时间"、"单价"等字段,"课程"子窗体有"课程编号"、"课程名称"、"任课教师"、"教材编号"字段,要求将"课程"子窗体插入到"教材"主窗体中,以便查看课程教材使用情况,具体的操作步骤如下:

(1) 在设计视图中,以"课程"表为数据源,拖动"课程编号"、"课程名称"、"任课教师"、"教材编号"等字段到设计视图上,以纵向方式排列,命名为"课程"子窗体,保存后退出。

(2) 再打开一个新的设计视图,以"教材"表为数据源,拖动"教材编号"、"出版社"、"教材名称"、"出版时间"、"单价"字段到设计视图上,适当调整控件大小和位置。

(3) 在"设计"选项卡上的"控件"选项组中确保按下了"控件向导"选项,再在"设计"选项卡上的"控件"选项组中选择"子窗体/子报表"选项，在窗体的主体节适当位置上单击鼠标,启动子窗体向导,在子窗体向导之使用现有窗体创建窗体中选择"使用现有的窗体"选项,并在其列表框中选择"课程"窗体,如图 5-92 所示。

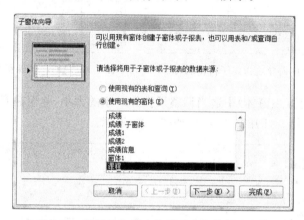

图 5-92　子窗体向导之使用现有窗体创建窗体

(4) 单击"下一步"按钮,在子窗体向导之确定主窗体与子窗体链接字段中确定主子窗体链接的字段,这里选取"教材编号"字段,即默认值,如图 5-93 所示。

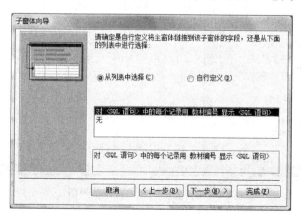

图 5-93　子窗体向导之确定主窗体与子窗体链接字段

（5）单击"下一步"按钮,在子窗体向导之指定子窗体名称中指定子窗体的名称,取默认值"课程"即可,如图 5-94 所示。

（6）单击"完成"按钮,"课程"子窗体插入到当前窗体中,如图 5-95 所示。

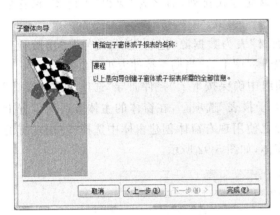

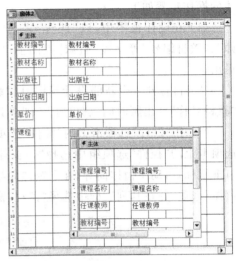

图 5-94　子窗体向导之指定子窗体名称　　　　图 5-95　插入了"课程"子窗体的主窗体

（7）在当前窗体(主窗体)中适当调整子窗体对象的大小,直至满意为止。保存窗体,命名为"教材"主窗体。打开窗体,结果如图 5-96 所示。

图 5-96　主窗体和子窗体结果图

5.6.3　创建导航窗体

导航窗体是一种特殊的窗体。在 Access 2010 中包括新的浏览控件,可以轻松地切换不同的窗体和报表。导航窗体是只包含一个导航控件的窗体。导航窗体是一个极好的用于管理所有的数据库对象的工具,因此创建导航窗体是特别重要的,如果计划将数据库发布到网站上,需要注意导航窗格中的内容是不会显示在浏览器中的。本节介绍如何创建和修改导航窗体和如何设置格式以及显示选项等。其设置主要是为了打开数据库中的其他窗体和报表。因此,可以将一组窗体和报表组织在一起,形成一个统一的与用户交互的界面,而不需要一次又一次地单独打开和切换相关的窗体和报表。

1. 创建导航窗体

例 5.15　在前面已经建立了"教材-课程"主子窗体、"选项卡练习"窗体、"学生基本情况"窗体、"学生基本信息"窗体,现在用导航窗体将这些窗体组织在一起,形成一个统一的数据库系统,具体的操作步骤如下:

(1) 打开"教务管理"数据库窗口。

(2) 选择"创建"选项卡上的"窗体"选项组中的"导航"选项,并从该选项中选择用户需要的模型,这里选择"垂直标签,左侧"选项,打开创建导航窗体界面,如图 5-97 所示。

图 5-97　导航窗体界面

(3) 将"教材-课程"主子窗体用鼠标拖拽到导航窗体新增按钮处,即可在右侧显示该窗体内容,如图 5-98 所示。之后再依次将"选项卡练习"窗体、"学生基本情况"窗体、"学生基本信息"窗体拖拽到新增按钮处,即可完成导航窗体的创建。

(4) 保存导航窗体,并在窗体视图中打开它,如图 5-99 所示。

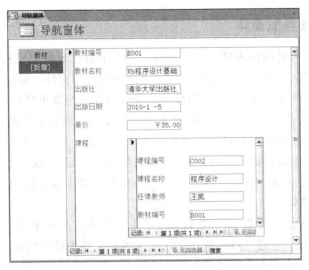

图 5-98　添加"教材"窗体到导航窗体中的结果

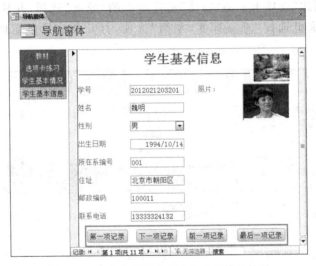

图 5-99　在窗体视图中查看导航窗体的结果

2. 修改导航窗体

若要修改已创建的导航窗体,应首先在"布局视图"中打开该导航窗体,然后再进行各种编辑操作。

1) 编辑顶部的标签导航窗格

用户在创建新的导航窗体时默认情况下 Access 会向窗体页眉添加标签导航窗格。若要编辑此标签,具体的操作步骤如下:

* 在布局视图中打开导航窗体。
* 用鼠标指向窗体页眉中的标签导航窗格,并单击选中它,之后可根据要求进行编辑。
* 例如将标签导航窗格中的文字从"导航窗体"改为"教务管理系统",操作方法是单击窗体页眉中的标签以选中它,然后再次单击就可以将光标放在标签中了。然后

修改文字,最后按 ENTER 键完成编辑工作。完成后结果如图 5-100 所示。

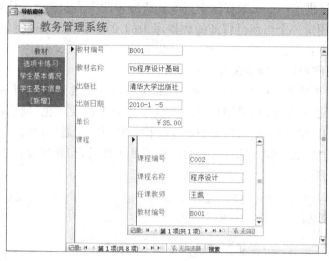

图 5-100　导航窗格编辑后的效果

2) 编辑窗体标题

如果设置了数据库,以作为在重叠窗口中显示的对象出现在文档选项卡上方窗体(或在窗口标题栏)上的文本为窗体标题。若要编辑窗体标题,具体的操作步骤如下:

- 在布局视图中打开导航窗体。
- 在窗体空白位置处右击,在弹出的快捷菜单中选择"表单属性"选项。
- 在属性表任务窗格的中选择"全部"选项卡内的"标题"属性,输入新的标题以满足我们的需要。完成后结果如图 5-101 所示。

图 5-101　编辑窗体标题的效果

3）将一个 Office 主题应用到数据库

Office 主题提供了在一个数据库中更改其所使用的字体和颜色的快速方法。这些主题不仅仅只是应用于一个当前已打开的数据库中的所有对象。若要使用 Office 主题，具体的操作步骤如下：

- 在布局视图中打开导航窗体。
- 在"设计"选项卡上的"主题"选项组，如果用户只想改变颜色而不改变字体，则选择"颜色"选项即可；如果用户只想改变字体而不改变颜色，则选择"字体"选项即可；如果用户既想改变颜色又想改变字体，则选择"主题"选项。
- 这里选择"主题"选项，选择一种自己满意的主体后，切换到窗体视图查看结果，如图 5-102 所示。

图 5-102　应用主题后的效果

4）给导航按钮更改颜色或改变其形状

利用"快速样式"选项可以使用户能够快速更改导航按钮的颜色或形状。用户可以将唯一样式应用于每个按钮，也可将相同的样式应用于所有按钮，具体的操作步骤如下：

- 在布局视图中打开导航窗体。
- 选择要更改颜色或形状的导航按钮。
- 选择"格式"选项卡中的"控件格式"选项组，如图 5-103 所示，利用其中的"快速样式"、"更改形状"、"形状填充"、"形状轮廓"和"形状效果"等选项来更改导航按钮的颜色或形状。更改后保存，并切

图 5-103　"控件格式"选项组

换到窗体视图查看结果，如图 5-104 所示。

图 5-104　导航按钮更改后的效果

5）将导航窗体设置为默认的显示窗体

导航窗体通常用作切换面板或主页来显示数据库，它意义在于可以在默认情况下打开数据库。此外，因为在浏览器中不能访问导航窗格中的对象，故将其设置为默认在 Web 页面中显示的窗体是创建 Web 数据库中的一个非常重要的步骤。具体的操作步骤如下：

- 选择"文件"选项卡中的"帮助"选项，并在右侧单击"选项"选项，如图 5-105 所示。

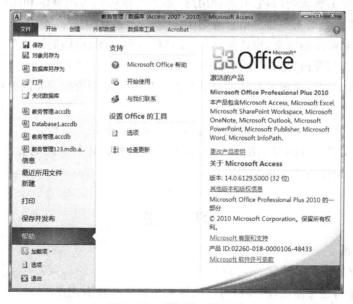

图 5-105　"帮助"中的选项

- 在打开的"Access 选项"对话框左侧单击"当前数据库"选项。
- 在"显示窗体"下拉列表中选择用户要默认打开的窗体,这里选择"导航窗体",如图 5-106 所示,设置完毕后,单击"确定"按钮。关闭数据库,再打开以测试设置效果。

图 5-106　"Access 选项"对话框

本 章 小 结

　　Access 窗体是一种灵活性很强的数据库对象,是用户与 Access 数据库交互的界面。其数据来源可以是表或查询,它有多种用途,通过窗体可以实现显示和编辑数据、控制程序流程、接受数据的输入和显示信息等功能。

　　本章首先对窗体的定义,窗体的功能、窗体的 6 种视图、窗体的组成部分、窗体的信息来源和窗体的类型等内容做了全面介绍。

　　其次,用多种方法讲解了窗体的建立过程。以及窗体中数据记录的处理,包括记录的浏览、编辑、排序、筛选等操作。

　　除此之外,介绍了主子窗体的建立过程和导航窗体的建立过程。

　　本章还介绍了控件的基本使用方法,讲解了控件和窗体的常用属性及属性的设置方法,从而使创建窗体更加丰富美观。

习　　题

一、简答题

1. 简述窗体的主要功能。
2. 与快速创建窗体比较,使用窗体向导创建窗体有什么优点?
3. 子窗体与链接窗体有什么区别?

4. 双击链接对象或嵌入对象时,却得到不能打开的信息,为什么?

5. 窗体有几种视图? 各有什么作用?

6. 窗体的节有几种? 默认显示哪几节? 如何显示其他的节?

7. 属性窗口有什么作用? 如何显示属性窗口? 举例说明在属性窗口中设置对象属性值的方法。

8. 如何为窗体设定数据源?

9. 什么是控件? 控件可分为哪几类?

10. 如何给窗体上添加绑定控件?

11. 举例说明如何创建计算型控件。

12. 举例说明设置窗体背景色的几种方法。

13. 如何在窗体上创建一个用于定位记录的组合框?

14. 选项组中可存放哪几种类型的控件?

15. 把复选框、选项按钮加入选项组与不加入选项组有何区别?

二、选择题

1. 图表式窗体中出现的字段不包括(   )。

    A)系列字段   B)数据字段   C)筛选字段   D)类别字段

2. 下列关于使用设计视图创建窗体的说法正确的是(   )。

    A)在"新建窗体"对话框中选择"设计视图"

    B)在"请选择该对象数据的来源表或查询"下拉列表中选择一种数据来源

    C)单击"确定"按钮,此时即弹出该表/查询的窗口和"数据透视表字段列表"窗口

    D)不能使用设计视图创建空白窗体

3. 下列关于主/子窗体的叙述,错误的是(   )。

    A)主/子窗体必须有一定的关联,在主/子窗体中才可显示相关数据

    B)子窗体通常会显示为单一窗体

    C)如果数据表内已经建立了子数据工作表,则对该表自动产生窗体时,也会自动显示子窗体

    D)子窗体的来源可以是数据表、查询或另一个窗体

4. 下列窗体中不可以自动创建的是(   )。

    A)纵栏式窗体   B)表格式窗体   C)图表窗体   D)主/子窗体

5. 打开窗体后,通过工具栏上的"视图"按钮可以切换的视图不包括(   )。

    A)设计视图   B)窗体视图   C)SQL 视图   D)数据表视图

6. 不是窗体格式属性的选项是(   )。

    A)标题   B)帮助   C)默认视图   D)滚动条

7. 用于显示线条、图像的控件类型是(   )。

    A)结合型   B)非结合型   C)计算型   D)查询型

8. 若要求在一个记录的最后一个控件按下 Tab 键后,光标会移至下一个记录的第一个文本框,则应在窗体属性里设置(   )属性。

    A)记录锁定   B)记录选定器   C)滚动条   D)循环

9. 要为一个表创建一个窗体,并尽可能多的在该窗体中浏览记录,那么适宜创建的窗体是(   )。

    A) 纵栏式窗体   B) 表格式窗体   C) 图表窗体   D) 主/子窗体

10. 为窗体上的控件设置 Tab 键顺序时,应设置控件属性表的哪一项标签的"Tab 键次序"选项(   )。

    A) 格式   B) 数据   C) 事件   D) 其他

三、填空题

1. 在窗体中的文本框分为结合型和_____两种。

2. 纵栏式窗体将窗体中的一个显示记录按_____分隔。

3. 将当前窗体输出的字体改为粗体显示的语句为_____。

4. 窗体有多个部分组成,每部分称为一个_____。

5. 窗体的_____用来定制窗体控件的属性。在窗体的设计视图中,窗体、窗体的页眉、主体部分、页脚以及窗体上的每个控件都具有与之关联的属性。

实验(实训)题

1. 使用"窗体向导"创建一个多表窗体,该窗体使用"学生"表、"课程"表和"成绩"表作为数据来源,用于所有学生各门课程的成绩。

2. 使用窗体设计视图创建一个"学生"窗体,用于显示和编辑"学生"表中的记录。

3. 在"设计"视图中创建一个窗体,用于浏览和编辑"学生成绩",要求使用组合框来显示课程名称。

4. 在"设计"视图中创建一个窗体,以该窗体作为主窗体,用于显示"学生"表中的数据,然后使用"子窗体向导"在主窗体中创建 一个子窗体,用于显示"成绩"表中的数据,并通过"学号"字段在主窗体和子窗体之间建立关联,要求在主窗体中通过浏览按钮在不同学生记录之间移动,子窗体中显示出相应学生的成绩。

5. 创建一个导航窗体,将已经创建好的窗体添加到该导航窗体中,形成一个统一的数据库系统。

第6章 报 表

如果希望对表、查询甚至窗体的数据进行计算、分析和汇总，并按照指定的格式打印出来，则需要借助另一种数据库对象来完成，这便是报表。本章介绍如何在 Access 2010 中创建和使用报表，主要包括报表的基本知识、创建报表、修改报表以及打印报表的方法等。

6.1 报 表 概 述

报表用于对数据库中的数据进行计算、分组、汇总和打印。如果希望按照指定的格式来打印输出数据库中的数据，使用报表是一种理想的方法。

6.1.1 报表类型

报表主要分为 3 种类型：纵栏式报表、表格式报表、标签报表。

1. 纵栏式报表

纵栏式报表类似前面讲过的纵栏式窗体，以垂直方式显示一条记录。在主体节中可以显示一条或多条记录，每行显示一个字段，行的左侧显示字段名称，行的右侧显示字段值，如图 6-1 所示。

图 6-1 "学生"纵栏式报表

2. 表格式报表

表格式报表是以行、列形式显示记录数据，通常一行显示一条记录、一页显示多行记录,表格式报表的字段名称不是在每页的主体节内显示,而是放在页面页眉节来显示。输出报表时,各字段名称只在报表的每页上方出现一次,如图 6-2 所示。

图 6-2 "课程"表格式报表

3. 标签报表

标签报表是一种特殊类型的报表,主要用于制作物品标签、客户标签等,如图 6-3 所示。

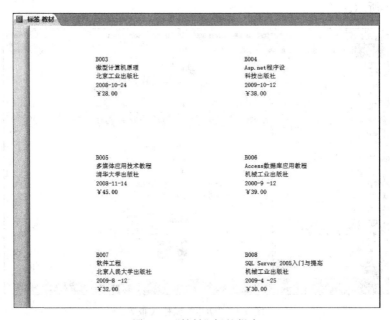

图 6-3 "教材"标签报表

6.1.2 报表视图

1. 报表视图

报表提供了 4 种视图：报表视图、布局视图、设计视图、打印预览视图，4 种视图的功能说明如下：

（1）报表视图——用于查看报表的设计结果。

（2）设计视图——用于创建和编辑报表的结构，如图 6-4 所示。

图 6-4　报表设计视图界面

（3）打印预览视图——用于查看报表的页面数据的输出形态，如图 6-5 所示。

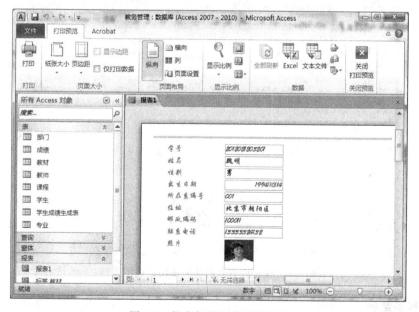

图 6-5　报表打印预览视图界面

（4）布局视图——用来根据实际报表数据调整布局并设置报表布局及控件属性，如图 6-6 所示。

图 6-6　报表布局视图界面

用户可在这 4 种报表视图中切换，进入不同视图来查看该报表。4 种视图之间的切换方式是：打开某个报表，单击"开始"选项卡上的"视图"选项组中的"视图"选项的下拉按钮，选择要查看的视图。除了利用导航窗格的视图命令按钮外，打开某个报表对象后，状态栏的右侧也有各种视图按钮，可以通过视图按钮快速切换，如图 6-7 所示。

图 6-7　状态栏的右侧快的速切换视图按钮

2. 报表结构

报表和窗体类似，也是由 5 个部分组成，每个部分称为一个"节"。这 5 个部分分别是报表页眉、页面页眉、主体、页面页脚和报表页脚，如图 6-8 所示。

如果在报表中设计了分组,在"设计视图"中还可以有组页眉和组页脚。用户可以通过在报表空白处右击,在弹出快捷菜单中选择"页面页眉/页脚"或"报表页眉/页脚"选项来显示或隐藏报表"设计视图"中的"页面页眉/页脚"或"报表页眉/页脚"。

在报表的"设计视图"中,字段信息和控件信息可以放置在多个节中,同一信息放在不同节中的效果是不同的,各节的作用如下。

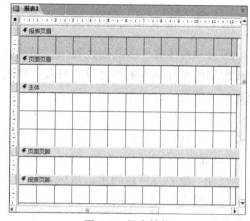

图6-8　报表结构

1) 报表页眉

报表页眉位于报表的开始处,一般用于设置报表的标题、使用说明等信息,整个报表只有一个报表页眉,并且只在报表的第一页顶端打印一次。可以在单独的报表页眉内输入任何内容,通过设置控件"格式"属性来显示标题文字。一般来说,报表页眉主要用于封面的设计。

2) 页面页眉

页面页眉中的内容一般在每页的顶端都显示一次。通常,用它作为显示数据的列标题。一般来说.把报表的标题放在报表页眉中,该标题打印时仅在第一页的开始位置出现。如果将标题移动到页眉中,则该标题在每一页上都显示。

3) 组页眉

在报表中执行了"设计"选项卡中的"排序与分组"选项组内的"分组和排序"选项,可以设置"组页眉/组页脚",以实现报表的分组输出和分组统计。组页眉节内主要安排文本框或其他类型控件显示分组字段等数据信息。打印输出时,其数据仅在每组开始位置显示一次。可以根据需要建立具有多层次的组页眉及组页脚。

4) 主体

主体节是报表中显示数据的主要区域,根据字段类型不同,字段数据要使用不同类型控件进行显示,其字段数据均须通过文本框或其他控件(主要是复选框和绑定对象框)绑定显示,也可以包含字段的计算结果。

每当显示不下一条记录时,在该节中设置的其他信息都将重复显示。

5) 组页脚

组页脚节中主要显示分组统计数据,通过文本框实现。打印输出时,其数据显示在每组结束位置。在实际操作中,组页眉和组页脚可以根据需要单独设置使用。

6) 页面页脚

页面页脚出现在每页的底端,每页都有一个页面页脚,用来设置本页的汇总说明、插入日期或页码等,数据显示安排在文本框和其他一些类型控件中。

7) 报表页脚

一般在所有的主体和组页脚被输出完成后才会打印在报表的最后面。通过在报表页脚区域安排文本框或其他一些类型控件,可以显示整个报表的计算、汇总或其他的统计数据信息。

6.1.3 报表和窗体的区别

报表和窗体有许多共同之处,它们的数据来源都是基础表、查询和 SQL 语句,创建窗体时所用的控件基本上都可以在报表中使用,设计窗体时所用到各种控件操作也同样可以在报表的设计过程中使用。

报表与窗体的区别在于第一用途不同:在窗体中可以输入数据,在报表中则不能输入数据,报表的主要用途是按照指定的格式来打印输出数据。报表除不能进行数据输入外,可以完成窗体的所有工作,也可以把窗体保存为报表,然后在报表设计视图中自定义窗体控件。报表与窗体的第二项区别在于计算的处理方式:窗体采用计算字段,通过窗体中的字段进行计算;而报表则以分组记录为依据,将每页的结果值或者整份报表的输出结果统计出来。

6.2 创 建 报 表

前面几章分别介绍了如何建立表、查询、窗体等对象,而在实际工作中需要将数据库中的数据存档并打印出来,这项工作则需要报表来完成,本节主要介绍在不熟悉报表功能时如何快速建立简单报表。

6.2.1 引例

使用报表打印数据,通常希望能对数据进行分类、汇总统计等操作。如利用报表中的数据根据专业分类汇总,并计算出各专业学生入学成绩的平均值等,这样有利于对这些信息作进一步的分析。

Access 提供了 5 种创建报表的方法:快速创建报表、创建标签报表、创建空报表、利用报表向导创建报表和利用设计视图创建报表。一般情况下,在创建报表时,可以先使用"快速创建报表"或"报表向导"等方法自动生成报表,然后在"设计视图"中对已创建报表的功能及外观进行修改和完善,这样可提高报表设计的效率。

6.2.2 快速创建报表及空报表

报表工具提供了最快速创建报表的方式,因为它会立刻生成报表,而不提示任何信息。报表将显示指定数据源中的所有字段。报表工具可能无法创建完美的用户最终所需的报表,但对于迅速查看数据源却极有帮助。

例 6.1 快速创建报表,报表名称为"学生信息报表",数据源为"学生表"。创建的具体操作步骤如下:

(1) 在数据库窗口中,选定"学生"表对象,以此作为数据源。

(2) 选择"创建"选项卡上的"报表"选项组中的"报表"选项,如图 6-9 所示。

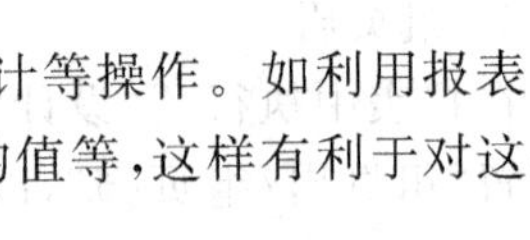

(3) 立刻会快速生成以"学生"表为数据源的"学生

图 6-9 "创建"选项卡上的"报表"
选项组中的"报表"选项

信息报表",如图 6-10 所示。

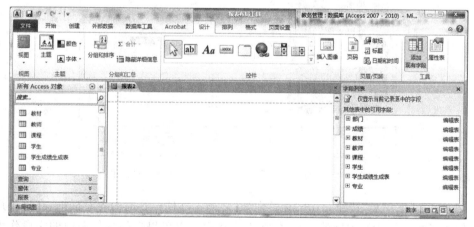

图 6-10　快速生成的学生表的报表

（4）单击快速访问工具栏上的"保存"按钮,弹出"另存为"对话框,输入报表名称后,单击"确定"按钮保存报表。

此外,单击报表选项组中的空报表选项 可以快速建立一个空白报表,该类报表的建立可从一个空白报表入手,在建立了空白报表的同时,右侧出现字段列表对话框,该对话框提供了空白报表可以选择的多个数据源的字段,进而使得空白报表成为一张满意的报表,如图 6-11 所示。

图 6-11　空白报表

6.2.3　创建标签报表

标签报表是一种特殊类型的报表,主要用于制作物品标签、客户标签等,下面就利用第 3 章介绍的方法创建一个名为"不及格"的查询,该查询包括"学号"、"姓名"、"课程编号"、"课程名称"和"考试成绩"等字段,之后以其为数据源,创建一个补考通知单标签,具体的操作步骤如下:

（1）打开"教务管理"数据库，选择"不及格"查询作为数据源。

（2）选择"创建"选项卡中"报表"选项组内的"标签"选项 📄标签，打开"标签向导"之指定标签尺寸对话框，并选择型号为 C2353 选项，如图 6-12 所示。

图 6-12　"标签向导"之指定标签尺寸对话框

（3）单击"下一步"按钮，打开"标签向导"之选择文本字体和颜色对话框，在这里可以设置标签的字体、字形、字号和字符颜色，如图 6-13 所示。

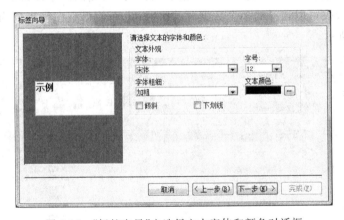

图 6-13　"标签向导"之选择文本字体和颜色对话框

（4）单击"下一步"按钮，打开"标签向导"之确定邮件标签的内容对话框，在这里用户可以输入各种计算能够识别的字符（包括空格在内），也可以选择数据源中的字段作为标签的内容，设置完的结果如图 6-14 所示。

（5）单击"下一步"按钮，打开"标签向导"之确定排序字段对话框，这里选择按"学号"字段进行排序，如图 6-15 所示。

（6）单击"下一步"按钮，打开"标签向导"之指定报表名称对话框，这里命名为"补考通知单标签"，在"请选择"选项中选择"查看标签的打印预览"选项，如图 6-16 所示。

（7）单击"完成"按钮，可以看到制作完成的标签效果，如图 6-17 所示。

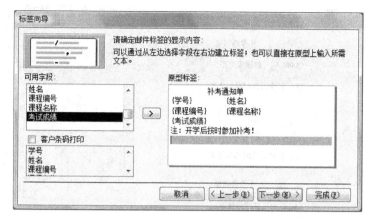

图 6-14 "标签向导"之确定邮件标签的内容对话框

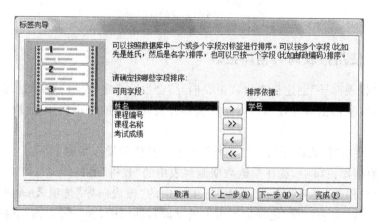

图 6-15 "标签向导"之确定排序字段对话框

图 6-16 "标签向导"之指定报表名称对话框

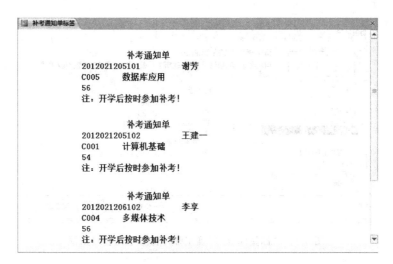

图 6-17　制作完成的标签效果

6.2.4　使用报表向导创建报表

当使用"报表向导"创建报表时,"报表向导"会提示指定相关的数据源、选择字段和报表版式等内容,且根据向导提示可以完成大部分报表设计的基本操作,加快了创建报表的过程。

例 6.2　使用"报表向导"创建"教材"报表。具体的操作步骤如下:

(1)在数据库窗口中,选择左侧数据源列表中的"教材"表。

(2)选择"创建"选项卡上的"报表"选项组中的"报表向导"选项 ![报表向导图标],打开"报表向导"对话框,在"报表向导"之确定报表上的字段对话框中,在"表/查询"下拉列表框中指定报表数据源"教材",并选择所有字段,如图 6-18 所示。

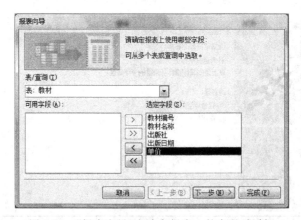

图 6-18　"报表向导"之确定报表上的字段对话框

(3)单击"下一步"按钮,打开"报表向导"之是否添加分组对话框,在该对话框中指定分组级别。即在本题中选择"教材编号"字段为分组字段,单击 ⊡ 按钮即可完成分组字段的选择,效果如图 6-19 所示。

212

图 6-19　"报表向导"之是否添加分组对话框

（4）单击"下一步"按钮，屏幕显示"报表向导"之确定排序次序和汇总类型对话框，在该对话框中指定记录的排序次序。在第一个下拉列表框中选择"出版时间"作为记录排序字段，如图 6-20 所示。最多可以安排 4 个字段完成排序。另外，当单击"汇总选项"按钮后，打开"汇总选项"对话框进行汇总，这里将统计单价的平均值，如图 6-21 所示。

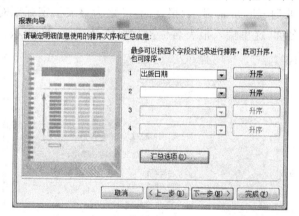

图 6-20　"报表向导"之确定排序次序和汇总类型对话框

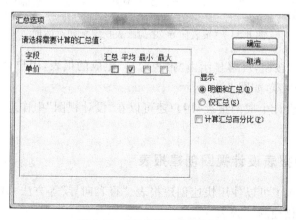

图 6-21　"汇总选项"对话框

（5）单击"下一步"按钮,屏幕显示"报表向导"之确定报表的布局方式对话框,在该对话框中指定选择报表的布局样式和方向。这里布局选择"递阶",方向选择"纵向",如图 6-22 所示。

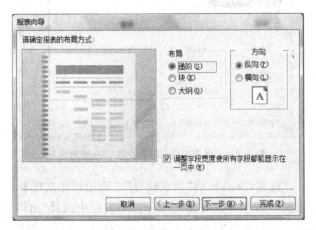

图 6-22 "报表向导"之确定报表的布局方式对话框

（6）单击"下一步"按钮,屏幕显示"报表向导"之为报表指定标题对话框,在该对话框中设置报表的标题名称,这里输入报表名称为"教材",如图 6-23 所示。

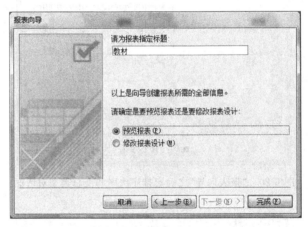

图 6-23 "报表向导"之为报表指定标题对话框

（7）单击"完成"按钮,屏幕显示由"报表向导"生成的报表,用户可以使用垂直和水平滚动条来预览报表内容,如图 6-24 所示。

由"报表向导"设计生成的报表,用户还可以在"设计视图"中作进一步修改,得到更加完善的报表。

6.2.5 使用报表设计视图创建报表

在 Access 中,除了可以使用快速创建报表、"报表向导"等方法来创建报表之外,还可以使用"设计视图"创建新的报表。

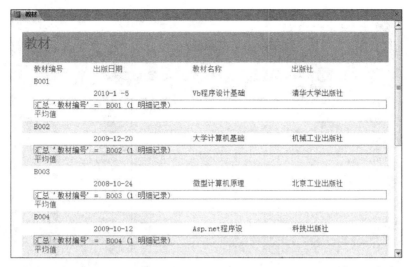

图 6-24　完成后的"教材"报表

例 6.3　数据库已建立"学生成绩"查询,如图 6-25 所示。

学号	姓名	课程编号	课程名称	平时成绩	考试成绩
201202120**3201**	魏明	C001	计算机基础	89	85
201202120**3202**	杨悦	C001	计算机基础	78	80
201202120**4101**	陈诚	C001	计算机基础	89	78
201202120**4102**	马振亮	C001	计算机基础	95	98
201202120**5101**	谢芳	C001	计算机基础	77	65
201202120**5102**	王建一	C001	计算机基础	76	54
201202120**6101**	张建越	C001	计算机基础	96	98
201202120**6102**	李享	C001	计算机基础	78	86
201202120**7101**	刘畅	C001	计算机基础	89	87
201202120**7102**	王四铜	C001	计算机基础	82	76
201202120**3201**	魏明	C002	程序设计	76	67
201202120**3202**	杨悦	C002	程序设计	89	67
201202120**7101**	刘畅	C003	网站设计	76	79
201202120**7102**	王四铜	C003	网站设计	84	84
201202120**6101**	张建越	C004	多媒体技术	90	90
201202120**6102**	李享	C004	多媒体技术	68	56
201202120**4101**	陈诚	C005	数据库应用	76	67
201202120**4102**	马振亮	C005	数据库应用	78	87
201202120**5101**	谢芳	C005	数据库应用	76	56
201202120**5102**	王建一	C005	数据库应用	96	98
201202120**3201**	魏明	C006	软件工程	78	76
201202120**3202**	杨悦	C006	软件工程	78	67

记录 第 1 项(共 22 项) ▶ ▶ 无筛选器　搜索

图 6-25　已建立"学生成绩"查询

使用"设计视图"创建"学生成绩"表格式报表,具体的操作步骤如下:

(1) 在数据库窗口中,选择左侧数据源列表中的"教材"表。

(2) 选择"创建"选项卡上的"报表"选项组中的"报表设计"选项,如图 6-9 所示,打开"报表设计视图",如图 6-8 所示(报表结构)。

(3) 单击"报表选定器",单击"设计"选项卡上的"工具"选项组中的"属性表"选项,打开报表的"属性表"对话框,如图 6-26 所示。

(4) 在报表的"属性表"对话框中,单击"数据"选项卡,在"记录源"属性下拉列表框中选择已有的表或查询作为报表的记录源,也可以单击下拉列表框后面的 ⋯ 按钮,在打开

图 6-26　报表设计视图中的"属性表"对话框

的"查询生成器"窗口中创建新的查询作为报表的记录源。这里单击下拉列表框,选择"学生成绩"查询作为报表的记录源,如图 6-27 所示。

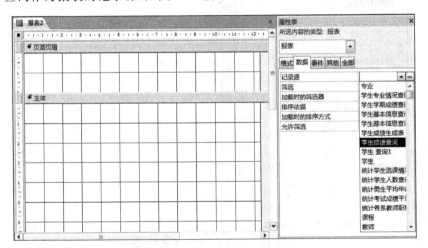

图 6-27　选择"学生成绩"查询作为报表的记录源

　　右击"设计视图"网格区,打开快捷菜单选择菜单中的"报表页眉/页脚"命令,添加报表页眉/页脚节,如图 6-28 所示。报表中会添加报表的页眉和页脚节区,如图 6-29 所示。

　　(5) 单击"设计"选项卡上的"控件"选项组中的"矩形"选项和"标签"选项;单击"设计"选项卡上的"页眉/页脚"选项组中的"日期和时间"选项 。其中,"日期和时间"选项用来在报表页眉节中添加一个日期和时间控件;"标签"选项用来输入窗体标题"学生成绩信息","矩形"选项用于修饰,调整矩形控件、标签控件、日期和时间的位置。效果如图 6-30 所示。

图 6-28 "设计视图"网格区快捷菜单

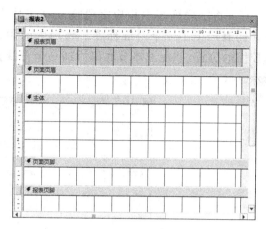

图 6-29 报表的页眉和页脚节区

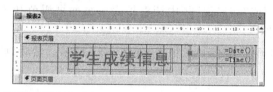

图 6-30 完成后的"学生成绩信息"报表页眉设计

设置标签格式属性:"标题"为学生成绩信息,"字体名称"为黑体,"字号"为 26,"文字对齐"为左。设置矩形格式属性:"高度"为 1.3cm,"宽度"为 5.9cm,"边框样式"为透明。当选择"日期和时间"选项时打开"日期和时间"对话框,如图 6-31 所示,在其中设置包含日期、时间等参数。

(6) 从"设计"选项卡上的"控件"选项组中向页面页眉中添加 6 个标签控件,标签标题属性分别输入"学号"、"姓名"、"课程编号"、"课程名称"、"平时成绩"和"考试成绩",再向页面页眉中添加 1 个直线控件,并调整标签控件和直线控件的位置,效果如图 6-32所示。

图 6-31 "日期和时间"对话框

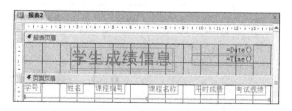

图 6-32 添加了 6 个标签控件后的"学生成绩信息"设计效果

(7) 将字段列表中相应字段拖动到主体节中,在主体节中添加了 6 个文本框控件。同时产生了 6 个附加标签。将产生的附加标签删除,然后调整主体节中的文本框控件的位置,并在主体节底部添加一个直线控件,作为每条记录的分隔线,如图 6-33 所示。

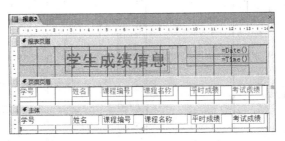

图 6-33　在主体节添加了 6 个文本框控件

(8) 在"设计视图"或"布局视图"中调整报表中页面页眉节和主体节的高度,以合适的尺寸容纳其中的控件。

(9) 切换到"打印预览"视图显示报表,如图 6-34 所示。然后以"学生成绩"命名保存该报表。

图 6-34　完成后的"学生成绩"报表

6.3　编　辑　报　表

不论使用何种方式创建的报表,都可以在"设计"视图中进行修改,既可以设置报表的格式,也可以在报表中添加背景图片、日期和时间以及页码等内容。

6.3.1 引例

6.2 节介绍了如何使用报表向导和报表设计视图创建报表。报表向导使用简单,但创建的报表格式固定、用户选择范围小。与报表向导相比,报表设计视图虽然使用较为复杂,但用户有较多自由设计的空间。所设计的报表经过修改后,可以添加标题、日期时间、页码等信息,并可以调整报表中中文字体和字号,使报表显得更为美观。

本节主要介绍在报表布局视图中如何对已存在的报表进行修饰,如改变控件的边框、对齐控件、为报表添加日期时间、页码等内容。

6.3.2 设置报表格式

Access 提供了多种预定义报表主题格式,比如"暗香扑面"、"行云流水"、"穿越"、"龙腾四海"等,这些格式可以统一地更改报表中所有文本的字体、字号、颜色及线条粗细等外观属性。

设置报表主题格式的具体操作步骤如下:

(1) 在"设计视图"中打开相关报表,如图 6-34 所示。

(2) 单击"设计"选项卡上的"主题"选项组内的"主题"选项下方的下拉选项按钮,打开系统预定义的主题组,如图 6-35 所示。

(3) 选择一种合适的主题格式来代替目前报表格式。

(4) 设置后报表将按用户所选择的主题格式进行修饰,设置后报表结果如图 6-36 所示。

图 6-35 系统预定义的主题组

图 6-36 主题格式修饰后的报表

6.3.3 修饰报表

1. 添加背景图案

将指定图片作为报表背景的具体操作步骤如下:

(1) 在"设计视图"中打开相关报表,如图 6-34 所示。

(2) 双击报表"设计视图"左上角的"报表选定器",打开报表的"属性表"对话框。

(3) 在报表"属性表"对话框中,单击"格式"选项卡,可以使用"图片"的相关属性设置报表背景效果。

(4) 单击"图片"属性右侧的 ⋯ 按钮,屏幕显示"插入图片"对话框,如图 6-37 所示。

图 6-37 "插入图片"对话框

在该对话框中,选择要作为报表背景的图片文件,然后单击"确定"按钮,将所选的图片文件加入到报表中。

与背景图片相关的其他属性说明如下:

- 图片类型——可以选择"嵌入"或"链接"的图片方式。
- 图片缩放模式——可以选择"剪裁"、"拉伸"或"缩放"选项来调整图片的大小。
- 图片对齐方式——可以选择"左上"、"右上"、"中心"、"左下"或"右下"来确定图片的对齐方式。
- 图片平铺——选择是否平铺背景图片。
- 图片出现的页——可以设置显示背景图片的报表页,如"所有页"、"第一页"和"无"。

2. 添加日期和时间、页码和分页符

在报表中添加日期和时间、页码、分页符、徽标和标题对 Access 2010 来说是很容易的事。在 Access 2010 有其专门控件来完成这些操作,如图 6-38 所示。

（1）在添加日期和时间时，可以像添加其他常用控件一样添加它们。当单击"设计"选项卡上的"页眉/页脚"选项组中的"日期和时间"选项⑤时，会打开"日期和时间"对话框，用户确认其显示格式即可，如图 6-31 所示。

（2）在报表中添加页码可单击页码⑩选项，此时将打开"页码"对话框，用户确认其显示格式即可，如图 6-39 所示。

图 6-38 "页眉/页脚"选项组

图 6-39 "页码"对话框

对齐方式有下列 5 种：

- 左——在左页边距添加文本框。
- 中——在左右页边距的正中处添加文本框。
- 右——在右页边距添加文本框。
- 内——在左、右页边距之间添加文本框，奇数页打印在左侧，而偶数页打印在右侧。
- 外——在左、右页边距之间添加文本框，偶数页打印在左侧，而奇数页打印在右侧。

（3）在报表中添加分页符的具体操作步骤如下：

① 在"设计视图"个打开相关报表。

② 单击"设计"选项卡上的"控件"选项组中的"分页符"📇选项。

③ 单击报表中需要设置分页符的位置，将会在指定位置处添加一个分页符，添加的分页符会以短虚线标志显示在报表的左边界上。

分页符应设置在某个控件之上或之下，以免拆分了控件中的数据。如果要将报表中的每个记录或记录组都另起一页，可以通过设置组标头、组注脚或主体节的"强制分页"属性来实现。

6.3.4 排序

在默认情况下，报表中的记录是按照数据输入的先后顺序进行显示的。但在具体应用中，经常要求输出的记录要按照某个指定的顺序来排列，例如，按照总分从高到低排列。

此外，报表还经常需要就某个字段按照其值的相等与否划分成组来进行一些统计操作并输出统计信息。

设置记录排序，可以在"报表向导"或"布局视图"中进行。在"报表向导"中最多只能设置 4 个排序字段,并且排序只能是字段,不能是表达式。而在"布局视图"中,最多可以设置 10 个字段或字段表达式来进行排序。

图 6-40　"设计"选项卡上的"分组和汇总"选项组中的"分组和排序"选项

例 6.4　在"学生成绩"报表设计中按照考试成绩由高到低进行排序输出。记录排序的具体操作步骤如下:

(1) 在"布局视图"中打开"学生成绩"报表。

(2) 选择"设计"选项卡上的"分组和汇总"选项组中的"分组和排序"选项,如图 6-40 所示。

(3) 在窗口底端会出现"分组、排序和汇总"窗格,其中包含"添加排序"与"添加组"按钮,如图 6-41 所示。

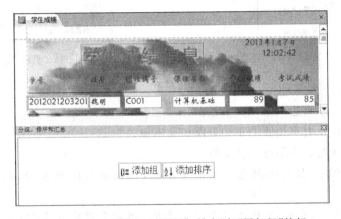

图 6-41　窗口底端会出现"添加排序"与"添加组"按钮

(4) 单击"添加排序"按钮 ,打开"排序"工具栏,选择排序字段为"考试成绩"、排序方式为"降序",如图 6-42 所示。

图 6-42　"排序"工具栏

(5) 完成排序后,预览报表中数据排序效果,可以看到报表中显示的数据是按"考试成绩"字段的值是按由高到低进行排列的。

6.3.5　记录的分组和汇总

记录分组是把报表中的记录信息按某个或某几个字段值是否相等将记录分成不同的组。报表通过分组可以实现同组数据的汇总和显示输出,增强了报表的可读性和信息的利用。

1. 简单的分组、汇总

简单的排序、分组和汇总操作可以通过以下方式执行:在布局视图中右击字段,然后从快捷菜单中选择所需的操作。要切换到"布局"视图,请在"所有 Access 对象导航窗格"中右击报表,然后在弹出的快捷菜单中选择"布局视图"选项即可。

虽然简单的排序、分组和汇总操作没有直接使用"分组、排序和汇总"窗格,但在操作时最好打开该窗格并观察该窗格的变化,以便更好地了解 Access 的工作过程。要显示"分组、排序和汇总"窗格可在"格式"选项卡上的"分组和汇总"选项组中,单击"分组和排序"选项 按钮。

例 6.5　对例 6.3 建立的"学生成绩"报表,以"姓名"为分组字段对学生考试成绩进行分组统计。

记录分组的具体操作步骤如下:

(1) 在"布局视图"中打开"学生成绩"报表。

(2) 右击"姓名"字段,然后从弹出的快捷菜单中选择"分组形式:姓名"选项,如图 6-43 所示。

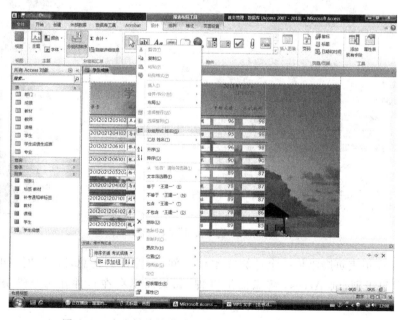

图 6-43　在右键快捷菜单中选择"分组形式:姓名"选项

(3) 结果如图 6-44 所示。

(4) 如果要进行字段的汇总,则右击该字段任意值,在弹出的快捷菜单中选择要执行的

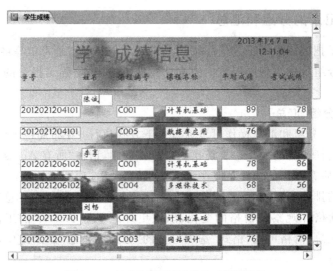

图 6-44 完成分组后的"学生成绩"报表

操作,即包括"求和"、"平均值"、"记录计数"(统计所有记录的数目)、"值计数"(只统计此字段中有值的记录的数目)、"最大值"、"最小值"、"标准偏差"或"方差"等,如图 6-45 所示。

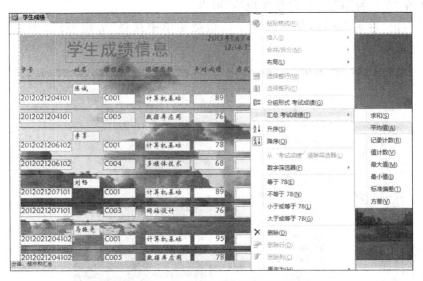

图 6-45 对"考试成绩"字段进行汇总

Access 在报表页脚添加一个计算文本框控件,该控件创建总计。同时,如果报表中没有任何分组级别,则 Access 将添加组页脚(如果尚不存在),并在每个组页脚中放置小计。

此外,还可以通过以下方式来添加汇总:单击要进行汇总的字段,然后在"格式"选项卡上的"分组和汇总"选项组中,单击"Σ合计"选项。

2. 使用"分组、排序和汇总"窗格添加分组、排序和汇总

要在报表中添加或修改分组、排序顺序或汇总选项等操作,可以使用"分组、排序和汇总"窗格,它提供了极大的灵活性。此外,布局视图是首选的操作视图,因为在该视图中更易于看到所做的更改如何影响数据的显示。

1) 显示"分组、排序和汇总"窗格

在布局视图中,在"格式"选项卡上的"分组和汇总"选项组中,单击"分组和排序"选项。或在设计视图中在"设计"选项卡上的"分组和汇总"选项组中,单击"分组和排序"选项,Access 均会显示"分组、排序和汇总"窗格,如图 6-46 所示。

图 6-46 "设计"选项卡上的"分组和汇总"选项组

若要添加新的排序和分组级别,请单击"添加组"按钮或"添加排序"按钮,"分组、排序和汇总"窗格中将添加一个新行,并显示可用字段的列表,如图 6-47 所示。

图 6-47 添加了一个新分组的可用字段的列表

可以单击其中一个字段名称,或单击字段列表下的"表达式"以输入表达式。选择字段或输入表达式之后,Access 将在报表中添加分组级别。如果位于布局视图中,则报表内容将立即更改为显示了分组后或排序后的效果,如图 6-48 所示。

如果已经定义了多个排序或分组级别,则可能需要向下滚动"分组、排序和汇总"窗格才能看到"添加组"或"添加排响"按钮。一个报表最多可定义 10 个分组和排序级别。

2) 更改分组选项

在"分组、排序和汇总"工具条中,每个排序级别和分组级别都具有大量选项,可以通过设置这些选项来获得所需的结果,如图 6-49 所示。

分组间隔项:设置确定记录如何分组在一起。例如,可根据文本字段的第一个字符进行分组,从而将以"A"开头的所有文本字段分为一组,将以"B"开头的所有文本字段分为另一组,以此类推。对于日期字段,可以按照日、周、月、季度进行分组,也可输入自定义间隔。

汇总项:若要添加汇总,请单击此选项。可以添加多个字段的汇总,并且可以对同一字段执行多种类型的汇总,如图 6-50 所示。

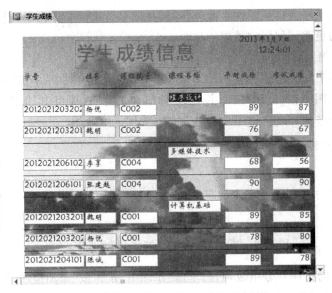

图 6-48 对"课程名称"字段进行分组

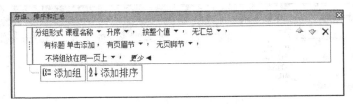

图 6-49 "分组、排序和汇总"工具条

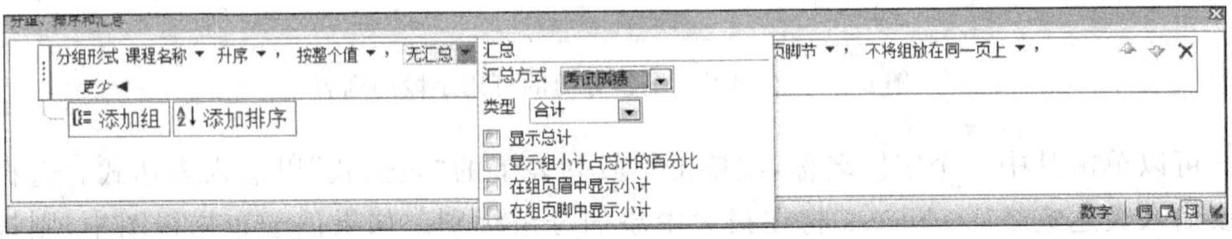

图 6-50 汇总项下拉菜单

单击"汇总方式"下拉按钮,然后选择要进行汇总的字段。

单击"类型"下拉按钮,然后选择要执行的计算类型。

选择"显示总计"以在报表的结尾处(即报表页脚中)添加总计。

选择"显示组汇总占总计的百分比",以在组页脚中添加用于计算每个组的小计占总计的百分比的控件。

选择"在组页眉中显示小计"或"在组页脚中显示小计"以将汇总数据显示在所需的位置。

选择了字段的所有选项之后,可从"汇总方式"下拉列表中选择另一个字段,重复上述过程以对该字段进行汇总。否则,单击"汇总"弹出窗口外部的任何位置以关闭该窗口。

标题项:通过此选项,可以更改汇总字段的标题。此选项可用于列标题,还可用于标记页眉与页脚中的汇总字段。若要添加或修改标题,则要单击"有标题"后面的蓝色文本。"缩放"对话框随即出现。在该对话框中输入新的标题,然后单击"确定"按钮即可。

有/无页眉节项：此设置用于添加或移除每个组前面的页眉节。在添加页眉节时，Access 将为您把分组字段移到页眉处。当移除包含非分组字段的控件的页眉节时，Access 会询问是否确定要删除该控件。

有/无脚节项：使用此设置可以添加或移除每个组后面的页脚节。在移除包含控件的页脚节时，Access 会询问是否确定要删除该控件。

将组放在同一页上项：此设置用于确定在打印报表时页面上组的布局方式。您可能需要将组尽可能放在一起，以减少查看整个组时翻页的次数。不过，由于大多数页面在底部都会留有一些空白，因此这往往会增加打印报表所需的纸张数。此外，单击打开右侧的下拉列表，如图 6-51 所示。

图 6-51 打印报表时页面上组的布局方式

如果不在意组被分页符截断，则可以使用"不将组放在同一页上"选项。例如，一个包含 30 项的组，可能有 10 项位于上一页的底部，而剩下的 20 项位于下一页的顶部。

将整个组放在同一页上：此选项有助于将组中的分页符数量减至最少。如果页面中的剩余空间容纳不下某个组，则 Access 将使这些空间保留为空白，换而从下一页开始打印该组。较大的组仍需要跨多个页面，但此选项将把组中的分页符数尽可能减至最少。

将页眉和第一条记录放在同一页上：对于包含组页眉的组，此选项确保组页眉不会单独打印在页面的底部。如果 Access 确定在该页眉之后没有足够的空间至少打印一行数据的话，则该组将从下一页开始。

3）更改分组级别和排序级别的优先级

若要更改分组或排序级别的优先级，请单击"分组、排序和汇总"窗格中的行，然后单击该行右侧的上拉或下拉按钮。

4）删除分组级别和排序级别

若要删除分组或排序级别，请在"分组、排序和汇总"窗格中，单击要删除的行，然后按 Delete 键或单击该行右侧的"删除"按钮。在删除分组级别时，如果组页眉或组页脚中有分组字段，则 Access 将把该字段移到报表的"主体"节中。组页眉或组页脚中的其他任何控件都将被删除。

6.3.6 报表的计算

报表的计算分为两种形式：汇总计算、创建计算控件。

1. 报表的汇总计算

报表的汇总计算可以通过菜单完成。

例 6.6 在"学生成绩"报表中，根据各课程考试成绩使用计算控件来计算学生的考试成绩总分。

在报表中添加计算控件的具体操作步骤如下：

（1）在"布局视图"中打开"学生成绩"报表。

（2）按以上提供的方法建立分组字段"姓名"，如图6-44所示。

（3）单击"设计"选项卡上的"分组和汇总"选项组中的"分组和排序"选项，出现"分组、排序和汇总"窗格，单击"分组、排序和汇总"窗格中的"汇总"选项，打开该项的下拉列表，从中选择"考试成绩"字段，类型选择"平均值"，此时汇总值将显示在组页脚中，如图6-52所示。

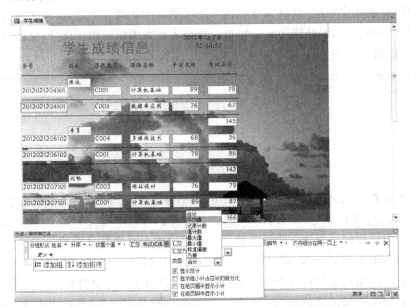

图6-52　在选择"平均值"方式汇总"考试成绩"字段

（4）设置完成的报表如图6-53所示。

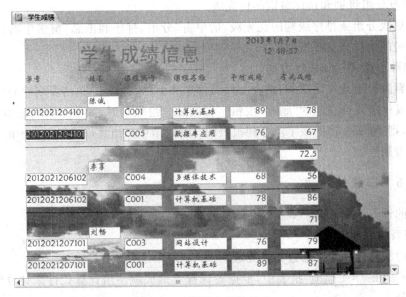

图6-53　设置完成的报表

228

2. 为报表添加计算控件

在报表设计中,可以根据需要进行各种类型的统计计算并输出结果,操作方法就是使用计算控件设置其控件源为合适的统计计算表达式。计算控件的控件源是计算表达式,当表达式的值发生变化时,会重新计算结果并予以输出。文本框控件是报表中最常用的计算控件。

在 Access 中利用计算控件进行统计计算并输出结果的操作主要有两种形式:

(1) 在主体节内添加计算控件。

在主体节内添加计算控件,对每条记录的若干字段值进行求和或求平均计算时,只要设置计算控件的控件源为不同字段的计算表达式即可。

(2) 在组页眉/页脚或报表页眉/页脚节内添加计算按件。

在组页眉/页脚内或报表页眉/页脚内添加计算控件用于汇总记录数据。例如对某些字段的一组记录或所有记录进行求和或求平均,这种形式的统计计算一般是对报表字段列的纵向记录数据进行统计。在列方向上进行统计时,可以使用 Access 的内置统计函数来完成相应的计算操作。例如,avg 函数、sum 函数、count 函数等。

例 6.7 利用计算控件完成例 6.6,并计算分数的总平均分。

(1) 打开进行了"姓名"分组的"学生成绩"报表,如图 6-52 所示。

(2) 切换到"设计视图",在组页脚中根据需要添加相应的基于文本框的计算控件,在报表页脚添加相应计算控件。并输入表达式"＝avg([考试成绩])",如图 6-54 所示。

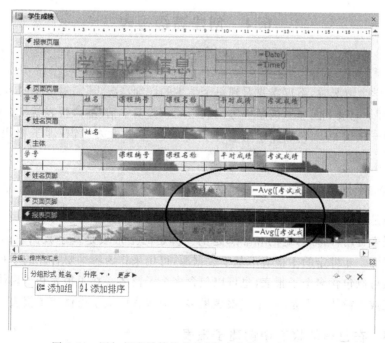

图 6-54 添加相应计算控件的"学生成绩"报表设计试图

(3) 切换到"窗体视图",查看效果,如图 6-55 所示(为如图 6-52 所示的报表添加了总平均分后并对姓名按升序排列后的后半部分图)。

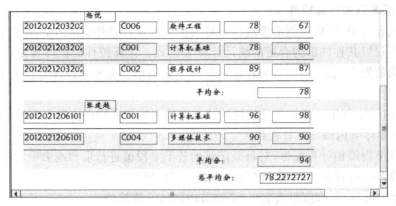

图 6-55　添加了总平均分后并对姓名经升序排列后的后半部分图

6.3.7　在打印预览报表中对其进行预览查看

在设计视图中创建了一个报表后可以在"打印预览"视图中对其进行预览查看。

使用"打印预览"视图可以查看将在报表每页上显示的数据；在"打印预览"视图中，可以使用工具栏上的按钮在单页、双页或多页方式之间切换，也可以改变报表的显示比例。对于多页报表，还可以使用窗口右下方的浏览按钮在不同的视图之间切换。

6.4　创建高级报表

6.4.1　引例

在查看学生情况时，不仅需要看到每个学生的详细情况，还需对该生的考试成绩有所了解，可在每条记录下面显示该学生考试成绩的一些基本情况，该报表就是在报表中插入了子报表的一些信息。本节将介绍制作子报表的一些相关知识，即子报表的制作、插入等。

6.4.2　子报表概述

子报表是指插入到其他报表中的报表。在合并两个报表时，其中的一个必须作为主报表。主报表有两种，即绑定的和非绑定的。绑定的主报表是基于数据表、查询或 SQL 语句等数据源。非绑定的主报表不基于数据源，可用来作为容纳要合并的子报表的容器。

主报表可以包含多个子报表，也可以包含多个子窗体。在子报表和子窗体中，还可以包含子报表或子窗体。但是，一个主报表最多只能包含两级子窗体或子报表。

6.4.3　在已有的报表中创建子报表

在创建子报表之前，首先要确保主报表和子报表的数据源之间已经建立了正确的联系，这样才能保证在子报表中显示的记录与主报表中显示的记录相一致。

例 6.8　在"学生信息"主报表中增添"学生成绩"子报表。

在已有报表中创建子报表的具体操作步骤如下：

（1）打开已有的"学生信息"报表，将其作为主报表，如图 6-56 所示，之后进入设计视图。

图 6-56 "学生信息"报表

（2）确保"设计"选项卡上的"控件"选项组中的"控件向导"选项处于锁定状态，然后单击"控件"选项组中的"子窗体/子报表"选项 ▣。

（3）在主报表的主体节中合适位置上单击，屏幕显示"子报表向导"之选择子报表数据源对话框，在该对话框中可以指定子报表的"数据来源"，如图 6-57 所示。

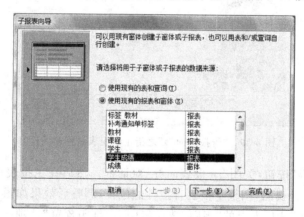

图 6-57 "子报表向导"之选择子报表数据源对话框

对话框中的选项说明如下：
- "使用现有的表和查询"单选按钮：创建基于表和查询的子报表。
- "使用现有的报表和窗体"单选按钮：创建基于报表和窗体的子报表。

这里选择"使用现有的报表和窗体"选项。

（4）单击"下一步"按钮，屏幕显示"子报表向导"之确定主报表与子报表链接字段对话框，在该对话框中指定主报表与子报表的链接字段。这里选择"从列表中选择"单选按钮，并在下面列表项中选择"对'学生'中每个记录用'学号'显示学生成绩查询"项，如

图 6-58 所示。

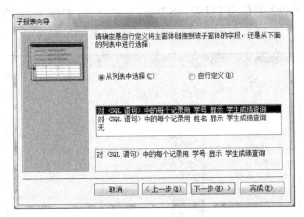

图 6-58　"子报表向导"之确定主报表与子报表链接字段对话框

（5）单击"下一次"按钮，屏幕显示"子报表向导"之指定子报表名称对话框，在该对话框为子报表指定名称。这里设置子报表名称为"学生成绩"，如图 6-59 所示。

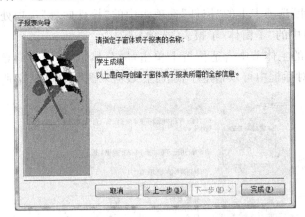

图 6-59　"子报表向导"之指定子报表名称对话框

（6）单击"完成"按钮，关闭"子报表向导"对话框。然后在主报表设计视图的主体节中出现子报表的设计视图，调整子报表各控件的位置，调整后效果如图 6-60 所示。

（7）单击"格式"选项卡上的"视图"选项组中的"打印预览"选项![图标]，预览主报表和子报表显示效果如图 6-61 所示。

（8）单击快速访问工具栏上的"保存"按钮，保存对报表的更改。

6.4.4　将一个已有的报表添加到已有报表中创建子报表

在 Access 数据库中，将某个已有报表作为子报表，添加到其他已有报表中，子报表在添加到主报表之前，应当确保已经正确地建立了表间关系。

例 6.9　将"学生信息"报表作为主报表，"学生成绩"报表作为子报表，将"学生成绩"报表添加到"学生信息"报表中来创建子报表，具体的操作步骤如下：

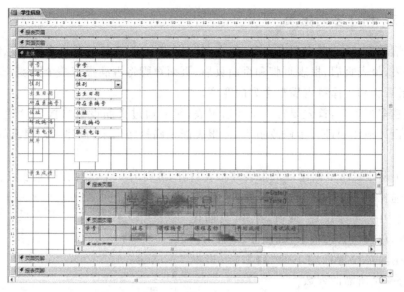

图 6-60 插入了子报表的主报表设计视图

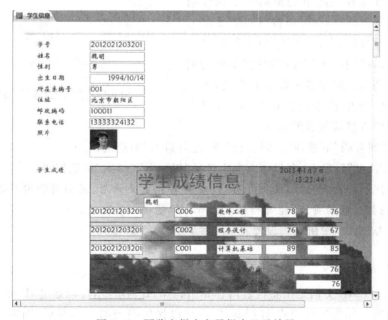

图 6-61 预览主报表和子报表显示效果

（1）在"设计视图"中打开作为主报表的"学生信息"报表。

（2）让"设计"选项卡上的"控件"选项组中的"控件向导"选项处于锁定状态。

（3）将子报表"学生成绩"从"数据库"窗口中拖动到主报表内需要插入子报表的节中。这时，Access 数据库就会自动将子报表控件添加到主报表中，切换到报表视图后结果如图 6-61 所示。

6.4.5 创建多列报表

一般情况下,设计报表只有一列,但在实际应用中,报表往往是由多列信息组成的,对于多列报表,报表页眉、报表页脚和页面页眉、页面页脚将占满报表整个宽度,多列报表的组页眉、组页脚和主体将占满整个列的宽度。

要创建多列报表,首先要有一个普通报表,然后通过页面设置将报表设置为多列,最后在报表设计视图中进一步修改报表,使报表能正确打印出来,创建多列报表的具体操作步骤如下:

（1）在设计视图中创建一个报表并将其打开,或打开一个已存在的报表。

（2）选择"页面设置"选项卡的"页面布局"选项组中的"页面设置"选项,打开"页面设置"对话框,单击"列"选项卡,如图 6-62 所示。

（3）在网格设置标题下的"列数"编辑框中,输入每一页所需的列数。

（4）在"行间距"文本框中输入主体节中垂直距离。如果在主题节的最后一个控件与主题节之间留有间隔,则可以将行间距设为 0。

（5）在"列间距"文本框中输入各列之间所需的距离,在"列尺寸"下的"宽度"框中为列输入所需的列宽。可设置主体节的高度,方法是：在"高度"框中输入所需的高度值,或在"设计"视图中直接调整节的高度。

图 6-62 "页面设置"对话框

（6）在"列布局"下选择"先列后行"或"先行后列"单选按钮。

（7）单击"页"选项卡,在打印方向上选择"纵向"或"横向"单选按钮。

注意：打印多列报表时,报表页眉、报表页脚和页面页眉、页面页脚跨越报表的完整宽度,但多列报表的组页眉、组页脚和主体节将跨越一列的宽度。

（8）单击"确定"按钮完成设置。

6.4.6 导出成 HTML 报表

导出成 HTML 文档是指将报表内容导出到 Web 网页中,可以通过 IE 或 360 浏览器查看报表内容。如果选择相应 HTML 模板可以保留报表的二维布局、图形和其他嵌入的对象,扩展名为 .HTML。HTML 文档可使报表及时的在网上发布。HTML 文档与报表的不同在于其存储格式上的不同,HTML 文档可通过浏览器查看。

创建 HTML 文档的方法是将报表导出为 HTML 文档格式,具体的操作步骤如下:

（1）在报表视图中打开为其建立 HTML 文档的报表。

（2）在"外部数据"选项卡上选择"导出"选项组中的"其他"选项,打开下拉菜单,如图 6-63 所示。

（3）选择 HTML 文档格式,弹出"导出-HTML 文档"对话框,如图 6-64 所示。

图 6-63　"外部数据"选项卡上选择"导出"选项组中的"其他"选项的下拉菜单

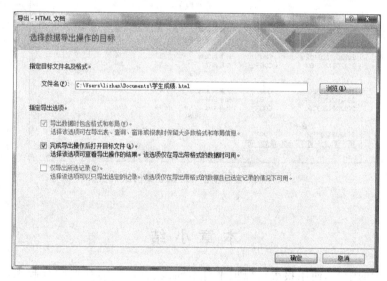

图 6-64　"导出-HTML 文档"对话框

（4）在"指定目标文件名及格式"中给出文件名及保存位置；在"指定导出选项"中选择相关选项即可，单击"确定"按钮后弹出"HTML 输出选项"对话框，如图 6-65 所示。

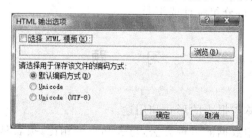

图 6-65　"HTML 输出选项"对话框

（5）在"HTML 输出选项"对话框中选择默认方式，单击"确定"按钮即可导出成 HTML 文档，结果如图 6-66 所示。最后关闭"保存导出步骤"对话框即可。

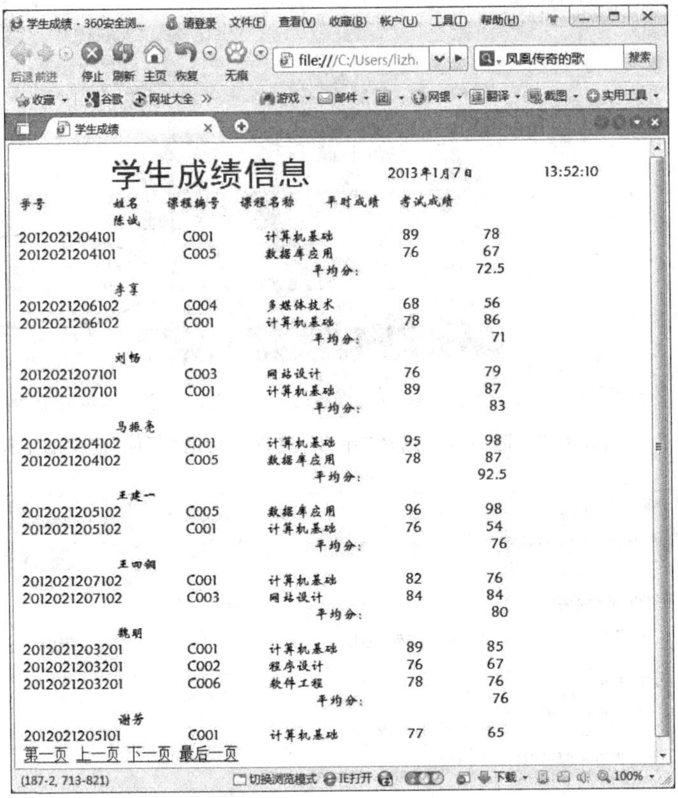

图 6-66 导出的 HTML 文档结果

本 章 小 结

通过本章的学习，使用报表可以把来自不同表、查询中的数据结合起来，并以指定的格式打印输出。与窗体的操作相似，使用向导可以创建纵栏式、表格式、图表式、标签式报表等，在报表的设计视图中使用"控件"选项组为报表添加各种控件，也可为报表对象添加各种事件过程。通过报表的排序与分组，可以为报表添加组页眉/组页脚，并以指定的分组形式对报表的数据进行分组统计或汇总。

习 题

一、简答题

1. 简述并比较窗体与报表的形式和用途。

2. 作为查阅和打印数据的一种方法，与表和查询相比，报表具有哪些优点？

3. 创建报表的方式有哪几种？各有哪些优点？

4. 除了报表的设计视图外，报表预览的结果还与什么因素有关？

5. 如何为报表指定记录源？

6. 要实现报表的分组分页打印，应如何设置？

二、选择题

1. 下列叙述中正确的是( )。

   A) 纵栏式报表将记录数据的字段标题信息安排在每页主体节区内显示

   B) 表格式报表将记录数据的字段标题信息安排在页面页眉节区内显示

   C) 表格式报表将记录数据的字段标题信息被安排在每页主体节区内显示

   D) 多态性是使该类以统一的方式处理相同数据类型的一种手段

2. 报表页眉的作用是( )。

   A) 用于显示报表的标题、图形或说明性文字

   B) 用来显示整个报表的汇总说明

   C) 用来显示报表中的字段名称或对记录的分组名称

   D) 打印表或查询中的记录数据

3. 只能在报表的开始处显示的是( )。

   A) 页面页眉节　　　　B) 页面页脚节　　　　C) 组页眉节　　　　D) 报表页眉节

4. 预览主/子报表时，子报表页面页眉中的标签( )。

   A) 每页都显示一次　　　　　　　　　B) 每个子报表只在第一页显示一次

   C) 每个子报表每页都显示　　　　　　D) 不显示

5. 用于显示整个报表的计算汇总或其他的统计数字信息的是( )。

   A) 报表页脚节　　　B) 页面页脚页　　　C) 主体节　　　D) 页面页眉节

6. 如果将报表属性的"页面页眉"属性项设置成"报表页眉"，则打印预览时( )。

   A) 不显示报表页眉

   B) 不显示报表页眉，替换为页面页眉

   C) 不显示页面页眉

   D) 在报表页眉所在页不显示页面页眉

7. 如果需要制作一个公司员工的名片，应该使用的报表是( )。

   A) 纵栏式报表　　　B) 表格式报表　　　C) 图表式报表　　　D) 标签式报表

8. 下列选项不属于报表数据来源的是( )。

   A) 宏和模块　　　B) 基表　　　C) 查询　　　D) SQL 语句

9. 对已经设置排序或分组的报表，下列说法正确的是( )。

   A) 能进行删除排序、分组字段或表达式的操作，不能进行添加排序、分组字段或表达式的操作

   B) 能进行添加和删除排序、分组字段或表达式的操作，不能进行修改排序、分组字段或表达式的操作

   C) 能进行修改排序、分组字段或表达式的操作，不能进行删除排序、分组字段或表达式的操作

   D) 进行添加、删除和更改排序、分组字段或表达式的操作

10. 下列是关于报表的有效属性及其用途的描述,其中错误的一项是(　　)。

A) 记录来源这个属性显示为报表提供的查询或表的名称

B) 启动排序这个属性显示上次打开报表的时候的排序准则,该准则源于继承记录来源属性,或者是由宏或 VBA 过程所应用的

C) 页面页眉这个属性,控制了页面页眉是否在所有页上出现

D) 菜单栏是指在输入一个定制菜单栏的名称或者定义定制菜单栏的宏名

三、填空题

1. 在创建报表的过程中,可以控制数据输出的内容、输出对象的显示或打印格式,还可以在报表制作的过程中,进行数据的_____。

2. 绘制报表中的直线时,按住_____键可以保证画出的直线在水平和垂直方向上没有歪曲。

3. 如果报表的数据量较大,而需要快速查看报表设计的结构、版面设置、字体颜色、大小等,则应该使用_____视图。

4. 为了在报表的每一页底部显示页码号,那么应该设置_____。

5. 用于显示整个报表的计算汇总或其他的统计数据信息的是_____。

实验(实训)题

1. 使用报表向导创建一个"学生成绩管理"数据库中的"成绩查询"报表,并在成绩查询报表上进行如下操作:

• 使用"自动套用格式"。

• 改变字体和字号。

• 添加背景图片。

2. 创建基于"学生成绩管理"数据库的"学生成绩单报表"及其"不及格成绩"的子报表。

第7章 宏及其应用

用户在利用 Access 时,常常会重复进行某一项工作。这样既浪费时间又不能够保证所完成工作的一致性。此时,可以利用宏来完成这些重复的任务。在 Access 中,可以利用宏自动执行某些任务,比如可将数据库对象有机地组织起来。

宏是 Access 的基本对象之一,是实现数据库操作自动化、智能化的基本技术手段。使用宏可以制作自定义菜单和工具栏和各种功能命令按钮,从而实现窗体界面的事件驱动。程序员提交给终端用户的必须是图形化的窗口界面,用户只需从主窗口或面板窗口出发,通过自定义菜单、自定义工具栏、窗体命令按钮等控件下达相应命令,就能完成对数据库的各种操作。而要实现如此高级功能,就必须使用本章要介绍的宏。

7.1 宏的基本概念

宏是 Access 的基本对象之一,使用宏不但能完成 Access 数据库的大部分操作,而且使用宏能够从容设计自定义菜单、自定义工具栏、自定义窗体等用户界面,从而能够构建由终端客户使用的安全的数据管理程序。宏是一种特殊的代码。它没有控制转移功能,也不能直接操纵变量,但它能够将各种对象有机地组织起来,按照某个顺序执行操作步骤,完成一系列操作。

7.1.1 什么是宏

对数据库及其对象的管理是通过用户一次一次地"操作"实现的,如"打开窗体"是一个操作,"打印报表"是另一个操作,而每个操作都是 Access 的一个实现特定功能的内部命令;宏是一个或多个操作的集合,其中,每个操作执行特定的功能,即宏用来记录操作集合中每个操作的功能,当运行宏时,会顺序执行其中的每个操作,从而实现操作的自动化。

7.1.2 认识宏设计窗口

宏设计视图也叫宏生成器,一般情况下,宏或宏组的建立和编辑都在"宏"设计视图中进行。用户可以用多种方法打开宏设计视图。例如:选择"创建"选项卡上的"宏与代码"选项组中的"宏"选项,可以打开宏设计视图;也可以通过选择"所有 Access 对象导航窗格"中的"宏"对象栏内的已有"宏"对象,右击,在弹出的快捷菜单中选择"设计视图"命令,打开宏设计视图。宏设计窗口刚打开时样子如图 7-1 所示。

宏设计视图分左右两部分:左侧部分是添加操作和设置操作参数的位置,在"添加新操作"组合框中可以选择所需要的一个宏操作名称,例如 MessageBox、OpenForm 等,在各个"参数"框中显示创建指定宏操作时所需设置的参数;右侧部分是操作目录,用户可以从操作目录中选择所需操作,在操作目录中包括可以添加的程序流程、操作和在此数据库中等项目。

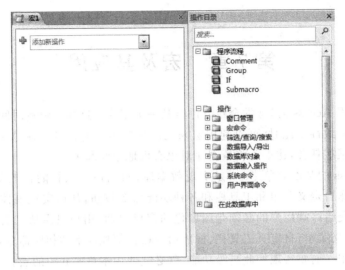

图 7-1　宏设计视图

1. 程序流程

- Comment：显示当宏运行时未执行的信息。用户选择此项后，可在宏设计视图左侧填写此操作的注视信息，如图 7-2 所示。

图 7-2　Comment 选项

- Group：允许操作和程序流程在已命名、可折叠、未执行的块中分组。用户选择此项后，可在 Group 组中添加相关操作，如图 7-3 所示。

图 7-3　Group 选项

- If：如果条件的评估结果为真，则执行逻辑块。用户选择此项后，可在 If 组中添加操作，以形成逻辑块，如图 7-4 所示。
- Submacro：允许在只能由 RunMacro 或 OnError 宏操作调用的宏中执行一组已命名的宏操作。用户选择此项后，可以添加子宏，并在子宏中添加操作，如图 7-5 所示。

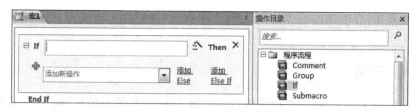

图 7-4 If 选项

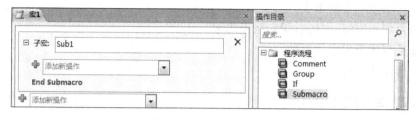

图 7-5 Submacro 选项

2. 操作

用户展开操作,其中包括有关窗口管理、宏命令、筛选/查询/搜索、数据导入/导出、数据库对象、数据输入操作、系统命令和用户界面命令等选项。而每一个选项中又包含对应的宏操作。例如,选择了数据库对象选项,则可以看到其中包含的各个操作,如图 7-6 所示。

3. 在此数据库中

用户展开此项目,可以看到某些带有命令按钮的窗体信息,即主要是各个命令按钮的单击事件,该事件主要完成记录的导航操作,如图 7-7 所示。

图 7-6 "数据库对象"选项   图 7-7 第一项.OnClick 选项

当关闭宏设计视图时,如果是新建宏将要求输入新的宏对象名称;如果是修改已有的宏就要求确认对宏的修改即可。

7.2 宏 的 创 建

在 Access 中创建宏不同于编程,用户可以不设计编程代码,没有太多的语法要掌握,所要做的就是在宏的操作列表中安排一些简单的选项。用户可以创建一个宏,用于执行某个特定的操作,要创建宏首先要进入宏设计窗口,我们总是在宏设计窗口中设计和编辑宏。

7.2.1　引例

某用户创建了一个"选课查询窗体宏",它包含了"学生基本信息"和"学生课程成绩查询"宏。该例题包含本节中要介绍的知识如下:

- 如何创建一个简单宏。
- 如果创建宏组,如何引用宏组中的宏。
- 如果创建引用宏的窗体。
- 如何创建条件宏。

7.2.2　宏的创建方法

利用宏设计视图创建宏有两种方法:一种是在窗口中的"添加新操作"下拉列表框中选择宏操作;另一种方法是通过拖拽数据库对象添加宏操作。在宏设计视图创建宏应该遵循以下步骤。

1. 在添加新操作列表中设置宏操作

在宏设计视图左侧添加宏操作,在选择操作之前应先单击"设计"选项卡中的"显示/隐藏"选项组内的"显示所有操作"选项,如图 7-8 所示,否则将只能显示常用宏操作。在添加操作单元格右端出现下拉按钮,单击下拉按钮就会出现下拉列表框,在其中按字母顺序罗列出 Access 内置的全部 86 个操作命令名称,按照它们的功能可以大致分成如下 8 类:

图 7-8　"设计"选项卡

(1) 窗体管理的常用宏操作,如表 7-1 所示。

表 7-1　窗体管理的常用宏操作

操 作 名 称	基 本 功 能
CloseWindows	关闭指定的窗口,如果无指定的窗口,则关闭激活的窗口
MaximizeWindows	最大化激活窗口使它充满 Microsoft Access 窗口
MinimizeWindows	最小化激活窗口使之成为 Microsoft Access 窗口底部的标题栏
MoveAndSizeWindows	移动并调整激活窗口。如果不输入参数,则 Microsoft Access 使用当前设置。度量单位为 Windows"控制面板"中设置的标准单位(英寸或厘米)
RestoreWindows	将最大化或最小化窗口还原到原来的大小。此操作一直会影响到激活的窗口

（2）宏命令的常用操作，如表 7-2 所示。

表 7-2　宏命令的常用操作

操 作 名 称	基 本 功 能
CancelEvent	取消导致该宏（包含该操作）运行的 Microsoft Access 事件。例如，如果 BeforeUpdate 事件使一个验证宏运行并且验证失败，使用这种操作可取消数据更新
ClearMacroError	清除 MacroError 对象中的上一个错误
Echo	隐藏或显示执行过程中宏的结果。模式对话框（如错误消息）将一直显示
OnError	定义错误处理行为
OpenVisualBasicModule	在指定过程的"设计"视图中打开指定的 Visual Basic 模块。此过程可以是 Sub 过程、Function 过程或事件过程
RemoveAllTempVars	删除所有临时变量
RemoveTempVar	删除一个临时变量
RunCode	执行 Visual Basic Function 过程。若要执行 Sub 过程或事件过程，请创建 Sub 过程或事件过程的 Function 过程
RunDataMacro	运行数据宏
RunMacro	执行一个宏。可用该操作从其他宏中执行宏、重复宏，基于某一条件执行宏，或将宏附加于自定义菜单命令
RunMenuCommand	执行 Microsoft Access 菜单命令。当宏运行该命令时，此命令必须适用于当前的视图
SetLocalVar	将本地变量设置为给定值
SetTempVar	将临时变量设置为给定值
SingleStep	暂停宏的执行并打开"单步执行宏"对话框
StartNewWorkflow	为项目启动新工作流
StopAllMacros	终止所有正在运行的宏。如果回应和系统消息的显示被关闭，此操作也会将它们都打开。在符合某一出错条件时，可使用这个操作来终止所有的宏
StopMacro	终止当前正在运行的宏。如果回应和系统消息的显示被关闭，此操作也会将它们都打开。在符合某一出错条件时，可使用这个操作来终止一个宏
WorkflowTasks	显示"工作流任务"对话框

（3）筛选/查询/搜索的常用操作，如表 7-3 所示。

表 7-3　筛选/查询/搜索的常用操作

操 作 名 称	基 本 功 能
ApplyFilter	在表、窗体或报表中应用筛选、查询或 SQL WHERE 子句可限制或排序来自表中的记录，或来自窗体、报表的基本表或查询中的记录
FindNextRecord	查找符合最近的 FindRecord 操作或"查找"对话框中指定条件的下一条记录。使用此操作可移动到符合同一条件的记录

操作名称	基本功能
FindRecord	查找符合指定条件的第一条或下一条记录。记录能在激活的窗体或数据表中查找
OpenQuery	打开选择查询或交叉表查询,或执行操作查询。查询可在"数据表"视图、"设计"视图或"打印预览"中打开
Refresh	刷新视图中的记录
RefreshRecord	刷新当前记录
RemoveFilterSort	删除当前筛选
Requery	在激活的对象上实施指定控件的重新查询;如果未指定控件,则实施对象的重新查询。如果指定的控件不基于表或查询,则该操作将使控件重新计算
RunSQL	执行指定的 SQL 语句以完成操作查询,也可以完成数据定义查询。可以用该语句来修改当前数据库或其他数据库(使用 IN 子句)中的数据和数据定义
SearchForRecord	基于某个条件在对象中搜索记录
SetFilter	在表、窗体或报表中应用筛选、查询或 SQL WHERE 子句可限制或排序来自表中的记录,或来自窗体、报表的基本表或查询中的记录
SetOrderBy	对来自表中的记录或来自窗体、报表的基本表或查询中的记录应用排序
ShowAllRecords	在激活的表、查询或窗体中删除所有已应用的筛选。可显示表或结果集中的所有记录,或显示窗体的基本表或查询中的所有记录

(4) 数据导入/导出的常用操作,如表 7-4 所示。

表 7-4　数据导入/导出的常用操作

操作名称	基本功能
AddContactFromOutlook	添加来自 Outlook 中的联系人
CollectDataViaEmail	在 Outlook 中使用 HTML 或 InfoPath 表单收集数据
EMailDatabaseObject	将指定的数据库对象包含在电子邮件消息中,对象在其中可以查看和转发。可以将对象发送到任一使用 Microsoft MAPI 标准接口的电子邮件应用程序中
ExportWithFormatting	将指定数据库对象中的数据输出为 Microsoft Excel(. xls)、格式文本(. rtf)、MS-DOS 文本(. txt)、HTML(. htm)或快照(. snp)格式
ImportExportData	从某个数据库向当前数据库导入数据、从当前数据库向其他数据库导出数据,或将其他数据库的表链接到当前数据库中
ImportExportSpreadsheet	从电子表格文件向当前 Microsoft Access 数据库导入数据或链接到数据,或从当前的 Microsoft Access 数据库向电子表格文件导出数据
ImportExportText	将数据从文本文件导入到当前 Microsoft Access 数据库、从当前的 Microsoft Access 数据库导出到文本文件,或将文本文件中的数据链接到当前的 Microsoft Access 数据库。还可以将数据导出到 Microsoft Word 中以生成 Windows 邮件合并数据文件

操 作 名 称	基 本 功 能
ImportSharePointList	从 SharePoint 网站导入或链接数据
RunSavedImportExport	运行所选的导入或导出规格
SaveAsOutlookContact	将当前记录另存为 Outlook 联系人
WordMailMerge	执行"邮件合并"操作

（5）数据库对象的常用操作，如表 7-5 所示。

表 7-5 数据库对象的常用操作

操 作 名 称	基 本 功 能
CopyObject	将指定的数据库对象复制到不同的 Microsoft Access 数据库，或复制到具有新名称的相同数据库。使用此操作可迅速创建类似对象，也可将对象复制到其他数据库中
DeleteObject	删除指定对象；未指定对象时，删除导航窗格中当前选中的对象。Access 不显示消息来要求用户确认删除
GoToControl	将焦点移到激活数据表或窗体上指定的字段或控件上
GoToPage	将焦点移到激活窗体指定页的第一个控件。使用 GoToControl 操作可将焦点移到指定字段或其他控件上
GoToRecord	在表、窗体或查询结果集中的指定记录成为当前记录
OpenForm	在"窗体"视图、"设计"视图、"打印预览"或"数据表"视图中打开窗体
OpenReport	在"设计"视图或"打印预览"中打开报表，或立即打印该报表
OpenTable	在"数据表"视图、"设计"视图或"打印预览"中打开表
PrintObject	打印当前对象
PrintPreview	当前对象的"打印预览"
RenameObject	重命名指定对象；如果未指定对象，则重命名导航窗格中当前选中的对象。此操作与 CopyObject 操作是用新名称创建对象的一个副本
RepaintObject	在指定对象上完成所有未完成的屏幕更新或控件的重新计算；如果未指定对象，则在激活的对象上完成这些操作
SaveObject	保存指定对象；未指定对象时，保存激活对象
SelectObject	选择指定的数据库对象，然后可以对此对象进行某些操作。如果对象未在 Access 窗口中打开，请在导航窗格中选中它
SetProperty	设置控件属性
SetValue	为窗体、窗体数据表或报表上的控件、字段或属性设置值

（6）数据输入操作的常用操作，如表 7-6 所示。

表 7-6　数据输入操作的常用操作

操 作 名 称	基 本 功 能	操 作 名 称	基 本 功 能
DeleteRecord	删除当前记录	SavRecord	保存当前记录
EditListItems	编辑查阅列表中的项		

（7）系统命令的常用操作，如表 7-7 所示。

表 7-7　系统命令的常用操作

操 作 名 称	基 本 功 能
Beep	使计算机发出嘟嘟声。使用此操作可表示错误情况或重要的可视性变化
CloseDatabase	关闭当前数据库
DisplayHourglassPointer	当宏执行时，将正常光标变为沙漏形状（或所选定的其他图标）。宏完成后会恢复正常光标
OpenSharePointList	浏览 SharePoint 列表
OpenSharePointRecycleBin	查看 SharePoint 网站回收站
PrintOut	打印激活的数据库对象。可以打印数据表、报表、窗体以及模块
QuitAccess	退出 Microsoft Access 可从几种保存选项中选择一种
RunApplication	启动另一个 Microsoft Windows 或 MS-DOS 应用程序，如 Microsoft Excel 或 Word 指定的应用程序将在前台运行，同时宏也将继续运行
Sendkeys	向 Microsoft Access 或其他激活的应用程序中发送键击。这些键击和您在应用程序中按键的效果一样
SetWarnings	关闭或打开所有系统消息。可防止模式警告终止宏的执行（尽管错误消息和需要用户输入的对话框仍然显示）。这与在每个消息框中按 Enter（一般为"确定"或"是"）效果相同

（8）用户界面命令的常用操作，如表 7-8 所示。

表 7-8　用户界面命令的常用操作

操 作 名 称	基 本 功 能
AddMenu	为窗体或报表将菜单添加到自定义菜单栏。菜单栏中的每个菜单都需要一个独立的 AddMenu 操作。同样，为窗体、窗体控件或报表添加自定义快捷菜单，以及为所有的 Microsoft Access 窗口添加全局菜单栏或全局快捷菜单，也都需要一个独立的 AddMenu 操作
BrowseTo	将子窗体的加载对象更改为子窗体控件
LockNavigationPane	用于锁定或解除锁定导航窗格
MessageBox	显示含有警告或提示消息的消息框。常用于当验证失败时显示一条消息
NavigateTo	定位到指定的"导航窗格"组和类别

操作名称	基本功能
Redo	重复最近的用户操作
SetDisplayedCategories	用于指定要在导航窗格中显示的类别
SetMenuItem	为激活窗口设置自定义菜单(包括全局菜单)上菜单项的状态(启用或禁用,选中或不选中)。仅适用于用菜单栏宏所创建的自定义菜单
ShowToolbar	显示或隐藏内置工具栏或自定义工具栏。工具栏可以始终显示、仅正常显示或隐藏
UndoRecord	撤销最近的用户操作

就像表中所显示的那样,我们有必要了解 Access 有哪些宏操作及其基本功能,只有这样才能正确选择宏操作,进而完成既定任务。

2. 在宏中设置操作参数

在添加新操作列表的下方操作参数区内填写操作参数。几乎所有宏操作都有操作参数,如果你对参数不甚了解,那么按下功能键 F1 就可以看到该宏操作的详细帮助信息。OpenReport 宏操作的参数如图 7-9 所示。

图 7-9   宏操作参数

填写操作参数应该遵循以下方法:

(1) 必须按参数排列顺序从前向后依次设置操作参数;因为前面参数的选择会影响或决定后面参数的选择。例如先填写"报表名称",再填写"视图"。

(2) 注意填写参数值的方法。当参数后面有下拉按钮时,应该在列表框中选择,例如选择"报表名称";当后面是表达式生成器时,既可以直接输入表达式也可以进入表达式生成器,例如填写"当条件 ="项;当仅仅是个文本框时,就只能从键盘输入了,例如填写"筛选名称"。

(3) 可以通过鼠标拖放的方法设置操作参数。可以把数据库对象拖放到操作列中,例如我们把某窗体从数据库窗体列表框用鼠标拖放到宏设计视图的操作列,就会自动调用 OpenForm 操作,同时会自动填写操作参数;如果操作中有调用数据库对象名的参数,则可以将对象从"数据库"窗口拖放到参数框,从而设置参数及其对应的对象类型参数。

(4) 如果操作参数由运算符、字段名、控件名、函数名构成的表达式计算而来,那么必须在前面加等号(=),再写出对应的表达式来设置操作参数。例如"当条件 ="中可以直接填写"[学号]="1003"",也可以填写"=[学号]='100'&'3'"",其中[学号]是报表控件名;又如 MessageBox 操作的"消息"参数,不能直接填写"学号是[学号]",而只能写成"=''学号是'&[学号]""。但是也有两个例外:SetValue 的"表达式"参数和 RunMacro 的"重复"表达式不能使用等号开头。

3. 编辑宏

一个宏对象往往由多个操作构成。进入宏设计视图可以根据实际任务的需要对宏进行必要的编辑。

1）插入宏操作

单击宏设计视图左边的"添加新操作"列表选中一个操作，新选择的操作将出现在已有操作列表的最下方。

2）删除宏操作

单击已有操作列表中某个操作，将其选定为当前操作，而后单击操作命令右侧的"删除"按钮，如图7-9所示，就把当前操作删除，下面的行马上上移。

3）移动宏操作

单击已有操作列表中某个操作，将其选定为当前操作，而后单击操作命令右侧的"上移"或"下移"按钮，如图7-9所示，就可以上下移动操作命令的位置。

4）复制宏操作

单击已有操作列表中某个操作，将其选定为当前操作，而后单击右键在快捷菜单中选择"复制"命令后，再于空白位置处单击右键在快捷菜单中选择"粘贴"命令，就可以复制宏操作了；用相同的做法可以在不同的宏之间复制宏操作。

例7.1 制作宏ShowDate，在消息框中显示机器日期和时间。

进入宏设计视图，在操作列取MessageBox操作，在"消息"参数框输入

```
="现在是"&Date()&""&Time()
```

请注意表达式的写法；在"类型"参数框选择"信息"，在"标题"参数框输入"时间提示"；然后以ShowDate为名保存它。宏名ShowDate将出现在数据库的宏列表框中。

接着就可以运行宏了。这里只介绍最简单的宏的运行方法，其他方法本章有专门介绍。运行宏的方法是：选择"设计"选项卡上的"工具"选项组中的"运行"选项，即可运行设计好的宏。本例的运行结果如图7-10所示。

7.2.3 创建基本宏

1. 基本宏概念

所谓基本宏就是只有操作列表的宏。其特点是运行宏时将按照各操作行的顺序从前往后依次执行所有操作行。下面通过几个例子来看基本宏的创建方法。首先假定在"教务管理"数据库中的"学生基本信息"查询，打开后结果如图7-11所示。

图7-10 名为ShowDate的宏的运行结果　　　图7-11 "学生基本信息"查询的全部数据

2. 基本宏实例

1) 创建"学生基本信息"宏

例 7.2 创建"学生基本信息"宏,通过"宏"设计视图完成的具体操作步骤如下:

(1) 在"教务管理"数据库窗口中,选择"创建"选项卡中的"宏与代码"选项组内的"宏"选项,弹出如图 7-1 所示的宏设计视图。

(2) 单击"添加新操作"列表右边的下拉按钮,在下拉列表框中,选择要使用的操作 OpenQuery(打开查询)。

在"查询名称"下拉列表框中,选择一个查询"学生基本信息查询"。在"视图"下拉列表框中选择一种视图"数据表"。在"数据模式"下拉列表框中选择一种模式"只读",如图 7-12 所示。

(3) 单击快速访问工具栏中的"保存"按钮,弹出如图 7-13 所示的"另存为"对话框,命名为"学生基本信息",单击"确定",即可保存该宏。

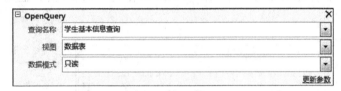
图 7-12　参数设置

图 7-13　"另存为"对话框

2) 创建"学生学期成绩查询"宏

例 7.3 创建"学生学期成绩查询"宏,通过拖动数据库对象添加宏操作,具体操作步骤如下:

(1) 打开宏的设计视图,此时数据库窗口和宏设计视图将在屏幕上垂直平铺显示,如图 7-14 所示。

图 7-14　数据库窗口和宏窗口在屏幕上垂直平铺显示

（2）在数据库窗口中可以选择要打开的表、查询、窗体或报表，按住鼠标左键，拖动到宏设计视图的"操作"列的第一个空行，然后放开鼠标左键；在操作参数各框中，依次设置该宏操作对应的各项参数。本例中，先单击"查询"对象中的"学生课程成绩查询"，将其拖动到宏设计视图的第一个空白的"添加新操作"列表，放开鼠标。在"添加新操作"列表中会出现 OpenQuery 宏命令。在该命令的操作参数各框中会自动添加一部分参数，如图 7-12 所示相似。

（3）保存该宏，宏名为"学生课程成绩查询"。

值得注意的是，拖动数据库对象添加宏操作只能创建打开数据库对象的很少几个宏操作。除此之外的其他宏操作不能用这种方法创建。

例 7.4 首先创建一个窗体"学生学期成绩查询"，用连续窗体格式显示查询"学生学期成绩查询"的所有字段和所有记录；这里的任务是：打开该窗体，在窗体上显示至少一门课程不及格的学生记录。不难发现只需要一个 OpenForm 操作就可以了，设计名为"不及格名单"的宏，如图 7-15 所示。

图 7-15　不及格名单宏的设计

其中"当条件 ＝"参数填写"［考试成绩］＜60"。运行该宏，运行结果如图 7-16 所示。

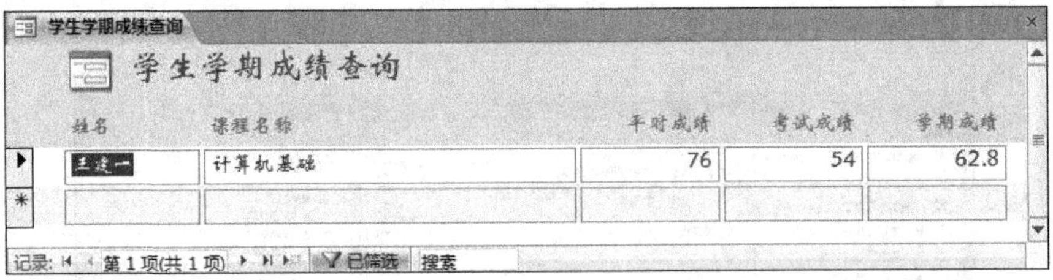

图 7-16　不及格名单宏运行结果

例 7.5 这里的任务是：打开名为"学生"的窗体，把窗体移动到指定位置，再把学号为 2012011203201 的记录置为当前记录。经分析可知宏由 4 个操作 OpenForm、MoveAnd-SizeWindows、GoToControl、FindRecord 构成，它们的功能依次是：OpenForm 负责打开"学生"窗体；MoveSize 把窗体移到指定位置；GoToControl 指定"学号"是当前字段；FindRecord 负责在当前字段中查找值为 2012011203201 的记录，如果找到了就把该记录置为当前记录。各操作及操作参数如图 7-17 所示。

图 7-17 设置 OpenForm、MoveAndSizeWindows、GoToControl、FindRecord 操作及操作参数

以"学生"为名保存宏,运行该宏,结果如图 7-18 所示。

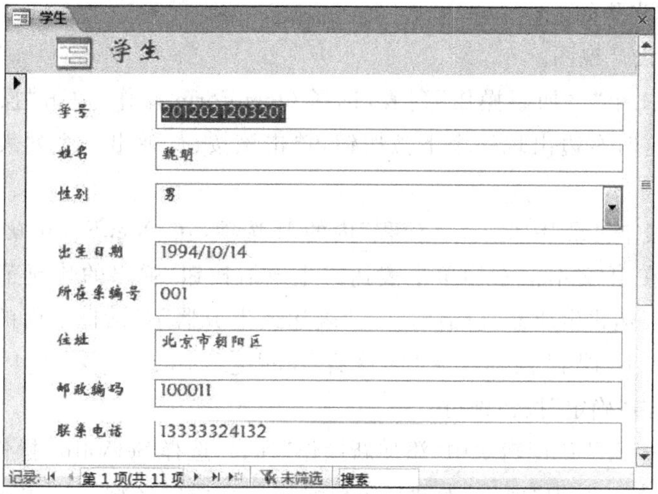

图 7-18 运行宏以后的效果

7.2.4 创建条件宏

1. 条件宏概念

在宏设计视图中"操作目录"中的"操作流程"内的 If 选项文本框中输入指定条件表达式。所谓条件宏就是在 If 选项文本框中有条件表达式的宏。条件是一个运算结果为

True/False 或"是/否"的逻辑表达式。宏将根据条件结果的真或假而沿着不同的路径进行。

在书写条件宏中的条件表达式时,应该注意,每一个条件表达式只能控制 If…End If 之间的操作是否执行,如果连续多个操作的条件表达式相同,那么可以将它们放在 If… End If 中。运行宏时,系统会计算条件表达式的值,如果为 true(真),就执行 If…End If 内的所有操作命令,然后,Access 将执行宏中其他 If…End If 之外的操作,直到到达另一个条件表达式、宏名或宏的结尾为止。如果为 false(假),就不执行 If…End If 内的操作命令,并且移到下一个操作命令继续执行。

在条件宏中,通过 If 选项中的条件表达式来控制宏操作的流程,从程序设计的观点看,与简单 IF…ELSE…语句相类似。

在 If 选项内输入条件表达式,既可以直接通过键盘输入,也可以单击表达式生成器按钮🔨,在打开的"表达式生成器"中建立条件表达式。

2. 条件宏实例

1) 创建条件操作宏

当需要根据某一特定条件执行宏中某个或某些操作时,可以创建条件宏。

例 7.6 在"教务管理"数据库中创建一个条件操作宏。该宏打开"课程信息"窗体,当窗体中当前记录的"课程性质"为"选修课",并且"学分"的值为 3 时,将"学分"的值改为 2,修改完后显示消息提示框,并关闭"课程信息"窗体。

具体的操作步骤如下:

(1) 打开宏设计视图。

(2) 单击第 1 个"添加新操作"列表,选择 OpenForm 操作,单击"操作参数"区中的"窗体名称"框,这时右边出现一个下拉按钮,单击该按钮,弹出一个列表,从列表中选择"课程信息"窗体。

(3) 双击"操作目录"中的"操作流程"内的 If 选项,在 OpenForm 操作下方出现 If… End If 逻辑块,在 If 文本框右侧单击表达式生成器按钮,弹出的快捷菜单中选择"生成器"命令,打开"表达式生成器"对话框。在"表达式生成器"对话框上面的文本框中输入:[Forms]![课程]![课程性质]="选修课" and [Forms]![课程]![学分]=3,如图 7-19 所示,单击"确定"按钮即可。

(4) 单击 If…End If 逻辑块中"添加新操作"列表,选择 SetValue 操作,设置"项目"和"表达式"两个参数。其中"项目"参数指定要设置的字段的名称,"表达式"参数指定该字段的新值。单击"项目"参数,在该行右侧显示出"表达式生成器"按钮,单击该按钮,弹出"表达式生成器"对话框。在"表达式生成器"左下方的框中,双击"窗体"项目,再双击"所有窗体",将打开窗体的列表,从中选择"课程信息"窗体。双击其中的"学分"控件,这时在对话框上面文本框中自动出现:[Forms]![课程]![学分],如图 7-20 所示。在"表达式"参数框中输入"2"。

(5) 在 If…End If 逻辑块下方单击"添加新操作"列表选择 MessageBox 操作,在"消

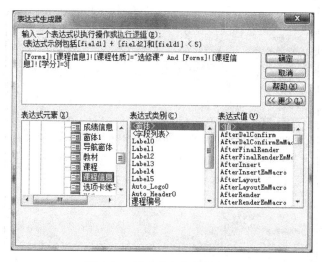

图 7-19　If 选项中条件的设置

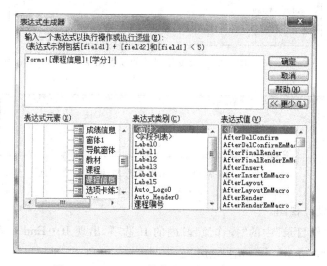

图 7-20　SetValue 操作中"项目"参数的设置

息"参数框中输入"学分更改完毕!",在"类型"参数框中选择"信息",在"标题"参数框中输入"更改完毕"。

（6）继续在下方单击"添加新操作"列表选择 CloseWindow 操作,在"对象类型"参数框中选择"窗体",在"对象名称框"中选择"课程信息"。

（7）单击快速访问工具栏上的"保存"按钮,系统弹出"另存为"对话框。在"宏名称"文本框中输入"更改学分",单击"确定"按钮。整体设计效果如图 7-21 所示。

例 7.7　创建名叫"输出奇偶数"的窗体,在窗体上放置两个文本框 input 和 output, input 用来输入一个正整数,放置一个命令按钮 cmd1(确定),当单击命令按钮时在 output 中输出奇偶数信息,如图 7-22 所示。为此只需要创建名为"判断奇偶数"的宏,并将宏绑定到"确定"按钮上就可以了。

图 7-21　宏设计视图的设置结果

图 7-22　输出奇偶数窗体

（1）打开宏设计视图。

（2）双击"操作目录"中的"操作流程"内的 If 选项，出现 If…End If 逻辑块，在"If"文本框内输入条件"[input].[Value] Mod 2＝0"。

（3）在 If…End If 逻辑块内，单击第 1 个"添加新操作"列表选择"SetValue"操作，在"项目"参数框中输入"[output].[Value]"，在"表达式"参数框中输入"[input].[Value] & "是偶数""；单击第二个"添加新操作"列表选择"StopMacro"操作（该操作无参数选项）。

（4）在 If…End If 逻辑块下方单击"添加新操作"列表选择 SetValue 操作，在"项目"参数框中输入"[output].[Value]"，在"表达式"参数框中输入"[input].[Value] & "是奇数""，设置结果如图 7-23 所示。

（5）单击快速访问工具栏上的"保存"按钮，系统弹出"另存为"对话框。在"宏名称"文本框中输入"判断奇偶数"，单击"确定"按钮。

例 7.8　这是一个验证密码的例子，创建"验证密码"窗体，在窗体属性"其他"选项卡窗口中把标签（Tag）的值设为 0，因为我们需要用 Tag 属性来记录单击命令按钮的次数；

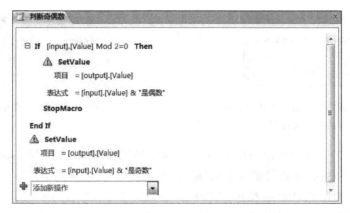

图 7-23　设计"判断奇偶数"宏

在窗体中放置一个密码文本框 password,把它的输入掩码属性设置成 PASSWORD,输入密码时将显示"＊",再放置一个命令按钮 cmd1(确定);假设密码是"123",窗体运行时,按下命令按钮,如果密码正确就打开"学生学期成绩查询"窗体;如果密码错误,就弹出密码错误消息框;如果 3 次输入都失败,则关闭窗体自身以拒绝输入。窗体如图 7-24所示。

图 7-24　验证密码窗体

(1) 打开宏设计视图。

(2) 单击第一个"添加新操作"列表,选择 SetValue 操作。在"项目"参数框中输入"[Tag]",在"表达式"参数框中输入"[Tag]＋1",其作用是无条件地把窗体的 Tag 的属性值增加 1,作为单击命令按钮次数的累加器。

(3) 双击"操作目录"中的"操作流程"内的 If 选项,在 If 文本框右侧输入条件"[Tag]＝3"。其作用是判断"[Tag]＝3"的真假,如果为真说明已经是第三次单击命令按钮,所以执行下面 3 个操作命令。消息框如图 7-25 所示。

(4) 在 If…End If 逻辑块内单击第一个"添加新操作"列表选择 MessageBox 操作,在"消息"参数框中输入"你是非法用户,将关闭密码窗口",在的"标题"参数框中输入"非法操作";单击第二个"添加新操作"列表选择 CloseWindow 操作,在"对象类型"参数框中选择关闭对象为"窗体",在"对象名称"参数框中选择所关闭的窗体名称为"验证密码"。单击第三个"添加新操作"列表选择 StopMacro 操作。

(5) 双击"操作目录"中的"操作流程"内的 If 选项,在 If 文本框右侧输入条件"[password]＜＞"123""。其作用是如果[Tag]＝3 为假,就再判断"[password]＜＞"123""的真假,如果为真,即执行下面 3 个操作命令。消息框如图 7-26 所示。

图 7-25　密码错误输入 3 次以上打
开的非法操作提示框

图 7-26　密码错误输入提示框

（6）在 If…End If 逻辑块内单击第 1 个"添加新操作"列表选择 MessageBox 操作，在
"消息"参数框中输入"密码错误"，在的"标题"参数框中输入"密码出错"。单击第二个"添
加新操作"列表选择 SetValue 操作，在"项目"参数框中输入"[password]"，在"表达式"参
数框中输入""""，其作用是把密码框清空。单击第三个"添加新操作"列表选择
StopMacro 操作。

（7）双击"操作目录"中的"操作流程"内的 If 选项，在 If 文本框右侧输入条件
"[password]＝"123""。其作用是当"[password]＝"123""为真时，执行步骤（8）中的 2 个
操作命令。

（8）在 If…End If 逻辑块内单击第一个"添加新操作"列表选择 CloseWindow 操作，
在"对象类型"参数框中选择关闭对象为"窗体"，在"对象名称"参数框中选择所关闭的窗
体名称为"验证密码"。单击第二个"添加新操作"列表选择 OpenForm 操作，在"视图"参
数框中选择"窗体"，在"窗体名称"参数框中选择所打开的窗体名称为"学生学期成绩查
询"。部分设置结果如图 7-27 所示。

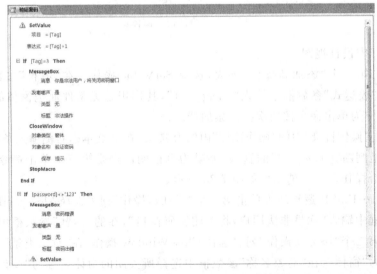

图 7-27　验证密码宏的部分设计结果

（9）最后单击快速访问工具栏上的"保存"按钮，系统弹出"另存为"对话框。在"宏名
称"文本框中输入"验证密码"，单击"确定"按钮。

说明：包括窗体、报表在内的几乎所有控件都有"标签"Tag 属性，可以用 Tag 属性保存任何数据,在宏中使用 Tag 属性就像在高级语言中使用变量一样;窗体或报表一旦打开,它们以及它们上的控件的 Tag 属性立即可用。

3. 调试宏

当宏创建后,可以使用单步执行来调试宏,以观察宏的流程和每一个操作的结果。这样可以排除导致错误的操作。

单步执行调试宏的具体操作步骤如下:

(1) 在数据库窗口中"所有 Access 对象导航窗格"内选择"宏"对象。

(2) 右击要打开的宏名。在弹出的快捷菜单中单击"设计视图"选项,进入宏的设计视图。

(3) 单击"设计"选项卡中的"工具"选项组内"单步"选项后,再单击"运行"选项,弹出如图 7-28 所示的"单步执行宏"对话框。

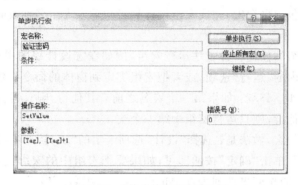

图 7-28 "单步执行宏"对话框

在"单步执行宏"对话框中,显示将要执行的下一个宏操作的相关信息,包括"单步执行"、"停止所有宏"、"继续"3 个按钮。单击"停止所有宏"按钮,将停止当前宏的继续执行;单击"继续"按钮,将结束单步执行的方法,并继续运行当前宏的其余操作。在没有取消"单步"或在单步执行中没有选择"继续"前,只要不关闭 Access 2010,"单步"操作始终起作用。

(4) 根据需要,单击"单步执行"、"停止所有宏"、"继续"中的一个按钮,直到完成整个宏的调试。

7.2.5 创建宏组

1. 宏组概念

Access 允许用户把多个宏以特定的方式集中在一起,这种多个宏的集合称为宏组,宏组不但为程序员管理众多的宏提供了方便,而且宏组还有一般宏所没有的独特用法,极大地增强了数据库的功能。

宏组是多个基本宏的集合。通常情况下,如果存在许多宏,最好将相关的宏分到不同的宏组,这样有助于数据库的管理。

宏组类似于程序设计中的"主程序",而宏组中"宏名"列中的宏类似于"子程序"。使用宏组既可以增加控制,又可以减少编制宏的工作量。

宏操作是宏最基本的单元,一个宏操作由一个宏命令完成。宏是宏操作的集合,有宏名。宏组是宏的集合,有宏组名。简单宏组包含一个或多个宏操作,没有宏名;复杂宏组包含一个或多个宏(必须有宏名),这些宏分别包含一个或多个宏操作。可以通过引用宏组中的"宏名"(宏组名.宏名)执行宏组中的宏。执行宏组中的宏时,Access 系统将按顺序执行"宏名"列中的宏所设置的操作以及紧跟在后面的"宏名"列为空的操作。

2. 创建宏组

打开宏设计视图,选择"操作目录"中的"操作流程"内的 Submacro 选项,出现"子宏……EndSubmacro"操作块,即可设计宏组:在"子宏"文本框中输入宏名,从宏名所在操作开始到下一个宏名为止的连续多个操作就构成了一个宏;特别地,第一个宏名前面的行也可以像一般宏那样设计,但这些行的操作只属于宏组而不属于宏组中的任何宏。

一个宏组可以包含多个宏;完成宏组设计后必须输入宏组名称及时保存。

3. 运行宏组

可以用前面介绍的任何一种方法运行宏组,例如在宏设计视图中单击"设计"选项卡中的"工具"选项组内的"运行"选项,或者把宏组绑定到窗体的命令按钮的单击事件上,但是这样运行宏组有如下弊端:如果第一个宏名之前有其他行,则只运行这些行;如果第一个宏名之前没有其他行,则只运行宏组中第一个宏。

要运行宏组中的宏,做法是:选择"设计"选项卡上的"工具"选项组中的"运行"选项,选择"宏组名.宏名",单击"确定"按钮即可;如果要把宏组中的宏绑定到命令按钮等控件的事件上,则在控件的相应事件列表框中也要选择"宏组名.宏名"。

4. 宏组实例

1) 创建宏组

例 7.9 创建一个如图 7-29 所示的"选课宏组"。它包含"打开学生基本信息查询"和"打开学生学期成绩查询"两个宏。

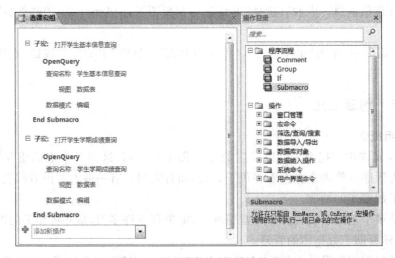

图 7-29 "选课宏组"的设计界面

（1）在"教务管理"数据库窗口中，选择"创建"选项卡中的"宏与代码"选项组内的"宏"选项，弹出宏设计视图。

（2）双击"操作目录"中的"操作流程"内的 Submacro 选项，出现"子宏……End Submacro"操作块，在"子宏"文本框中输入"打开学生基本信息查询"，以作为宏名使用，单击"子宏……End Submacro"操作块内"添加新操作"列表，再单击右边的下拉箭头，在下拉列表框中，选择要使用的操作 OpenQuery(打开查询)。查询名称为"学生基本信息查询"。

（3）双击"操作目录"中的"操作流程"内的 Submacro 选项，出现"子宏……End Submacro"操作块，在"子宏"文本框中输入"打开学生学期成绩查询"，以作为宏名使用，单击"Submacro…End Submacro"操作块内"添加新操作"列表，再单击右边的下拉按钮，在下拉列表框中，选择要使用的操作 OpenQuery(打开查询)。查询名称为"学生学期成绩查询"。

（4）单击快速访问工具栏中的"保存"按钮，弹出"另存为"对话框，命名为"选课宏组"，单击"确定"按钮，即可保存该宏组。

2）创建引用宏的窗体

创建一个如图 7-30 的窗体，当单击命令按钮"打开学生基本信息查询"与"打开学生学期成绩查询"时，运行"选课宏组"中相应的宏"打开学生基本信息查询"和"打开学生学期成绩查询"。

图 7-30　选课查询窗体

在"窗体"设计视图中，添加一个标签控件，其内容为"选课查询窗体宏"，再添加 2 个命令按钮控件即"打开学生基本信息查询"按钮和"打开学生学期成绩查询"按钮。并定义两上命令按钮的单击事件属性如图 7-31 和图 7-32 所示。另外，打开窗体的属性设计对话框，切换到"格式"选项卡，将其中的"记录选择器"和"导航按钮"设置为"否"，如图 7-33 所示。这样在打开窗体视图时，将不会显示记录选择器和记录导航按钮。

例 7.10　首先创建一个名叫"时钟"的窗体，放置一个用来显示时间的文本框 time，放置 3 个命令按钮"红色"、"绿色"和"蓝色"，这里的任务是：在文本框中动态显示当前时间，单击命

图 7-31　"打开学生基本信息查询"命令按钮的单击事件属性设置

令按钮时就把文本框的背景色变成相应的颜色,如图 7-34 所示。

图 7-32　"打开学生学期成绩查询"命令按钮的
　　　　　单击事件属性设置

图 7-33　设置"格式"选项卡中的"记录
　　　　　选择器"和"导航按钮"属性

图 7-34　时钟窗体设计

　　按例题的描述就必须创建 4 个宏:1 个用来计时,3 个用来改变背景颜色。现在改用宏组,设计一个名叫"时钟"的宏组,它由 4 个宏构成,每个宏只有单独的一个操作,如图 7-35 所示。具体的操作步骤如下:

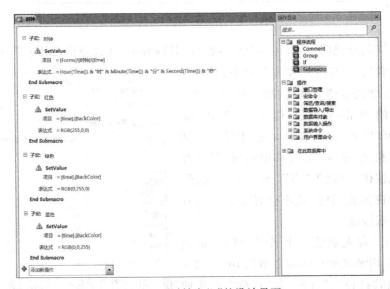

图 7-35　"时钟宏组"的设计界面

（1）在"教务管理"数据库窗口中，选择"创建"选项卡中的"宏与代码"选项组内的"宏"选项，弹出宏设计视图。

（2）双击"操作目录"中的"操作流程"内的 Submacro 选项，出现"子宏……End Submacro"操作块，在"子宏"文本框中输入"时钟"，以作为宏名使用，单击"子宏……End Submacro"操作块内"添加新操作"列表，再单击右边的下拉按钮，在下拉列表框中，选择要使用的操作 SetValue。在"项目"参数框中输入"[Forms]![时钟]![time]"，在的"表达式"参数框中输入"Hour(Time()) & "时" & Minute(Time()) & "分" & Second (Time()) & "秒""，其作用是负责在文本框中显示动态时间。

（3）双击"操作目录"中的"操作流程"内的 Submacro 选项，出现"子宏……End Submacro"操作块，在"子宏"文本框中输入"红色"，以作为宏名使用，单击"子宏……End Submacro"操作块内"添加新操作"列表，再单击右边的下拉按钮，在下拉列表框中，选择要使用的操作 SetValue。在"项目"参数框中输入"[time].[BackColor]"，在"表达式"参数框中输入"RGB(255,0,0)"，其作用是把文本框的背景置为红色。

（4）双击"操作目录"中的"操作流程"内的 Submacro 选项，出现"子宏……End Submacro"操作块，在"子宏"文本框中输入"绿色"，以作为宏名使用，单击"子宏……End Submacro"操作块内"添加新操作"列表，再单击右边的下拉按钮，在下拉列表框中，选择要使用的操作"SetValue"。在"项目"参数框中输入"[time].[BackColor]"，在"表达式"参数框中输入"RGB(0，255,0)"，其作用是把文本框的背景置为绿色。

（5）双击"操作目录"中的"操作流程"内的 Submacro 选项，出现"子宏……End Submacro"操作块，在"子宏"文本框中输入"蓝色"，以作为宏名使用，单击"子宏……End Submacro"操作块内"添加新操作"列表，再单击右边的下拉按钮，在下拉列表框中，选择要使用的操作 SetValue。在"项目"参数框中输入"[time].[BackColor]"，在"表达式"参数框中输入"RGB(0,0,255)"，其作用是把文本框的背景置为蓝色。

（6）单击快速访问工具栏中的"保存"按钮，弹出"另存为"对话框，命名为"时钟"，单击"确定"按钮，即可保存该宏组。

说明：例题中所使用的 RGB(r,g,b)是取颜色函数，其中表示红、绿、蓝分量的参数 r,g,b 取值 0～255，如 RGB(255,0,0)表示为红色。

设计完宏组后，应将宏组的宏绑定到窗体控件的事件上。进入窗体的属性窗口，在"事件"选项卡中找到"计时器触发"事件，在后面的下拉列表中绑定"时钟.时钟"宏，同时把"计时器间隔"置为 1000ms，如图 7-36 所示，于是每隔 1s 就会执行一次"时钟.时钟"宏，如果把计时器间隔置为 0，则取消计时器触发事件；进入"红色"按钮的属性窗口，在"事件"选项卡找到"单击"事件，在后面的列表框中绑定"时钟.红色"宏，如图 7-37 所示；类似地为"绿色"按钮的单击事件绑定"时钟.绿色"宏；为"蓝色"按钮的单击事件绑定"时钟.蓝色"宏。

试运行窗体，你可以看到在文本框中动态地显示当前时间，这是因为窗体的"计时器触发"事件会每隔 1s 执行一次"时钟.时钟"宏，从而显示即时时间；单击命令按钮，就会看到文本框背景颜色的变化。

图 7-36　设置窗体的"计时器触发"事件　　　　图 7-37　设置命令按钮的"单击"事件

7.2.6　创建特殊宏

在 Access 中可以创建两种特殊宏：自动运行宏和快捷键宏组。

1. 自动运行宏

自动运行宏是一个宏名为 AutoExec 的宏，它的设计与一般宏或条件宏的设计是一模一样的。当打开数据库时系统会自动查找名叫 AutoExec 的宏，如果存在该宏，就自动执行它。利用自动运行宏可以初始化数据库参数，可以自动打开主窗体以及设置自定义的用户工作界面等。

例如图 7-38 所示的自动运行宏 AutoExec，在打开数据库时会自动打开学生基本情况窗体。

图 7-38　自动运行宏 AutoExec 设计窗口

2. 快捷键宏组

这是一个极其独特的宏组，它的独特性表现在两个方面：第一，宏组的名字必须是英文的 AutoKeys；第二，在它的设计视图的"子宏"文本框中只能输入快捷键或快捷键组合。"子宏"文本框中的每个快捷键组合相当于一个宏名，每个快捷键组合可以包含多个操作。如图 7-39 所示是一个快捷键宏组的设计实例。

其中"^O"表示快捷键 Ctrl+O，当用户任何时候用键盘敲击快捷键时，都会执行该快捷键对应的宏操作。由此可见，使用快捷键宏组可以为数据库预定义一批快捷键，通过快捷键执行宏，从而快速完成各种操作任务。

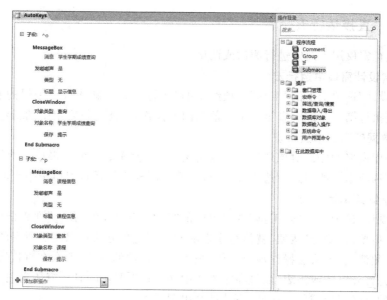

图 7-39　快捷键宏组设计窗口

如果在快捷键宏组中定义的快捷键与 Access 系统定义的快捷键重名(例如"文件"→"打开"命令的快捷键也是 Ctrl＋O),那么系统定义的快捷键被屏蔽而快捷键宏组中定义的快捷键有效。

在宏组中可以使用的快捷键如表 7-9 所示。

表 7-9　在快捷键宏组中可用的快捷键

^A 或^4	Ctrl＋任何字母或数字键	^A 或^4	Ctrl＋任何字母或数字键
{F1}	F1~F12 功能键	＋{Insert}	Shift＋Ins
^{F1}	Ctrl＋任何功能键	{Delete}或{Del}	Del
＋{F1}	Shift＋任何功能键	^{Delete}或^{Del}	Ctrl＋Del
{Insert}	Ins	＋{Delete}或＋{Del}	Shift＋Del
^{Insert}	Ctrl＋Ins		

当打开数据库时,系统会自动运行 AutoKeys 宏,使得快捷键宏组自动生效。但快捷键组合用得并不多,毕竟记住多个快捷键也不是一件轻松的事。

7.3　宏 的 运 行

除了自动运行宏和自动快捷键宏组之外,还有多种方法运行宏,前面已经介绍了一些,本节将做更为全面的介绍。宏的运行主要包括直接运行宏,也可以运行宏组中的宏、另一个宏或事件过程中的宏,还可以为响应窗体、报表或窗体、报表的控件上所发生的事件而运行宏。

7.3.1　直接运行宏

直接运行宏仅用来对宏进行测试或调试。

1．在宏设计窗口中运行宏

单击"设计"选项卡上的"工具"选项组中的"运行"选项,就执行正编辑的宏。如果是宏组则只能执行第一个宏或者第一个宏前面的宏操作,不能运行宏组中的指定的宏。

2．在数据库窗口中运行宏

在数据库窗口的"宏"对象列表框中双击宏名,或者选中一个宏再单击"设计"选项卡上的"工具"选项组中的"运行"选项,就执行该宏。同样不能运行宏组中指定的宏。

3．用系统菜单运行宏

选择"设计"选项卡上的"工具"选项组中的"运行"选项,在"宏名"列表框中选择宏或宏组中的宏后单击"确定"按钮,就执行指定的宏。用这种方法可以测试所有的宏。

但是必须清楚,如果宏操作涉及窗体、报表及其控件的属性,那么在直接运行、测试宏之前,必须先打开窗体或报表,而且在宏参数中必须用"[Forms]![窗体名]![控件名].[属性名]"的方式指定控件的属性,不然就会出现错误。

7.3.2　从事件运行宏

在前面例子中总是从命令按钮的单击、窗体的计时器触发等事件中运行宏,从而对程序作出各种各样的响应。从事件运行宏是 Access 应用程序中最直观、最重要的运行方式。

1．什么是事件

Access 提供了大量的对象,几乎所有对象都有属性、方法和事件 3 大特性。其中事件是对象可以感知的外部动作,例如窗体可以感知自己被打开、被关闭的系统动作,按钮可以感知自己被鼠标单击、被鼠标双击的用户动作。

对象的事件一旦被触发,就立即执行对应的事件过程,事件过程可以是 VBA 代码,也可以是一个宏,通过执行事件过程完成各种各样的操作和任务。

不同对象有不同的事件集合。

2．常用事件简介

进入窗体、报表、控件的属性窗口,切换到"事件"选项卡,可以看到该对象的所有事件。常用的事件根据任务的类型大致可以分成如表 7-10~表 7-15 所示的 6 大类。

表 7-10　数据操作事件

事　　件	事 件 属 性	发 生 情 况
确认删除后(窗体)	AfterDelConfirm	记录已经删除之后
插入后(窗体)	AfterInsert	在一条新记录添加到数据库中之后
更新后(窗体和控件)	AfterUpdate	在控件或记录用更改过的数据更新之后
更改(控件)	OnChange	当文本框或组合框的文本框部分内容更改时
当前(窗体)	OnCurrent	焦点从一条记录移动到另一条记录时
不在列表中(控件)	OnNotInList	当输入一个不在组合框列表中的值时

表 7-11　窗体报表事件

事　　件	事 件 属 性	发 生 情 况
载入（窗体）	OnLoad	当打开窗体，并且显示了它的记录时发生
打开（窗体和报表）	OnOpen	窗体打开，在第一条记录显示之前发生；在报表打开，在打印报表之前发生
调整大小（窗体）	OnResize	当窗体的大小变化时发生
卸载（窗体）	OnUnload	当窗体关闭，但在从屏幕上消失之前发生
关闭（窗体和报表）	OnClose	当关闭窗体或报表时发生。

表 7-12　焦点事件

事　　件	事 件 属 性	发 生 情 况
激活（窗体和报表）	OnActivate	当窗体或报表成为活动窗口时
获得焦点（窗体和控件）	OnGotFocus	当控件，窗体接收焦点时
失去焦点（窗体和控件）	OnLostFocus	当窗体或控件失去焦点时

表 7-13　键盘事件

事　　件	事 件 属 性	发 生 情 况
键按下（窗体和控件）	OnKeyDown	在键盘上按任何键时
击键（窗体和控件）	OnKeyPress	按下一个产生标准的 ANSI 字符的键时
键释放（窗体和控件）	OnKeyUp	释放一个按下的键

表 7-14　鼠标事件

事　　件	事 件 属 性	发 生 情 况
单击（窗体和控件）	OnClick	单击鼠标左按钮时发生
双击（窗体和控件）	OnDblClick	双击鼠标左按钮时发生
鼠标按下（窗体和控件）	OnMouseDown	在窗体或控件上，按下鼠标键时发生
鼠标移动（窗体和控件）	OnMouseMove	在窗体或控件上鼠标移动时发生
鼠标释放（窗体和控件）	OnMouseUp	于窗体或控件上，释放按下的鼠标键时发生

表 7-15　错误和计时器事件

事　　件	事 件 属 性	发 生 情 况
出错（窗体和报表）	OnError	在窗体或报表中产生一个运行错误时
计时器触发（窗体）	OnTimer	当属性 Interval 指定的时间间隔已过

　　之所以在这里介绍这么多事件，是因为不仅在宏应用中要使用它们，而且在 VB 编程时更是离不开它们。

3. 把宏绑定到事件上

前面说过,在事件过程中可以执行 VB 程序代码,也可以执行一个宏。如果某事件过程执行一个宏,我们就说宏被绑定在该事件上,有多种做法可以把宏绑定在事件上。

1) 在"事件"选项卡中绑定宏

进入窗体、控件的属性表窗口的"事件"选项卡,在某事件后面的下拉列表中选择一个已有的宏名或宏组中的宏名;这是最通用的做法。

2) 在控件的右键快捷菜单中绑定宏

进入窗体或报表设计视图,右击窗体、报表或控件,在弹出的快捷菜单中选择"事件生成器"|"宏设计视图"选项,直接进入宏设计视图;对于命令按钮来说会把新创建的宏绑定到单击事件上。

3) 把宏对象拖放到窗体上

进入窗体设计视图,同时进入数据库宏对象列表框,用鼠标把宏对象列表框中的宏名拖放到窗体设计视图上,就在窗体上产生一个命令按钮,自动把宏绑定到按钮的单击事件上。

7.3.3 从宏运行宏

1. 从宏运行宏的执行机制

宏操作 RunMacro 用来调用另一个宏,它有 3 个参数,如图 7-40 所示。

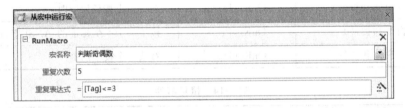

图 7-40 宏 RunMacro 的参数

"宏名称"是必须填写的参数,用来指定被调用的宏名,可以是单独的一个宏、同一个宏组或别的宏组中的宏名;"重复次数"是可选参数,用来指定运行宏的次数;"重复表达式"也是可选参数,它是条件表达式,每次调用宏之后都要计算该表达式的值,只当其值为True(真)时才继续再次运行调用宏;如果后两个参数都没有指定,则宏只被调用一次;如果为后两个参数都指定了值,则宏运行由"重复次数"指定的次数或运行至"重复表达式"的值为 False(假)时,取决于谁先满足条件。应用后两个参数可以构造"后测型循环结构",被调用宏相当于循环结构的"循环体"。

RunMacro 操作的执行机制是:运行被调用的宏,该宏运行完以后,再返回调用处继续执行下一个操作;相当于在 VB 中调用一个过程。

宏可以嵌套调用,也就是说,在宏 A 中可以调用宏 B ,在宏 B 中又可以调用宏 C 等,从而形成宏调用链。

宏允许直接或间接地调用自身形成递归结构。宏 A 调用宏 A 形成直接递归;宏 A 调用宏 B,宏 B 调用宏 A,形成间接递归。

2. 从宏运行宏实例

例7.11 在窗体文本框 text1 中只能输入数字,如果输入的不是数字,当在文本框按回车键或者文本框失去焦点时,就发出警告信息,如图 7-41 所示。

图 7-41　在文本框只能输入数字的窗体

创建一个名叫"输入数字"的宏组,在它的内部有一个名叫"不是数字"的宏,如图 7-42 所示。具体的操作步骤如下:

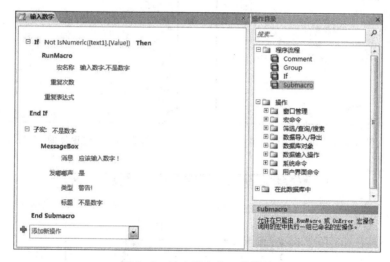

图 7-42　输入数字宏组的设计

（1）在"教务管理"数据库窗口中,选择"创建"选项卡中的"宏与代码"选项组内的"宏"选项,弹出宏设计视图。

（2）双击"操作目录"中的"操作流程"内的"If"选项,在"If"文本框右侧输入条件"Not IsNumeric([text1].[Value])"。其作用是判断条件的真假,如果为真,即执行下面的操作命令。在 If…End If 逻辑块内单击第一个"添加新操作"列表选择 RunMacro 操作,在"宏名称"参数框中输入"输入数字.不是数字"。其作用是在"输入数字"宏组中运行宏名为"不是数字"的宏。本例中参数"重复次数"和"重复表达式"不用填写。

（3）双击"操作目录"中的"操作流程"内的 Submacro 选项,出现"子宏 … End Submacro"操作块,在"子宏"文本框中输入"不是数字",以作为宏名使用,单击"子宏 … End Submacro"操作块内"添加新操作"列表,再单击右边的下拉箭头,在下拉列表框中,选择要使用的操作 MessageBox 操作。在"消息"参数框中输入"应该输入数字!";在"类型"参数框中选择"警告!"选项;在"标题"参数框中输入"不是数字"。

（4）单击快速访问工具栏中的"保存"按钮，弹出"另存为"对话框，命名为"输入数字"，单击"确定"按钮，即可保存该宏组。

设计完宏组后，应将宏组的宏绑定到窗体控件的事件上。即把宏组名"输入数字"绑定到文本框 Text1 的"更新后"事件上，如图 7-43 所示；将宏组中子宏"输入数字.不是数字"绑定到窗体的"更新后"事件上，如图 7-44 所示。运行窗体，在文本框输入数据再回车，你会看到如果不是数字就会执行 RunMacro 操作，而该操作会调用宏组中的"输入数字.不是数字"宏，从而执行 MessageBox 操作发出警告信息，如图 7-45 所示。

图 7-43　设置文本框的"更新后"事件

图 7-44　设置窗体的"更新后"事件

图 7-45　当输入的不是数字时 MessageBox 操作发出警告信息

本 章 小 结

本章介绍了有关宏的定义和宏的功能，并详细介绍了基本宏的创建过程和运行过程；条件宏的创建过程和运行过程，宏组的创建过程和运行过程。以及如何在宏中运行宏，如何在窗体的事件中运行宏。

习　题

一、简答题

1. 简述宏设计视图的构成。如何设置条件宏和宏组？

2. 写出具有下列功能的宏名：转移控件焦点（　　）、退出 Access 程序（　　）、停止当前宏的执行（　　）、打开查询（　　）、关闭窗体（　　）、弹出消息对话框（　　）。

3. 当宏的操作参数由运算符、字段名、控件名、函数名构成时,应该注意哪些问题？

4. 什么是宏？什么是宏组？

5. 什么是条件宏？

二、选择题

1. VBA 的自动运行宏,应当命名为（　　）。

    A) AutoExec   B) Autoexe   C) Auto   D) AutoExec. bat

2. 在宏的表达式中要引用报表 test 上控件 txt. Name 的值,可以使用的引用式是（　　）。

    A) Forms!txtName   B) test!txtName

    C) Reports!test!txtName   D) Report!txtName

3. 用于显示消息框的宏命令是（　　）。

    A) Beep   B) MessageBox   C) InputBox   D) DisBox

4. 在宏的操作参数中,不能设置表达式的操作是（　　）。

    A) Close   B) Save   C) OutputTo   D) A, B,和 C

5. 有关宏操作,以下叙述错误的是（　　）。

    A) 宏的条件表达式不能引用窗体或报表的控件值

    B) 所有宏操作都可以转化成相应的模块代码

    C) 使用宏可以启动其他应用程序

    D) 可以利用宏组来管理相关的一系列宏

6. 要限制宏命令的操作范围,可以在创建宏时定义（　　）。

    A) 宏操作对象   B) 宏条件表达式

    C) 窗体或报表控件属性   D) 宏操作目标

7. 下列关于 VBA 面向对象中的"方法"说法正确的是（　　）。

    A) 方法是属于对象的   B) 方法是独立的实体

    C) 方法也可以由程序员定义   D) 方法是对事件的响应

8. 下列关于运行宏的方法中,错误的是（　　）。

    A) 运行宏时,对每个宏只能连续运行

    B) 打开数据库时,可以自动运行名为 AutoExec 的宏

    C) 可以通过窗体、报表上的控件来运行宏

    D) 可以在一个宏中运行另一个宏

9. 下列关于有条件的宏的说法中,错误的一项是（　　）。

    A) 条件为真时,将执行此行中的宏操作

B) 宏在遇到条件内有省略号时,中止操作

C) 如果条件为假,将跳过该行操作

D) 上述都不对

10. 宏组中的宏的调用格式为(　　)。

A) 宏组名.宏名　　B) 宏名称　　　　C) 宏名.宏组名　　D) 以上都不对

三、填空题

1. OpenForm 操作打开_____。

2. 通过宏查找下一条记录的宏操作是_____。

3. 调整活动窗口大小的宏操作是_____。

4. 通过宏打开某个数据表的宏操作是_____。

5. 在 Access 中,用户在_____中可以创建或修改宏的内容。

实验(实训)题

1. 设计并运行宏:在消息框中输出姓名、性别和年龄。

2. 设计并运行宏:打开一个窗体,在窗体上只显示姓李的学生名单。

3. 创建窗体:窗体上有两个文本框用来输入身高和体重,再放置一个命令按钮,当单击按钮时运行条件宏:检查身高和体重的合理性(身高 140～200cm、体重 30～120kg),如果数据合理就在消息框输出是否超重的信息(若身高－100＞体重,则超重,否则不超重);如果数据不合理,就输出数据不合理的信息。

4. 创建窗体有 3 个文本框,前两个用来输入数值,后一个用来输出计算结果;在窗体再放置 4 个命令按钮;设计含有 4 个宏的宏组,分别完成输入数据的加减乘除运算,并把运算结果显示在第三个文本框中,对于除法运算验证除数不为零;把宏绑定到命令按钮上并运行宏。

5. 创建自动宏,每次打开数据库都弹出要求输入密码的窗体,如果密码错误,就立即关闭 Access,如果密码正确就关闭密码窗体,且打开一个动态显示时间的窗体。

＊6. 利用宏组创建一个简单工具栏,并把工具栏绑定到一个特定的窗体上。

＊7. 利用宏组创建一个主菜单,并把菜单绑定到一个特定的窗体上。

注:带有"＊"号的题目为扩展题,可以通过自学或集体讨论方式予以解决。

第8章 模 块

模块是一种重要的 Access 数据库对象,是用 Visual Basic for Application(VBA)语言编写的程序代码。模块编程使用 Microsoft Office 内置的 VBA 编程语言,用来完成一些用向导操作或宏操作指令都无法完成的功能,使数据库系统的功能更加灵活、更加完善。VBA 与独立的 Visual Basic 编程语言互相兼容。

8.1 模块的基本概念

VBA 是微软公司为 Microsoft Office 组件开发设计的程序语言。它是一种面向对象(Object Oriented Programming,OOP)的编程语言。VBA 基于 VB(Visual Basic)发展而来,它的很多语法都继承自 VB,所以可以像编写 VB 程序那样编写 VBA 程序,以实现某个功能。VBA 程序编译通过后,将保存在 Access 的一个模块中,并通过类似在窗体中激活宏的操作来启动该模块,从而实现某一特定功能。

8.1.1 模块

模块作为 Access 的对象之一,起着存放用户编写的 VBA 代码的作用。模块将 VBA 声明、过程和函数结合在一起,作为一个整体被存储和使用,利用模块可以将各种数据库对象联接起来,从而使其构成一个完整的系统。

模块是由一个或多个过程组成的,模块中的每一个过程可以是一个函数过程或者一个子程序过程。Access 中的模块分成两种基本类型:标准模块和类模块。

1. 类模块

类模块是指包含新对象定义的模块,在模块中定义的任何过程都将成为对象的属性和方法。Access 2010 中的类模块与窗体和报表相关联,也就是说,窗体模块和报表模块就是与特定窗体和报表相关联的类模块。窗体模块和报表模块常常包括事件过程,它用来响应窗体和报表中的事件,用户使用事件过程控制窗体和报表的行为以及对用户操作做出响应。

当用户为窗体或报表创建第一个事件过程时,Access 2010 将自动创建与之关联的窗体模块或报表模块。用户可以单击窗体或报表"设计视图"工具栏上的"查看代码"按钮 查看窗体模块或报表模块。

2. 标准模块

标准模块是指存放整个数据库都可用的子程序和函数的模块。标准模块包括通用过程和常用过程。通用过程不与任何对象相关联,常用过程可以放在数据库的任何位置被直接调用执行。

类模块和标准模块存储数据的方法不同。标准模块中公共变量的值改变后,后面的代码调用该变量时将得到改变后的值。类模块可以有效地封装任何类别的代码,其包含的数据在类模块的每一个实例对象中都将创建一个副本。标准模块中的数据存在于程序的生命周期内,将在程序的作用域内存在。类模块实例中的数据只存在于对象的生命周期,随着对象的创建而创建,随着对象的消失而消失。标准模块中的 public 变量在程序任何地方都是可用的,类模块中的 public 变量只能在引用该类模块实例对象时才能被访问。

8.1.2　Visual Basic 编辑器(VBE)简介

VBA 是应用程序开发语言 Visual Basic 的子集,可以像使用 Visual Basic 语言那样来编写 VBA 程序。当程序编译通过后,程序将被保存在 Access 中的一个模块中,并通过一种类似触发宏的操作来启动该模块,从而实现相应的功能。

在 Office 中提供的 VBA 开发界面称为 VBE(Visual Basic Editor),可以在 VBE 界面中编写函数、过程以及完成其他功能的代码。

在 Access 2010 中可以通过以下几种方法打开 VBE 窗口,打开的 VBE 窗口如图 8-1 所示。

图 8-1　VBE 窗口

方法 1:在 Access 2010 新建或打开一个 Access 应用程序,选择功能区的"数据库工具"选项卡,然后单击"宏"选项组中的 Visual Basic 选项,即可打开 VBE 窗口。

方法 2:在数据库窗口中切换到"创建"选项卡,在"宏与代码"选项组中单击"模块"选项可以打开 VBE 窗口。

方法 3:在"导航窗格"中找到已经创建的模块,然后双击即可进入 VBE 窗口。

方法 4:在窗体中打开控件的"属性表"窗口,切换至"事件"选项卡,单击任一事件右侧的生成器按钮,在弹出的如图 8-2 所示的"选择生成器"对话框中选择"代码生成器"选项,然后单击"确定"按钮即可进入 VBE 窗口。

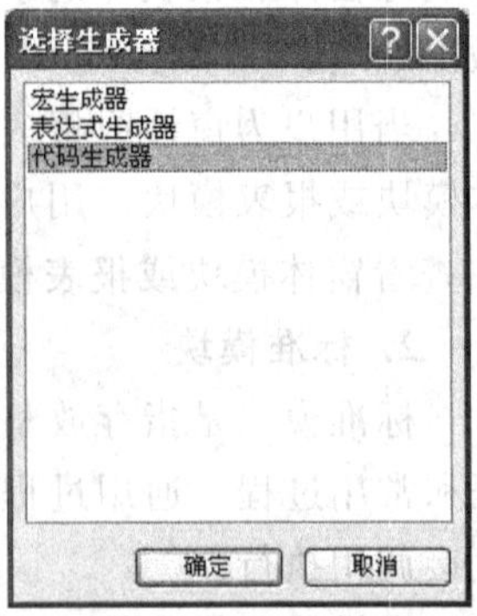

图 8-2　"选择生成器"对话框

VBE 界面分为菜单、工具栏和窗口 3 个部分。

1. 菜单

VB 开发环境中包括"文件"、"编辑"、"视图"、"插入"、"调试"、"运行"、"工具"、"外接程序"、"窗口"和"帮助"10 个菜单,各个菜单的作用如下。

- 文件:实现文件的保存、导入和导出等基本操作。
- 编辑:实现基本的编辑命令。
- 视图:用于控制 VBE 的视图显示方式。
- 插入:能够实现过程、模块、类或文件的插入。
- 调试:能够进行程序基本命令的调试,包括监视和设置端点等。
- 运行:用于运行程序的基本命令,包括运行和中断等命令。
- 工具:用于管理 VB 的类库的引用、宏以及 VBE 编辑器设置的选项。
- 外接程序:用于管理外接程序。
- 窗口:能够设置各个窗口的显示方式。
- 帮助:用于获取 Visual Basic 的链接帮助以及网络帮助资源。

2. 工具栏

默认的情况下在 VBE 窗口中将显示如图 8-3 所示的"标准"工具栏,用户也可以通过单击"视图"菜单——"工具栏"子菜单中的相关命令来显示其他的工具栏。"标准"工具栏包含按钮的作用如下。

图 8-3　VBE 的"标准"工具栏

- "视图 Microsoft Office Access"按钮：单击此按钮,返回到数据库窗口。
- "插入模块"按钮：单击此按钮右侧的下拉按钮,在下拉菜单中有"模块"、"类模块"和"过程"3 个选项,选择其中一项即可插入一个新模块。
- "运行子过程/用户窗体"按钮：单击此按钮将开始执行代码,用户也可以在遇到断点后单击此按钮继续执行代码。
- "中断"按钮：单击此按钮,可以终止代码的执行。
- "重新设置"按钮：单击此按钮,可以重新开始执行代码。
- "设计模式"按钮：单击此按钮,可以打开或关闭设计模式。
- "工程资源管理器"按钮：单击此按钮,可以打开工程资源管理器。
- "属性窗口"按钮：单击此按钮,可以打开"属性"窗口,使用户能够浏览控件的属性。
- "对象浏览器"按钮：单击此按钮,会弹出"对象浏览器"窗口。该窗口中会列出代码中可用的对象库类型、方法、属性、事件常量,以及在工程中定义的模块和过程。

3. 窗口

在 VBE 窗口中提供有"工程资源管理器"窗口、"属性"窗口、"对象"窗口等多个窗口,用户可以通过"视图"菜单控制这些窗口的显示。

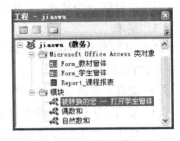

图 8-4 工程资源管理器

- "工程资源管理器"窗口:如图 8-4 所示,其中列出了在应用程序中所用到的模块文件。右击模块对象,在弹出的快捷菜单中选择"查看代码"选项,或者直接双击该对象,可以打开模块"代码"窗口。

- "属性"窗口:如图 8-5 所示,其中列出了所选对象的各种属性,用户可以在"按字母序"选项卡或者"按分类序"选项卡中查看或编辑对象属性。

- "代码"窗口:如图 8-6 所示,在"代码"窗口中可以输入和编辑 VBA 代码。可以打开多个"代码"窗口来查看各个模块的代码,还可以方便地在各个"代码"窗口之间进行复制和粘贴操作。"代码"窗口使用不同的颜色代码对关键字和普通代码加以区分,以便于用户进行书写和检查。

图 8-5 "属性"窗口

图 8-6 "代码"窗口

- 立即窗口、本地窗口和监视窗口:VBE 提供专用的调试工具,帮助我们快速定位程序中的问题,以便消除代码中的错误。VBE 中的"本地窗口"、"立即窗口"和"监视窗口"就是专门用来调试 VBA 的,如图 8-7 所示。

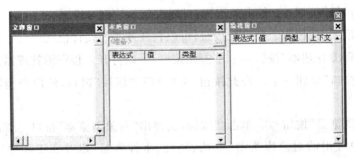

图 8-7 立即窗口、本地窗口和监视窗口

立即窗口在调试程序过程中非常有用,用户如果要测试某个语法或者查看某个变量

的值,就需要用到立即窗口。在立即窗口中,输入一行语句后按 Enter 键,可以实时查看代码运行的效果。

本地窗口可自动显示出所有在当前过程中的变量声明及变量值。若本地窗口可见,则每当从执行方式切换到中断模式时,它就会自动地重建显示。

如果要在程序中监视某些表达式的变化,可以在监视窗口中右击,然后在弹出的快捷菜单中选择"添加监视"命令,则弹出如图 8-8 所

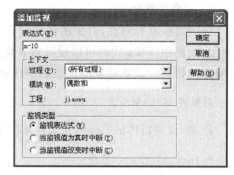

图 8-8 "添加监视"对话框

示的"添加监视"对话框。在"对话框"中输入要监视的表达式,则可以在监视窗口中进行查看添加的表达式的变化情况。

8.2 VBA 程序设计概述

8.2.1 面向对象程序设计的基本概念

Access 数据库程序设计是一种面向对象的程序设计。面向对象的程序设计是一种系统化的程序设计方法,它采用抽象化、模块化的分层结构,具有多态性、继承性和封装性等特点。

1. 对象

VBA 是一种面向对象的语言,要进行 VBA 的开发,必须理解对象、属性、方法和事件这几个概念。对象是面向对象程序设计的核心,对象的概念来源于生活。对象可以是任何事物,比如一辆车、一个人、一件事情等,我们随时随地都在和对象打交道。现实生活中的对象有两个共同的特点:第一,它们都有自己的状态,例如一个车有自己的颜色、速度、品牌等;第二,它们都具有自己的行为,比如一辆车可以启动、加速或刹车。在面向对象的程序设计中,对象的概念是对现实世界中对象的模型化,它是代码和数据的组合,同样具有自己的状态和行为。对象的状态用数据来表示,称为对象的属性;而对象的行为用对象中的代码来实现,称为对象的方法。

VBA 应用程序对象就是用户所创建的窗体中出现的控件,所有的窗体、控件和报表等都是对象。而窗体的大小、控件的位置等都是对象的属性。这些对象可以执行的内置操作就是该对象的方法,通过这些方法可以控制对象的行为。

对象有如下一些基本特点:

- 继承性——指一个对象可以继承其父类的属性及操作。
- 多态性——指不同对象对同样的作用于其上的操作会有不同的反应。
- 封装性——指对象将数据和操作封装在其中。用户只能看到对象的外部特性,只需知道数据的取值范围和可以对该数据施加的操作,而不必知道数据的具体结构以及实现操作的算法。

2. 对象的属性

每个对象都有属性,对象的属性定义了对象的特征,诸如大小、颜色、字体或某一方面的行为。使用 VBA 代码可以设置或者读取对象的属性数值。修改对象的属性值可以改变对象的特性。设置对象属性值的语法格式如下:

对象名.属性=属性值

例如,设置窗体的 Caption 属性来改变窗体的标题:

myForm.Caption="欢迎窗体"

有些属性并不能设置,这些属性或者只能读取此属性(只读属性),或者只能写入此属性(只写属性)。

还可以通过属性的返回值,来检索对象的信息,如下面的代码可以获取在当前活动窗体中的标题。

name=Screen.ActiveForm.Caption

3. 对象的方法

在 VBA 中,对象除具有属性之外,还有方法。对象的方法是指在对象上可以执行的操作。例如,在 Access 数据库中经常使用的操作有选取、复制、移动或者删除等。这些操作都可以通过对象的方法来实现。

引用方法的语法如下:

对象.方法(参数 1,参数 2)

其中,参数是应用程序向该方法传递的具体数据。

4. 对象的事件

在 VBA 中,对象的事件是指识别和响应的某些行为和动作。在大多数情况下,事件是通过用户的操作产生的。例如,选取某数据表、单击鼠标等。如果为事件编写了程序代码,当该事件发生的时候,Access 会执行对应的程序代码。

总之,对象代表应用程序中的元素,比如表单元、图表窗体或是一份报告。在 VBA 代码中,在调用对象的任一方法或改变它的某一属性值之前,必须去识别对象。

8.2.2 VBA 基础知识

本节简略介绍 VBA 语言的基础知识,为应用模块进行必要的准备。

1. 数据类型

VBA 的数据类型包括布尔型(Boolean)、日期型(Date)、字符串(String)、货币型(Currency)、小数型(Decimal)、字节型(Byte)、整数型(Integer)、长整数型(Long)、单精度浮点型(Single)、双精度浮点型(Double)、对象(Object)、用户自定义型及变体(Variant)。数据类型决定了如何将这些值存储到计算机内存中去。在 VBA 中,数据类型决定了变量存储的方式。

VBA 的基本数据类型如表 8-1 所示。

表 8-1　VBA 的基本数据类型

数 据 类 型	对应字段类型	说　　明
Boolean	是/否	只有 True 和 False 两个值
Byte	字节	表示范围 0~255
Currency	货币	有 15 位整数 4 位小数
Date	日期	表示日期和时间
Decimal	数值	可以达到 28 位有效数字
Double	双精度	可以达到 16 位有效数字
Integer	整型	表示范围 $-32\ 768 \sim 32\ 767$
Long	长整型	表示范围 $-21 \times 10^8 \sim 21 \times 10^8$
Object		用来引用对象
Single	单精度	可以达到 6 位有效数字
String	文本	用来表示字符串
Variant		变体类型可用来表示任何数据类型

2. 常量和变量

在 VBA 代码中声明和使用指定的常量或者变量来临时存储数值、计算结果或者操作数据库中的任意对象。

常量就是在应用程序的运行中值不能改变的对象,如 Null、True 和 False 等。声明常量需要使用 Const 语句,具体格式如下:

```
Public Const 表达式
```

例如,声明一个在所有模块中都使用的常量 PI,代码如下:

```
Public Const PI=3.1415926
```

变量用于临时存储数值、计算结果或数据库中的任意对象。声明变量有两个作用:指定变量的数据类型和指定变量的适用范围。VBA 应用程序并不要求对过程或者函数中使用的变量提前进行明确声明。如果使用了一个没有明确声明的变量,系统会默认地将它声明为 Variant 数据类型。VBA 可以强制要求用户在过程或者函数中使用变量前必须首先进行声明,方法是在模块"通用"部分中包含一个 Option Explicit 语句。

使用 Dim 语句来声明变量,该语句的功能是:声明变量并为其分配存储空间。Dim 语句的语法格式如下:

```
Dim 变量名 As 数据类型
```

下面是使用 Dim 语句声明变量的例子:

```
'声明一个整型变量和一个单精度浮点型变量
Dim i As Integer, f As Single
'声明一个变体类型变量和一个字符串变量
Dim s1,s2 As String
```

上例中声明变量 s1 和 s2 时,因为没有为 s1 指定数据类型,所以将其默认为 Variant 类型。

变量和常量的作用域决定了变量在 VBA 代码中的作用范围。变量在第一次声明时开始有效,用户可以指定变量在其有效范围内反复出现。一个变量有效意味着可以为其赋值,并且可以在表达式中使用它。可以在声明变量和常量的时候对它的作用域作相关的声明。如果希望一个变量能被数据库中的所有过程访问,则需要在声明时加上 Public 关键字,这种变量称为全局变量。使用 Private 关键字可以显式地将一个变量的作用范围声明在模块内,此时变量称为私有变量,使用 Dim 声明的变量在默认情况下也是私有变量。下面分别使用这两种方式声明变量,而对于常量的声明情况则完全类似。

```
'声明一个全局变量 i
Public Dim i As Integer
'声明一个私有变量 s1
Private Dim s1 As String
```

3. 数组

数组是一组数据类型相同的元素的有序集合,可以存储多个值,而常规变量只能存储一个值。定义数组后可以引用整个数组,也可以引用数据的个别元素。数组的第 1 个元素的下标称为下界,最后一个元素的下标称为上界,其余元素的下标连续地分布在上下界之间。数组的声明方式和其他的变量类似,它可以使用 Dim、Public 或 Private 语句来声明。

一维数组的声明格式如下:

```
Dim 数组名([下界 To]上界)As 数据类型
```

如果用户不显式地使用 To 关键字声明下界,则 VBA 默认下界为 0,而且数组的上界必须大于下界。例如:

```
Dim Score(8)As Single
Dim StuName(1To8)As String
```

在上面的例子中,数组 Score 包含 9 个元素,下标范围是 0～8;数组 StuName 包括 8 个元素,下标范围是 1～8。

除了常用的一维数组外,还可以使用二维数组和多维数组,其声明格式如下:

```
Dim 数组名([下界 To]上界[,[下界 To]上界]…)As 数据类型
```

例如,Dim A(2,3)As Integer 定义了有 3 行 4 列、包含 12 个元素的二维数组 A,每个元素就是一个普通的 Integer 类型变量。各元素可以排列成如图 8-9 所示的二维表。

A(0,0)	A(0,1)	A(0,2)	A(0,3)
A(1,0)	A(1,1)	A(1,2)	A(1,3)
A(2,0)	A(2,1)	A(2,2)	A(2,3)

图 8-9 数组的二维表存储形式

4. 运算符和表达式

运算符是代表某种运算功能的符号。VBA 中包含丰富的运算符,有算术运算符、关系运算符、逻辑运算符和连接运算符。各种常用运算符及其描述如表 8-2～表 8-5 所示。

表 8-2 算术运算符

运算符	说明	举例	结果	运算符	说明	举例	结果
−	负号	−3		/	除	1.6/4	0.4
+	加	2+3	5	\	整除	5\3	1
−	减	6−1	5	Mod	求余	5 Mod 3	2
*	乘	3.2*2	6.4	^	求幂	3^2	9

表 8-3 关系运算符

运算符	说明	举例	结果
=	等于	2=3	False
<>	不等于	2<>3	True
<	小于	"abc"<"abd"	True
>	大于	"abc">"abd"	False
<=	小于等于	3<=4	True
>=	大于等于	3>=4	False

表 8-4 逻辑运算符

运算符	说明	举例	结果
Not	逻辑非	Not 8>3	False
And	逻辑与	5>4 And "A"<"B"	True
Or	逻辑或	5<4 Or "A">"B"	False

表 8-5 连接运算符

运算符	说明	举例	结果
+	字符串连接	"A"+"8"	"A8"
&	字符串连接	"中国"&"人民"	"中国人民"

表达式是由各种运算符将变量、常量和函数连接起来构成的,但在表达式的书写过程

中要注意运算符不能相邻、乘号不能省略以及括号必须成对出现等要求。包含多种运算符的表达式将按运算符优先级进行计算。

各种运算符的优先级顺序为从函数运算符、算术运算符、连接运算符、关系运算符到逻辑运算符逐渐递减。如果在运算表达式中出现了括号,则先执行括号内的运算,在括号内部仍按运算符的优先级顺序计算。根据表达式值的数据类型可以分成以下几种。

- 算术表达式:$(3+4)$ Mod $3*(5\backslash4)$。
- 逻辑表达式:y Mod $4=0$ And y Mod $100<>0$ Or y Mod $400=0$。
- 日期表达式:Date()$+100$。
- 字符串表达式:"中国人民"&"解放军"。

5. 系统函数

VBA 为用户提供了大量函数,其中最常用的函数如表 8-6~表 8-8 所示。

表 8-6 常用数学函数

函 数 名	说　明	举　例	结　果
Abs(x)	求 x 的绝对值	Abs(-3)	3
Int(x)	求不大于 x 的最大整数	Int(-5.3)	-6
Rnd()	获得一个 0~1 之间的随机数	Rnd	0.654 838
Sqr(x)	求 x 的算术平方根	Sqr(25)	5

表 8-7 常用字符串函数

函 数 名	说　明	举　例	结　果
Len(s)	求字符串 s 的长度	Len("abcdef")	6
Left(s,n)	取字符串 s 左边的 n 个字符	Left("abcdef",2)	"ab"
Mid(s,n,m)	取字符串 s 从第 n 个字符数起的 m 个字符	Mid("abcdef",2,2)	"bc"
Right(s,n)	取字符串 s 右边的 n 个字符	Right("abcdef",2)	"ef"
Trim(s)	删除字符串首尾空格	Trim(" abcdef ")	"abcdef"

表 8-8 常用转换函数

函 数 名	说　明	举　例	结　果
Asc(s)	求字符对应的 ASCII 码	Asc("a")	97
CDate(s)	把字符串转换成日期时间类型	CDate("2012-12-23")	#2012-12-23#
Chr(n)	求 ASCII 码对应的字符	Chr(65)	"A"
Str(n)	把数值转换成字符串	Str(12.34)	"12.34"
Val(s)	把数字字符串转换成数值	Val("12.34")	12.34

8.2.3 程序控制语句

按其语句代码执行的先后顺序,VBA 中的程序可以分为顺序结构、选择结构和循环结构。对于不同的程序结构要采用不同的程序控制语句才能达到预定的效果。下面介绍 VBA 中的这些控制语句。

1. 赋值语句

赋值语句是对变量或对象属性进行赋值的语句,采用赋值运算符"＝",格式如下:

变量名=表达式

在赋值语句中,首先计算"表达式"的值,然后把该值赋值给"变量名",如:

```
x=sqr(2)
Form1.Caption="主窗口"
```

2. If 语句

If 语句根据测试条件的结果做出不同反应。

格式 1

```
单行 If
If 条件表达式 Then 语句 1[Else 语句 2]
```

格式 2:

```
多行 If
If 条件表达式 Then
    语句组 1
[Else
    语句组 2]
End If
```

If 语句的执行过程是:如果"条件表达式"为 True,则执行语句组 1,否则执行语句组 2。例如:执行以下代码,如果 Equal 的值为 True,消息框中显示"Equal",否则显示"Not Equal"。

```
If Equal Then
    MsgBox("Equal");
Else
    MsgBox("Not Equal");
End If
```

3. Select Case 语句

如果条件复杂,分支太多,使用 If 语句将使得程序可读性变差。这时可以使用 Select Case 语句写出结构清晰的程序。Select Case 语句可根据表达式的求值结果选择其中的一个分支语句执行,其语法如下:

```
Select Case 表达式
    Case 值 1
        语句组 1
    Case 值 2
```

```
        语句组 2
    …
    Case 值 n
        语句组 n
    [Case Else
        语句组 n+ 1]
End Select
```

Select Case 后的表达式是必要参数,可以为任何数值表达式或字符串表达式;每个 Case 后的表达式,是多个"比较元素"的列表,其中可包含:"表达式"、"表达式 To 表达式"或"Is 比较操作符 表达式"几种形式。每个 Case 后的语句都可包含一条或多条语句。

在程序执行时,如果有一个以上的 Case 子句与"检验表达式"匹配,VBA 也只执行第一个匹配的 Case 后面的"语句"。如果前面的 Case 子句与检验表达式都不匹配,则执行 Case Else 子句中的"语句"。

4. For-Next 循环语句

For-Next 循环按照指定的次数重复执行一段程序,循环中使用一个循环变量,每执行一次循环,其值都会增加(或减少)。语法格式如下:

```
For 循环变量= 初值 To 终值 [Step 步长]
        循环语句组
        [Exit For]
Next 循环变量
```

其中,"循环变量"是一个数值变量。若未指定步长,则"步长"默认为 1。如果"步长"是正数,则"初值"应小于等于"终值";否则"初值"应大于等于"终值"。VBA 在开始循环时,将"循环变量"的值设为"初值"。在执行到相应的 Next 语句时,就把步长加(减)到"循环变量"上。

可以在循环中的任意位置放置任意 Exit For 语句,以便随时退出循环。Exit For 经常在条件判断之后使用,并将控制权转移到紧接在 Next 之后的语句。可以将一个循环放置在另一个循环中,组成嵌套循环。每个循环中的循环变量要使用不同的变量名。

例 8.1 计算自然数从 $1\sim100$ 的和。具体代码如下:

```
Sub sum()
Dim s As Integer, i As Integer
s= 0
For i=1 To 100 Step 1
    s=s+i
Next i
MsgBox "1到100相加之和为: " & s
End Sub
```

5. Do-Loop 循环语句

在 VBA 中,除了提供 For-Next 循环语句之外,还提供了另外一种循环语句:Do-Loop 循环语句。和 For-Next 循环语句不同,Do-Loop 循环语句只有在满足指定条件时才执行。同样,在 Do-Loop 循环语句中,可以随时使用 Exit Do 语句跳出循环结构。

在 VBA 中,Do-Loop 循环语句具有两种语法结构形式。

第一种语法结构形式如下:

```
Do While 条件表达式
    循环语句组
    [Exit Do]
Loop
```

此种语法结构先检查条件表达式的值,如果为 True 则执行循环语句组;然后再次检查条件表达式的值,如果为 True 就再次执行循环语句组;条件表达式的值一旦为 False,或者遇到 Exit Do 就结束循环语句。

第二种语法结构形式为:

```
Do
    循环语句组
    [Exit Do]
Loop While 条件表达式
```

此种语法结构先执行循环语句组,再检查条件表达式的值是否为 True,如果为 True 则再次执行循环语句组;然后再次检查条件表达式的值,如果为 True 就再次执行循环语句组;条件表达式的值一旦为 False,或者遇到 Exit Do 就结束循环语句。

例 8.2 使用 Do-Loop 循环结构计算 100 以内的偶数的总和。具体代码如下:

```
Sub SumLoop()
Dim sum As Integer
Dim n As Integer
Dim msg As String
sum=0
n=0
msg="100 以内的偶数之和为: "
Do While n<=100
    sum=sum+n
    n=n+2
Loop
msg =  msg & sum
MsgBox msg
End Sub
```

6. With-End With 语句

With 语句可以对某个对象执行一系列的操作,而不用重复指出对象的名称。例如,要改变一个对象的多个属性,可以在 With 控制结构中加上属性的赋值语句,这时只需引用对象一次而不必每个属性赋值时都要引用对象。它的语法格式如下:

```
With 对象
```

语句

End With

下面的例子显示了如何利用 With 语句给同一个对象的多个属性赋值。

```
With Form_学生窗体
    .Caption="欢迎窗体"
    .Label1.Caption="学生编号"
End With
```

7. Exit 语句

Exit 语句用于退出 Do-Loop、For-Next、Function、Sub 或 Property 代码块。它包含 Exit Do、Exit For、Exit Function、Exit Property 和 Exit Sub 等语句。

Exit 语句经常和选择结构语句一同出现在代码段中,当满足某种条件时,退出当前代码段的执行。

例 8.3 计算从 1 开始到 10 000 中 7 的倍数之和,当和值超过 10 000 时停止计算,返回和值。具体代码如下:

```
Sub SumExit()
Dim sum As Integer, i As Integer
sum=0
For i=7 To 10000 Step 7
    If (sum>10000) Then
        Exit For
    Else
        sum=sum+i
    End If
Next i
MsgBox"和值为: "& sum
End Sub
```

8.2.4 过程

过程是 VBA 代码的容器。VBA 中包含子过程、函数过程和属性过程,每种过程都有其独特的、唯一的用途。而模块则是过程的容器。模块中的每一个过程都可以是一个函数过程或一个子过程。

1. 子过程

子过程是由一组 VBA 程序语句组成。在 VBA 中,可以使用多种方法来调用或者执行子过程。过程可以包括参数,也可以不包括参数。

和定义变量一样,在创建 Sub 过程之前,首先需要声明 Sub 过程。如果希望手动输入 Sub 过程,标准的格式如下:

```
[Private|Public] Sub 过程名称(参数表)
    语句组                          '在此输入程序代码
```

```
      [Exit Sub]                        '遇 Exit Sub 语句就中途结束过程
End Sub
```

其中[Private|Public]表示 Private 和 Public 选择其一,如果是 Private 则该过程只能在该模块内部被调用,称为局部过程;如果是 Public 则该过程可以在整个 Access 中被调用,称为全局过程。其中的参数表是由编写者指定的,有如下形式:

参数名 As 数据类型,参数名 As 数据类型,…,参数名 As 数据类型

通用过程只有被别的过程调用时才能执行。调用过程的语句有两种:

```
Call 过程名称 (实际参数表)                    '用圆括号括起实际参数表
过程名称 实际参数表                           '不用圆括号括起实际参数表
```

实际参数表中的参数个数、顺序和数据类型要与形式参数表一致。

如果希望声明过程,可以选择 VBE 的"插入"菜单中的"过程"命令,打开"添加过程"对话框,如图 8-10 所示。

输入过程的名称,选择"子程序"单选按钮,然后单击"添加过程"对话框中的"确定"按钮,查看添加的过程声明,如图 8-11 所示。

图 8-10 "添加过程"对话框

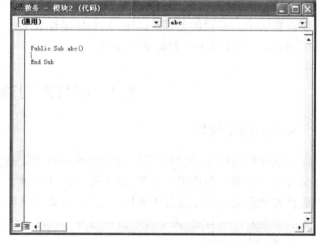

图 8-11 过程声明

2. 函数过程

函数过程可以属于窗体模块、报表模块和标准模块,一般格式是:

```
[Private|Public]Function 函数名称 (参数表)As 数据类型
    语句组                              '在此输入程序代码
    Exit Function                      '遇 Exit Function 语句就中途结束函数
    函数名称=表达式                      '表达式的值就是函数的返回值
End Sub
```

其中[Private|Public]表示 Private 和 Public 选择其一,如果是 Private 则该函数只能在该模块内部被调用,称为局部函数过程;如果是 Public 则该函数可以在整个 Access 中被调

用,成为全局函数过程。其中的参数表是由编写者指定的,有如下形式:

参数名 As 数据类型,参数名 As 数据类型,…,参数名 As 数据类型

函数过程只有被调用才能执行。调用函数过程的方式与调用系统函数相同:

函数名称 (实际参数表)　　　　　　　　'取得函数值

实际参数表中的参数个数、顺序和数据类型要与形式参数表一致。

3. 属性过程

Property 过程允许程序员去创建并操作自定义的属性。Property 过程可以用来为窗体、标准模块以及类模块创建只读属性。声明 Property 过程的语法如下:

```
[public | private] Property {Get | Let | Set} 属性名 [(参数)] [As 类型]
    语句
    Exit Property
End Property
```

Property 过程通常是成对使用的,Property Let 与 Property Get 一组,而 Property Set 与 Property Get 一组,这样声明的属性既可读又可写。单独使用一个 Property Get 过程声明一个属性,那么这个属性是只读的。Property Set 与 Property Let 功能类似,都可以设置属性。不同的是 Property Let 将属性设置为等于一个数据类型,而 Property Set 则将属性设置等于一个对象的引用。

8.3　模块的创建

8.3.1 创建模块

在实际的编程中,类和标准代码模块的不同主要是在概念上。用户要完成的工作主要是针对某个或几个特定的对象,那么就可以使用类。对象的动作就是类的方法。对象的属性必须用类的属性过程来实现。反之,如果用户有一个过程是针对通常的一组事务,而不是某些特定的对象,那么这个过程最好在标准的代码模块中实现。

1. 创建标准模块

标准模块是只包含过程、类型以及数据的声明和定义的模块。在标准模块中,模块级别声明和定义都被默认为 Public。标准模块包含的是通用过程和常用过程,这些通用过程不与任何对象相关联,常用过程可以在数据库中的任何位置执行。

如果要为某标准模块添加自定义过程,可按以下步骤操作:

打开 Visual Basic 编辑器,选择 VBE 工具栏中的"插入模块"选项,添加一个标准模块。标准模块编辑工作在代码窗口中完成。

在模块代码窗口中,选择 VBE 工具栏中的"插入过程"选项,打开"添加过程"对话框,向标准模块中添加子过程。创建好子过程后,再向过程中添加代码。

2. 创建类模块

类模块其实是一个对象的定义,封装了一些属性和方法,使用前需要生成一个实例,

实例化类为具体对象的语法为：

```
Dim A As Class1
Set A=New Class1
```

上述语句创建了一个名字为 A 的对象，该对象的数据类型为定义的类 Class1。

建立类模块的方法和建立模块的方法是一样的，只是选择建立的项目是类模块。新建数据库，打开 Visual Basic 编辑器。选择 VBE 工具栏中的"插入类模块"选项，添加一个类模块。类模块编辑界面与标准模块编辑界面相同。

类模块的属性窗口如图 8-12 所示，其中名称属性用来指定类的名称，在为类命名时，最好用一个能够表达该类功能的名称。Instancing 属性设置类在其他工程中是否可见，这个属性有两个值：Private 和 PublicNonCreatable。如果 Instancing 属性的值设置为 Private，则在对象浏览器中看不到这个模块，也不能使用这个类的实例进行工作。如果设置为 PublicNonCreatable，则引用工程可以在对象浏览器中看到这个类模块。并且可以使用类模块的一个实例进行工作，但是被引用的用户工程要先创建这个实例，引用工程本身不能够真正地创建实例。

图 8-12 类模块的属性窗口

可以通过"插入"菜单的"过程"命令向类模块中插入子过程、函数或属性，打开"添加过程"对话框，用户可以通过该对话框选择添加过程的类型及范围。由于类模块代表了一个在运行时可按需要创建的对象，因此需要在开始使用时能够初始化该对象，在退出使用时可以清空该对象值。

8.3.2 Access 对象模型

Access 提供了许多可以与 Access 应用程序一起工作的对象，如 Application、Form、Forms、Control、CurrentProject、Screen、DoCmd 等对象。在 VBE 窗口中，选择"视图"菜单中的"对象浏览器"命令，打开"对象浏览器"对话框，如图 8-13 所示。利用"对象浏览器"和 VBA 的帮助可以获得个别对象、属性、过程和事件的信息。下面介绍一些常用的 Access 对象。

1. Application 对象

Application 对象引用活动的 Access 应用程序。使用 Application 对象可以将方法或属性设置为应用于整个 Access 的应用程序。在 VBA 中使用 Application 对象时，首先确认 VBA 对 Access 对象库的引用，然后创建 Application 类的新实例并为其指定一个对象变量，代码如下：

```
Dim app As New Access.Application
```

创建 Application 类的新实例之后，可以使用 Application 对象提供的属性和功能创建并使用其他 Access 对象。例如，可以使用 OpenCurrentDatabase 或 NewCurrentDatabase 方法打开或新建数据库；可以通过用 Application 对象的 CommandBars 属性返回对

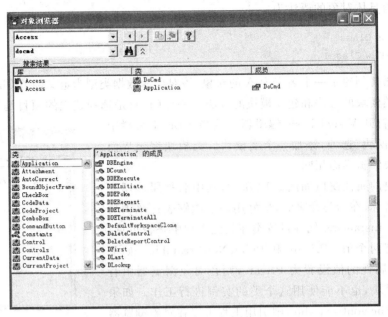

图 8-13 "对象浏览器"对话框

CommandBars 对象的引用;还可以通过 Application 对象处理其他 Access 对象。

下面的代码创建一个 Application 对象,使用 Application 对象的 OpenCurrentDatabase 方法打开"教务管理"数据库,再使用它的子对象 DoCmd 的 OpenForm 方法打开 department 窗体。其中 Application 对象的 OpenCurrentDatabase 方法可以打开一个已有 Access 数据库作为当前的数据库。

例 8.4 使用 Application 对象打开"教务管理"数据库中的 department 窗体,显示部门编号为"001"的部门信息。具体代码如下:

```
'声明 Application 对象,并创建实例
Dim app As New Access.Application
Sub displayform()
Const path="E:\mdb\"
Dim str As String
str=path & "教务管理.accdb"
'使用 OpenCurrentDatabase 方法在 Access 窗口中打开数据库
app.OpenCurrentDatabase str
'打开"department"窗体
app.DoCmd.OpenForm "department", acNormal,,"部门编号='001'",acFormEdit,acDialog
End Sub
```

2. Forms 对象

Form 对象引用一个特定的 Access 窗体。Form 对象是 Forms 集合的成员,该集合是所有当前打开窗体的集合。Forms 对象只有一个只读的 Count 属性,表示已打开的窗体个数。可以用 Forms(i)获取第 i 个窗体对象(i=0,1,2,…,Forms.Count-1),也可以

用 Forms! ［成员窗体名］或者 Forms("成员窗体名")指定窗体成员对象；假如已经只打开了一个名叫 myForm 的窗体，则 Forms(0). Name、Forms! myForm. Name、Forms ("myForm"). Name 都表示该窗体对象的名称；假设该窗体上有 TextBox1 文本框，则 Forms(0)! TextBox1. Value、Forms! myForm! TextBox1. Value、Forms("myForm")! TextBox1. Value 都表示文本框 TextBox1 的值。

窗体、控件的常用属性大都在它们的属性窗口中，使用 VBA 可以在程序代码中直接获取或设置属性的值。例如：Forms! myForm. Caption＝"部门信息"将设置窗体标题；Forms! myForm! TextBox1. value＝1990 将改变文本框的值。

3. DoCmd 对象

DoCmd 对象提供了很多方法，诸如打开窗体、打印报表、移动记录指针等，VBA 在程序代码中通过调用 DoCmd 的方法就能够完成对 Access 数据库对象的常规管理和操作。DoCmd 对象的大多数方法都有参数。如果省略可选参数，这些参数将使用默认值。常用的 DoCmd 方法如表 8-9 所示。

表 8-9　DoCmd 对象的常用方法

方法名称	说　明	方法名称	说　明
Quit	退出 Access	RunMacro	执行指定的宏
Requery	用数据源数据更新绑定控件的值	ShowToolBar	显示指定的工具栏
GotoRecord	移动记录指针	FindRecord	查找满足条件的记录
OpenReport	打开报表	FindNext	在 FindRecord 基础上查找满足条件的下一个记录
Save	保存对数据表等对象的修改	SelectObject	选择一个当前对象
OpenQuery	打开一个查询	GoToControl	把焦点移动到控件上
MoveSize	改变窗口大小和位置	ApplyFilter	对当前数据集执行筛选
ReName	为对象改名字	RunCommand	执行内置菜单或工具栏命令
OpenForm	打开一个窗体	PrintOut	打印输出
RunSQL	直接执行 SQL 语句	Close	关闭窗体等对象
ShowAllRecords	显示全部记录		

8.3.3　宏和模块的关系

宏和模块都是实现数据库操作自动化的重要工具。对于相对简单的工作，例如打开、关闭窗体，使用宏较为直观和简便。对于复杂的系统操作，例如引用自定义函数、使用 ADO 组件等就必须使用模块。宏和模块之间可以互相调用。模块是由 VBA 语言来实现的，而宏的每个基本操作在 VBA 中都有相应的等效语句，使用这些语句就可以实现所有单独的宏操作。模块和宏的使用方法类似，Access 中的宏可以方便地转换成模块。

1. 在宏中调用 VBA 全局函数过程和通用过程

在宏设计视图的操作列中，取 RunCode 操作；在参数设置中用表达式生成器可以找到 PublicFunction 函数过程,如果函数有参数,要适当设置函数的实际参数。当执行宏的 RunCode 操作时就会调用该函数过程。

RunCode 操作不能直接调用 Sub 过程(事件过程和通用过程),要执行 Sub 过程必须通过间接调用法:RunCode 操作调用 Public Function 函数,在函数中调用 Sub 过程。

在宏的条件文本框中、宏操作命令的参数设置中都可以调用 PublicFunction 函数过程,这极大地扩展了宏的功能。

2. 在 VBA 过程中调用宏

宏是 Access 的全局对象,可以在 VBA 的任何 Sub 过程(事件过程和通用过程)和 Function 函数中用 DoCmd. RunMacro 来调用宏。DoCmd. RunMacro 的语法格式如下:

`DoCmd.RunMacro    宏名,最大重复次数,重复条件表达式`

后两个参数如果缺省,则宏只被执行 1 次;如果缺省第三个参数,宏被执行由第二个参数指定的次数;如果缺省第二个参数,宏执行的次数由重复条件表达式决定:只要条件表达式为 True 就反复执行宏,直到为 False;如果第二、第三参数都不缺省,则在条件表达式为 True 的情况下至多执行指定的最大重复次数。

3. 将宏转换为模块

将宏保存为模块,可以加速宏操作的执行速度。要将宏转化为模块,只要在数据库窗口中进入宏的设计窗口,然后选择"工具"选项组中的"将宏转换为 Visual Basic 代码"选项,出现如图 8-14 所示的对话框,选择选项后,单击"转换"按钮就可以将这个宏转换为模块,如图 8-15 所示。

图 8-14 "转化宏"对话框

图 8-15 转换完毕

本 章 小 结

本章介绍了模块的基本概念及 VBE 的组成,并且详细介绍了 VBA 程序设计的方法,介绍了程序设计过程中所涉及的数据类型、常量、变量、表达式、函数、程序控制语句、过程等内容。另外,还介绍了模块创建的方法、Access 对象模型以及宏和模块的关系等内容。

习 题

一、简答题

1. 在 Access 中,为什么要使用模块?

2. 模块有哪几种主要类型?每种模块有什么特点?

3. 怎样创建模块?

4. VBA 的运算符有哪些？它们的运算优先级如何？

5. 请定义一个包含 10 个元素的整型数组。

6. VBA 中常见的流程控制语句有哪些？

7. 宏和模块有什么关系？宏可以取代模块吗？

8. 子过程和函数过程的主要区别是什么？

二、选择题

1. 下列关于 VBA 面向对象中的"事件"的说法中正确的是（　　　）。

　　A) 每个对象的事件都是不相同的

　　B) 触发相同的事件，可以执行不同的事件过程

　　C) 事件可以由程序员定义

　　D) 事件都是由用户的操作触发的

2. 设 a，b 为整数变量，且均不为 0，下列关系表达式中恒成立的是（　　　）。

　　A) a * b\a * ＝1　　　　　　　　　　B) a\b * b\a＝1

　　C) a\b * b+a Mod b＝a　　　　　　D) a\b * b＝a

3. 设有如下变量声明：Dim TestDate As Date，变量 TestDate 正确赋值的表达式是
（　　　）。

　　A) TestDate＝♯1/1/2007♯

　　B) TestDate♯" 1/1/2007"♯

　　C) TestDate＝date("1/1/2002")

　　D) TestDate＝Format("m/d/yy","1/1/2002")

4. 下列可作为 Visual Basic 变量名的是（　　　）。

　　A) B♯C　　　　　B) 4A　　　　　　C) ? xy　　　　　D) constA

5. 以下内容不属于 VBA 提供的数据验证的函数是（　　　）。

　　A) IsText　　　　B) IsDate　　　　C) IsNumeric　　　D) IsNull

6. 在 VBA 编辑器中打开立即窗口的命令是（　　　）。

　　A) Ctrl＋G　　　B) Ctrl＋R　　　C) Ctrl＋V　　　D) Ctrl＋C

7. VBA 表达式 Chr(Asc(UCase("abcdefg"))) 返回的值是（　　　）。

　　A) A　　　　　　B) 97　　　　　　C) a　　　　　　D) 65

8. 在 Access 下，打开 VBA 的快捷键是（　　　）。

　　A) F5　　　　　B) Alt＋F4　　　　C) Alt＋F11　　　D) Alt＋F12

9. VBA 中定义局部变量可以用关键字（　　　）。

　　A) Const　　　　B) Dim　　　　　C) Public　　　　D) Static

10. VBA 中不能进行错误处理的语句结构是（　　　）。

　　A) On Error Then 标号　　　　　　B) On Error Goto 标号

　　C) On Error Resume Next　　　　　D) On Error Goto 0

三、填空题

1. Access 中 VBA 通过数据库引擎可以访问的数据库有 3 种类型：本地数据库、外
部数据库和_____。

2. 某窗体中有一命令按钮,名称为 C1。要求在窗体视图中单击此命令按钮后,命令按钮上显示的文字颜色为棕色(棕色代码为 128),实现该操作的 VBA 语句是_____。

3. VBA 的运行机制是_____。

4. Visual Basic 中,允许一个变量未加定义直接使用,这样 VB 即把它当作某种类型的变量,若使用 Dim 语句定义这种类型的变量,则在 As 后面应使用_____关键字。

5. 在使用 Dim 定义数组时,缺省的情况下数组下限的值为_____。

实验与实训

1. 创建一个 Sub 过程,计算 100 以内的所有 7 的倍数的数值之和,并用 Msgbox 和立即窗口两种方式查看结果。

2. 用 Do-Loop 循环编写程序,求 $1^2 + 2^2 + 3^2 + \cdots + 10^2$ 的值。打印每次的累加和与最后的结果值。

第 9 章 数 据 安 全

　　随着计算机网络的发展，数据库的安全和可靠是数据库系统性能指标，越来越多的数据库网络应用已经成为数据库发展的必然趋势。在这种环境下，做好对数据库的管理和安全保护工作已经成为首要任务。

　　Microsoft 去掉了 Access 2010 数据库.accdb 格式中的用户级安全功能，但是保留了为以前版本的 Access 数据库管理用户级安全的功能。在 Access 2010 中，用户无法为数据库设置用户级别的安全性，对于其他选项，例如设置数据库密码等功能，在所有的版本中都是可以使用的。本章主要介绍 Access 2010 所提供的数据库安全措施、用户级安全的新增功能和体系结构等内容。

9.1　Office Access 2010 安全性的新增功能

　　Access 2010 提供了经过改进的安全模型，该模型有助于简化将安全配置应用于数据库以及打开已启用安全性的数据库的过程。

　　(1) 在 Access 2003 中，如果将安全级别设置为"高"，则必须先对数据库进行代码签名并信任数据库，然后才能查看数据。而在 Access 2010 中，可以打开并查看数据，而不必判断是否启用数据库。

　　(2) 更高的易用性。如果将数据库文件放在受信任位置，那么这些文件将直接打开并运行，而不会显示警告消息或要求启用任何禁用的内容。此外，如果在 Access 2010 中打开在早期版本的 Access 中创建的数据库，并且这些数据库已进行了数字签名，而且已选择信任发布者，那么系统将运行这些文件而不需要判断是否信任它们。

　　(3) 信任中心。信任中心是一个对话框，它为设置和更改 Access 的安全设置提供了一个集中的位置。使用信任中心可以为 Access 2010 创建或更改受信任位置并设置安全选项。在该 Access 实例中打开新的和现有的数据库时，这些设置将影响它们的行为。信任中心包含的逻辑还可以评估数据库中的组件，确定打开数据库是否安全，或者信任中心是否应禁用数据库，并判断是否启用它。

　　(4) 更少的警告消息。早期版本的 Access 强制用户处理各种警报消息，宏安全性和沙盒模式就是其中的两个例子。默认情况下，如果打开一个非信任的 .accdb 文件，您将看到一个称为"消息栏"的工具，如图 9-1 所示。当打开的数据库中包含一个或多个禁用的数据库内容(例如，操作查询(添加、删除或更改数据的查询)、宏、ActiveX 控件、表达式(计算结果为单个值的函数)以及 VBA 代码)时，若要信任该数据库，可以使用消息栏来启用任何这样的数据库内容。

　　(5) 以新方式签名和分发以 Access 2010 文件格式创建的文件。在早期版本的 Access 中，使用 Visual Basic 编辑器将安全证书应用于各个数据库组件。在 Access 2010

中,可以将数据库打包,然后签名并分发该包。如果将数据库从签名的包中解压缩到受信任位置,则数据库将运行而不会显示"消息栏"。如果将数据库从签名的包中解压缩到不受信任位置,但使用者信任包证书并且签名有效,则不需要做出信任决定。当打包并签名不受信任或包含无效数字签名的数据库时,如果没有将它放在受信任的位置,则必须在每次打开它时使用"消息栏"来表示信任该数据库。

图 9-1 Access 2010 的"消息栏"

（6）使用更强的算法来加密那些使用数据库密码功能的 Access 2010 文件格式的数据库。加密数据库将打乱表中的数据,并有助于防止不请自来的用户读取数据。

（7）新增了一个在禁用数据库时运行的宏操作子类。这些更安全的宏还包含错误处理功能。您还可以直接将宏（即使宏中包含 Access 禁止的操作）嵌入任何窗体、报表或控件属性（它们以逻辑方式配合来自早期版本的 Access 的 VBA 代码模块或宏工作）。

（8）新的加密技术。Office Access 2010 提供了新的加密技术,此加密技术比 Office Access 2007 提供的加密技术更加强大。另外,在 Access 2010 中,可以根据自己的意愿使用第三方加密技术。

另外,还有以下规则请用户记住。

- 如果打开受信任位置的数据库,则会运行所有组件,而不需要您做出信任决定。
- 在打包、签名和部署使用旧文件格式（.mdb 或 .mde 文件）的数据库时,如果该数据库包含来自受信任发布者的有效数字签名,并且您信任该证书,那么所有组件都将直接运行,而不需要您决定是否信任它们。
- 如果对不受信任的数据库进行签名,并将其部署到不受信任位置,则默认情况下信任中心将禁用该数据库,并且您必须在每次打开它时选择是否启用数据库。

总之,在 Access 2010 中,如果打开受信任位置的数据库,则会运行所有组件,而不需要做出信任决定。如果打包、签名和部署早期版本的 Access 数据库,该数据库包含来自受信任发布者的有效数字签名,并且用户信任该证书,那么,所有组件都将直接运行,而不需要决定是否信任它们。如果对不受信任的数据库进行签名,并将其部署到不受信任位置,则默认情况下信任中心将禁用该数据库,并且必须在每次打开它时选择是否启用数据库。

9.2 Access 2010 数据库的加密与解密

数据库系统的安全主要是指防止非法用户使用或访问系统中的应用程序和数据。为避免应用程序及其数据遭到意外破坏,Access 2010 提供了一系列保护措施,包括设置访问密码,对数据进行加密等多种方法。

9.2.1 基本概念

1. 工作组文件

数据库的安全信息会被保存在工作组信息文件中,通常的默认文件名是 system.mdv。

工作组信息文件是一种特殊的 Access 数据库,其中包含了有关用户名与密码、用户组定义、对象所有者指定业绩对象期限的相关信息。它的默认存放位置是 C:\Documents and Settings\<user name>\Application Data\Microsoft\Access。

Access 打开一个数据库时,就会读取与数据库相关联的工作组信息,Access 就可以明确各个用户在各类级别上可以访问的数据库中的对象,以及该用户所拥有的权限。同一个工作组文件可以用于多个数据库。

2. 权限

权限是定义在对象上的。每个对象都有一组特定的权限。系统管理员可以赋予用户或用户组权限。所有用户的安全级别的功能都通过"文件"选项卡实现。

9.2.2 创建数据库访问密码

数据库访问密码是指为打开数据库而设置的密码,它是一种保护 Access 数据库的简便方法。设置密码后,打开数据库时将显示要求输入密码的对话框,只有正确输入密码的用户才能打开数据库。

Access 2010 中的加密工具合并了两个旧工具——编码和数据库密码,并加以改进。使用数据库密码来加密数据库时,所有其他工具都无法读取数据,并强制用户必须输入密码才能使用数据库。在 Access 2010 中应用的加密所使用的算法比早期版本的 Access 使用的算法更强。

1. 通过使用数据库密码进行加密

例 9.1 设置"教务管理"数据库密码为"123456",具体的操作步骤如下:

(1) 在 Access 2010 中 ,以独占方式打开要加密的数据库"教务管理.accdb"数据库,如图 9-2 所示。

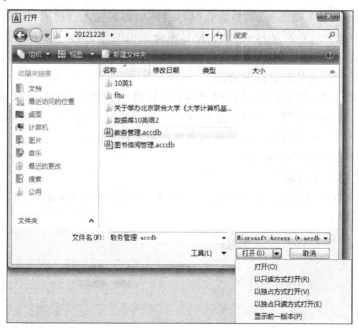

图 9-2　以独占方式打开要加密的数据库

- 选择"文件"选项卡中的"打开"选项。
- 在"打开"对话框中,通过浏览找到要打开的文件,然后选择文件。
- 单击"打开"按钮旁边的下拉按钮,并在弹出的下拉菜单中选择"以独占方式打开"选项。

（2）在"文件"选项卡上的"信息"选项组中,单击"用密码进行加密"选项。随即出现"设置数据库密码"对话框,如图9-3所示。

图 9-3　设置数据库密码界面

（3）在"密码"框中输入密码,然后在"验证"框中再次输入该密码,如图9-4所示。

使用由大写字母、小写字母、数字和符号组合而成的强密码。弱密码不混合使用这些元素。例如,M9! 5tYs 是强密码;admin27 是弱密码。密码长度应大于或等于 8 个字符。最好使用包括 14 个或以上字符的密码。

记住密码很重要,如果忘记了密码,Microsoft 将无法找回;如果用户输入错了密码,那么所有的人,包括当前用户都将无法打开这个数据库。因此最好将密码记录下来,保存在一个安全的地方,这个地方应该尽量远离密码所要保护的信息。

（4）最后单击"确定"按钮即可。

2. 利用密码打开数据库

（1）以通常打开其他任何数据库的方式打开加密的数据库,出现"要求输入密码"对话框,如图9-5所示。

图 9-4　设置数据库密码输入验证码

图 9-5　"要求输入密码"对话框

（2）在"请输入数据库密码"框中输入密码，然后单击"确定"按钮即可。

3．撤销密码

例 9.2 撤销"教务管理"数据库密码，具体的操作步骤如下：

（1）首先"以独占方式"打开数据库，然后在"文件"选项卡上的"信息"选项组中，单击"解密数据库"选项，出现"撤销数据库密码"对话框，如图 9-6 所示。

图 9-6 "撤销数据库密码"界面

（2）在"密码"框中输入密码，然后单击"确定"按钮即可。

对于 Access 2010 中，在"以独占方式"打开的数据库，使用"文件"选项卡中的"信息"选项组内的"用密码进行加密"选项和"解密数据库"选项，可以为数据库设置或取消密码。使用密码加密后的数据库无法使用其他工具读取数据，并且只有用户输入正确的密码后才能打开该数据库文件。

9.3 压缩和修复数据库

数据库在不断增删数据库对象的过程中会出现碎片，而压缩数据库文件实际上是重新组织文件在磁盘上的存储方式，从而除去碎片，重新安排数据，回收磁盘空间，达到优化数据库的目的。在对数据库进行压缩之前，Access 会对文件进行错误检查，一旦检测到数据库损坏，就会要求修复数据库。修复数据库可以修复数据库中的表、窗体、报表或模块的损坏，以及打开特定窗体、报表或模块所需的信息。

例 9.3 压缩与修复数据库"教务管理.accdb"。

（1）打开数据库。

（2）单击"文件"选项卡中的"信息"选项组右侧"有关教务管理的信息"内的"压缩和修复数据库"按钮，如图 9-7 所示。

图 9-7　"压缩和修复数据库"按钮

（3）单击"压缩和修复数据库"按钮，系统会自动对"教务管理.accdb"数据库进行压缩与修复操作。

9.4　用户级安全

对于以新文件格式（.accdb 和.accde 文件）创建的数据库，Office Access 2010 不提供用户级安全。但是，如果在 Office Access 2010 中打开早期版本的 Access 数据库，并且该数据库应用了用户级安全，那么这些设置仍然有效。

使用用户级安全功能创建的权限不会阻止具有恶意的用户访问数据库，因此不应用作安全屏障。此功能适用于提高受信任用户对数据库的使用。若要保护数据安全，请使用 Windows 文件系统权限仅允许受信任用户访问数据库文件或关联的用户级安全文件。

如果将具有用户级安全的早期版本 Access 数据库转换为新的文件格式，则 Access 将自动剔除所有安全设置，并应用保护.accdb 或.accde 文件的规则。

应当注意的是，在打开具有新文件格式的数据库时，所有用户始终可以看到所有数据库对象。

9.4.1　Access 2010 的安全体系结构

Access 2010 数据库与 Excel 2010 工作簿或 Word 2010 文档是不同意义的文件。Access 数据库是一组对象（表、窗体、查询、宏、报表、模块等），这些对象通常必须相互配合才能发挥作用。例如，当创建数据输入窗体时，如果不将窗体中的控件绑定（链接）到表，就无法使用该窗体输入或存储数据。

有几个 Access 组件会造成安全风险，其中包括操作查询（插入、删除或更改数据的查询）、宏、表达式（返回单个值的函数）和 VBA 代码。为了帮助使数据更安全，每当打开数据库,Access 2010 和信任中心都将执行一组安全检查。

1. 安全检查

安全检查的过程如下:

(1) 在打开 .accdb 或 .accde 文件时,Access 会将数据库的位置提交到信任中心。如果信任中心确定该位置受信任,则数据库将以完整功能运行。如果打开具有早期版本的文件格式的数据库,则 Access 会将文件位置和有关文件的数字签名(如果有)的详细信息提交到信任中心。

(2) 信任中心将审核"证据",评估该数据库是否值得信任,然后通知 Access 如何打开数据库。Access 或者禁用数据库,或者打开具有完整功能的数据库。需要注意的是用户或系统管理员在信任中心选择的设置将控制 Access 在打开数据库时做出的信任决定。

(3) 如果信任中心禁用数据库内容,则在打开数据库时将出现消息栏,如图 9-1 所示。

(4) 若要启用数据库内容,请单击"文件"选项卡中的"选项"选项,然后在出现的"Access 选项"对话框中选择相应的选项,如图 9-8 所示。Access 将启用已禁用的内容,并重新打开具有完整功能的数据库。否则,禁用的组件将不工作。

图 9-8 "Access 选项"对话框

(5) 如果打开的数据库是以早期版本的文件格式(.mdb 或 .mde 文件)创建的,并且该数据库未签名且未受信任,则默认情况下,Access 将禁用任何可执行内容。

2. 禁用模式

如果信任中心将数据库评估为不受信任,则 Access 将在禁用模式(即关闭所有可执行内容)下打开该数据库,而不管数据库文件格式如何。

在禁用模式下,Access 会禁用下列组件:

(1) VBA 代码和 VBA 代码中的任何引用,以及任何不安全的表达式。

(2) 所有宏中的不安全操作。"不安全"操作是指可能允许用户修改数据库或对数据库以外的资源获得访问权限的任何操作。但是,Access 禁用的操作有时可以被视为是"安全"的。例如,如果您信任数据库的创建者,则可以信任任何不安全的宏操作。

（3）几种查询类型。

- 操作查询：这些查询用于添加、更新和删除数据。
- 数据定义语言（DDL）查询：用于创建或更改数据库中的对象，例如，表和过程。
- SQL 传递查询：用于直接向支持开放式数据库连接（ODBC）标准的数据库服务器发送命令。传递查询在不涉及 Access 数据库引擎的情况下处理服务器上的表。

（4）ActiveX 控件。

数据库打开时，Access 可能会尝试载入加载项（用于扩展 Access 或打开的数据库的功能的程序）。用户可能还要运行向导，以便在打开的数据库中创建对象。在载入加载项或启动向导时，Access 会将证据传递到信任中心，信任中心将做出其他信任决定，并启用或禁用对象或操作。如果信任中心禁用数据库，而您不同意该决定，那么几乎总是可以使用消息栏来启用相应的内容。加载项是该规则的一个例外。如果在信任中心的"加载项"窗格中选中"要求受信任的发布者签署应用程序加载项"复选框，如图 9-9 所示，则 Access将提示启用加载项，但该过程不涉及消息栏。

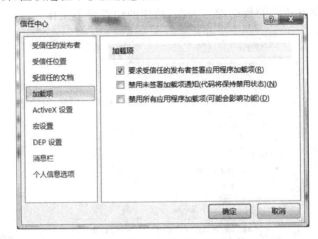

图 9-9　信任中心的"加载项"窗格

3. 使用受信任位置中的 Access 数据库

将 Access 数据库放在受信任位置时，所有 VBA 代码、宏和安全表达式都会在数据库打开时运行，不必在数据库打开时做出信任决定。

使用受信任位置中的 Access 数据库的过程大致分为下面几个步骤：

（1）使用信任中心查找或创建受信任位置。

（2）将 Access 数据库保存、移动或复制到受信任位置。

（3）打开并使用数据库。

以下几组步骤介绍了如何查找或创建受信任位置，然后将数据库添加到该位置。

1）打开信任中心

（1）在"文件"选项卡上，单击"选项"选项。此时出现"Access 选项"对话框。

（2）单击"信任中心"，然后在"Microsoft Office Access 信任中心"下，单击"信任中心设置"按钮。

(3) 单击"受信任位置"选项,如图 9-10 所示,然后执行下列某项操作:

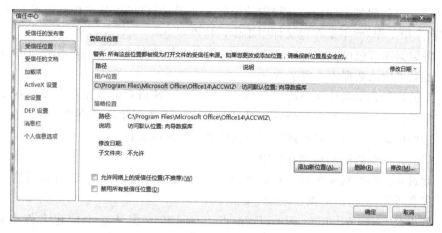

图 9-10　受信任位置

- 记录一个或多个受信任位置的路径。
- 创建新的受信任位置。为此,请单击"添加新位置"按钮,然后完成"Microsoft Office 受信任位置"对话框中的选项,如图 9-11 所示。

图 9-11　重新设置受信任位置

2) 将数据库放在受信任位置

使用用户喜欢的方法将数据库文件移动或复制到受信任位置。例如,可以使用 Windows 资源管理器复制或移动文件,也可以在 Access 中打开文件,然后将它保存到受信任位置。

3) 在受信任位置打开数据库

可使用自己喜欢的方法打开文件。例如,可以在 Windows 资源管理器中双击数据库文件,或者可以在 Access 运行时单击"文件"选项卡上的"打开"选项以找到并打开文件。

9.4.2　打包、签名和分发 Access 2010 数据库

Access 2010 使用户可以更方便、更快捷地签名和分发数据库。在创建.accdb 文件或.accde 文件时,可以将文件打包,再将数字签名应用于该包,然后将签名的包分发给其

他用户。打包和签名功能会将数据库放在 Access 部署(.accdc)文件中,再对该包进行签名,然后将经过代码签名的包放在指定的位置。此后,用户可以从包中提取数据库,并直接在数据库中工作,而不是在包文件中工作。特点如下:

- 将数据库打包以及对该包进行签名是传递信任的方式。当用户收到包时,可通过签名来确认数据库未经篡改。
- 新的打包和签名功能只适用于 Access 2010 文件格式的数据库。Access 2010 提供了旧式工具来签名和分发以早期版本文件格式创建的数据库。用户无法使用这些旧式工具来签名和部署以新文件格式创建的文件。
- 只能将一个数据库添加到包中。
- 此过程将对数据库中的所有对象(而不仅仅是宏或代码模块)进行代码签名,此过程会压缩包文件,有助于减少下载时间。
- 可以从位于 Windows SharePoint Services 2010 服务器上的包文件中提取数据库。

以下几部分是介绍如何创建签名的包文件以及使用签名的包文件中数据库的方法。

1. 创建签名的包

要创建签名的包,具体的操作步骤如下:

(1) 打开要打包和签名的数据库。

(2) 在"文件"选项卡上,单击"保存并发布"选项,然后在"高级"选项组中单击"打包并签署"选项,而后单击"另存为"按钮,将出现"选择证书"对话框,如图 9-12 所示。

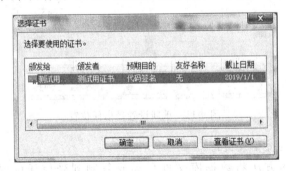

图 9-12 "选择证书"对话框

(3) 选择数字证书然后单击"确定"按钮,将出现"创建 Microsoft Office Access 签名包"对话框,如图 9-13 所示。

(4) 在"保存位置"列表中为签名的数据库包选择一个位置。

(5) 在"文件名"框中为签名包输入名称,然后单击"创建"按钮。Access 将创建.accdc 文件并将其放置在选定的位置。

2. 提取和使用签名包

提取和使用签名包的具体操作步骤如下:

(1) 在"文件"选项卡上,单击"打开"选项。将出现"打开"对话框。

图 9-13 "创建 Microsoft Office Access 签名包"对话框

（2）在文件类型列表中选择"Microsoft Office Access 签名包（＊.accdc）"作为文件类型。在"查找范围"列表中找到文件后缀为.accdc 文件，选择该文件，如图 9-14 所示，然后单击"打开"按钮。请执行下列操作之一：

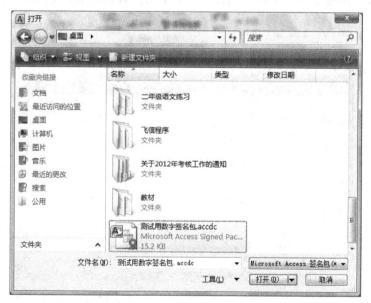

图 9-14 打开"Microsoft Office Access 签名包（＊.accdc）"的文件的对话框

- 如果选择了信任用于对部署包进行签名的安全证书，则会出现"将数据库提取到"对话框。此时，请转到下一步。
- 如果尚未选择信任安全证书，则会出现如图 9-15 所示的一条消息。

- 单击"显示签名详细信息"选项,将会打开"数字签名详细信息"对话框,如图 9-16 所示,在此可以了解数字签名包中的相关信息。

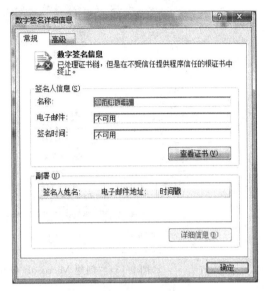

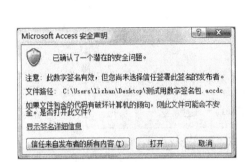

图 9-15　安全声明

图 9-16　"数字签名详细信息"对话框

　　如果用户信任该数据库,请单击"打开"按钮。如果用户信任来自提供者的任何证书, 将出现"将数据库提取到"对话框,如图 9-17 所示。数据库提取成功后结果如图 9-18 所示。

图 9-17　"将数据库提取到"对话框

　　值得注意的是,如果使用自签名证书对数据库包进行签名,并在打开该包时单击了 "信任来自发布者的所有内容"按钮,则将始终信任使用自签名证书进行签名的包。

图 9-18　将数据库提取后的结果

（3）用户在提取数据库时，可以在"保存位置"列表中为提取的数据库选择一个位置，然后在"文件名"文本框中为提取的数据库输入其他名称。

值得注意的是如果将数据库提取到一个受信任位置，则每当打开该数据库时其内容都会自动启用。但如果选择了一个不受信任的位置，则默认情况下该数据库的某些内容将被禁用。

9.5　更改注册表项

9.5.1　允许不安全表达式在 Access 2010 中运行

在向数据库添加表达式，然后信任该数据库或将它放在受信任位置时，Access 将在称为沙盒模式的操作环境中运行此表达式。Access 将对以 Access 2010 或更早的 Access 文件格式创建的数据库执行此操作。默认情况下，Access 启用沙盒模式，该模式始终禁用不安全的表达式。

如果信任数据库并且要运行沙盒模式所禁用的表达式，可以通过更改注册表项并禁用沙盒模式来运行该表达式。图 9-19 显示了运行不安全表达式时的决策过程。

要允许不安全的表达式在 Access 2010 中运行，可以对注册表项进行更改。具体的操作步骤如下：

- 单击 Windows 操作系统中的"开始"按钮，然后在打开的"开始"菜单中单击"运行"命令，打开"运行"对话框。
- 在"运行"对话框的"打开"文本框中，输入 regedit，然后按 Enter 键，启动注册表编辑器。
- 展开 HKEY_CURRENT_USER 文件夹，导航到以下注册表项 Software\Microsoft\Office\12.0\Access\Security，如图 9-20 所示。

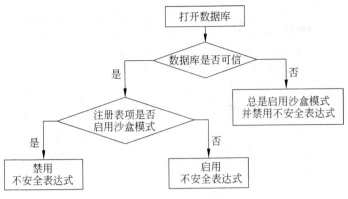

图 9-19　沙盒模式的决策过程

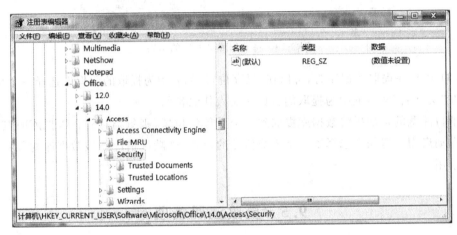

图 9-20　导航到注册表项

- 在注册表编辑器的右窗格中,右击空白区域,在弹出的快捷菜单中单击"新建"|"DWORD(32 位)值"选项,如图 9-21 所示。此时会出现一个新的空白 DWORD(32 位)值。

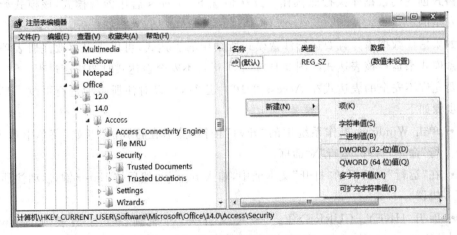

图 9-21　新建 DWORD(32 位)值

- 为该值输入以下名称：

`ModalTrustDecisionOnly`

- 双击这个新值，将出现"编辑 DWORD（32 位）值"对话框，如图 9-22 所示。
- 在"数值数据"字段中，将"0"值更改为"1"，然后单击"确定"按钮。
- 关闭注册表编辑器。

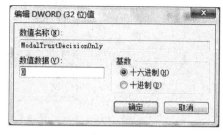

图 9-22　"编辑 DWORD（32 位）值"对话框

现在，当打开包含不安全内容的数据库时，看到一系列对话框而不是"消息栏"。若要恢复到原来的行为，请重复上述步骤，将"1"值更改为"0"。

9.5.2　更改注册表项

系统可以允许不安全的表达式在 Access 实例中运行，具体的操作步骤如下：

- 单击 Windows 操作系统中的"开始"按钮，然后在打开的"开始"菜单中单击"运行"命令，打开"运行"对话框。
- 在"运行"对话框的"打开"文本框中输入 regedit，然后按 Enter 键，启动注册表编辑器。
- 展开 HKEY_LOCAL_MACHINE 文件夹，导航到以下注册表项：\Software\Microsoft\Office\12.0\Access Connectivity Engine\Engines，如图 9-23 所示。

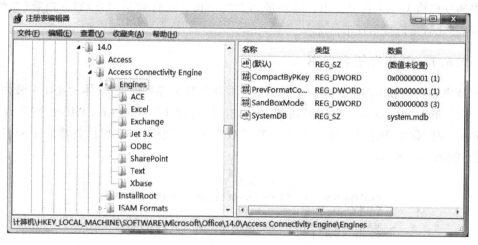

图 9-23　注册表 HKEY_LOCAL_MACHINE 中的注册表项

- 在注册表编辑器的右窗格中，双击 SandboxMode 值，将出现"编辑 DWORD（32位）值"对话框，如图 9-24 所示。
- 在"数值数据"字段中，将值从"3"更改为"2"，然后单击"确定"按钮。
- 关闭注册表编辑器。

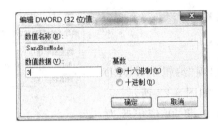

图 9-24 编辑 DWORD 值

9.6　在 Access 2010 中数字签名的使用

打开在早期版本的 Access 中创建的数据库时,任何应用于该数据库的安全功能仍然有效。例如,如果曾将用户级安全应用于数据库,则该功能在 Office Access 2010 中仍然有效。默认情况下,Access 在禁用模式下打开所有低版本的不受信任数据库,并使它们保持在该状态下。可以选择在每次打开低版本数据库时启用任何禁用内容,可以使用来自受信任发布者的证书来应用数字签名,也可以将数据库放在受信任的位置。

对于 Office Access 2010 之前的数据库,代码签名是将数字签名应用于数据库内的组件的过程。数字签名是加密的电子身份验证图章。它用来确认数据库中的宏、代码模块和其他可执行组件来自签名者,并且自数据库签名以来未被更改过。若要将签名应用于数据库,首先需要一个数字证书。如果出于商业分发目的而创建数据库,则必须从商业证书颁发机构(CA)获取证书。这些证书颁发机构会进行背景调查,确保内容(如数据库)的创建者是值得信任的。

9.6.1　创建自签名证书

数字签名是加密的电子身份验证图章。要创建数字签名证书,具体的操作步骤如下:

(1) 单击 Windows 的"开始"按钮,再单击"所有程序"|Microsoft Office|"Microsoft Office 工具"命令,选择其中的"VBA 工程的数字证书"选项。将出现"创建数字证书"对话框,如图 9-25 所示。

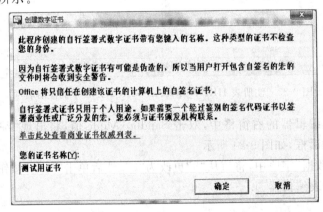

图 9-25 "创建数字证书"对话框

（2）在"您的证书名称"文本框中输入新测试证书的名称。

（3）两次单击"确定"按钮以结束数字证书的创建操作。

9.6.2 对数据库进行代码签名

仅当所用数据库使用的是旧数据库文件格式（如 .mdb 文件）时，这些步骤才适用。若要对更新的数据库进行签名，请参阅 9.4.2 节。对数据库进行代码签名的具体操作步骤如下：

（1）打开要签名的数据库。

（2）在"数据库工具"选项卡上的"宏"选项组中，单击 Visual Basic 选项或按快捷键 Alt＋F11 以启动 Visual Basic 编辑器，如图 9-26 所示。

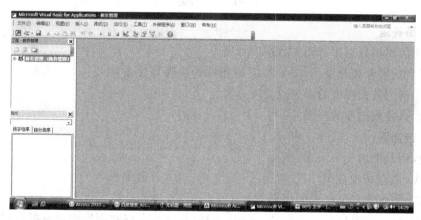

图 9-26　Visual Basic 编辑器

（3）在"项目资源管理器"窗口中，选择要签名的数据库或 Visual Basic for Applications(VBA) 项目。

（4）在"工具"菜单中单击"数字签名"命令，出现"数字签名"对话框，如图 9-27 所示。

（5）单击"选择"按钮，选择测试证书。将出现"选择证书"对话框，如图 9-12 所示。

（6）选择要应用的证书。如果用户是按照 9.4.2 节介绍的步骤操作的，那么请选择已经创建好了的证书。

（7）单击"确定"按钮以关闭"选择证书"对话框，然后再次单击"确定"按钮以关闭"数字签名"对话框。确定数字证书后结果如图 9-28 所示。

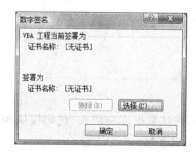

图 9-27　"数字签名"对话框

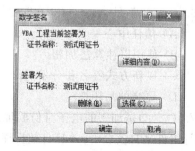

图 9-28　选择数字证书后的结果

本 章 小 结

本章讲述了保护.accdb数据库文件的方法。学习了如何为数据库设置密码以及如何将数据库打包、签名、发布为.accdc文件;学习了解了压缩和修复数据库的方法;学习了Access的安全体系结构和数字证书的创建与应用。本章还介绍了新的信任中心,及如何启用沙盒模式更改注册表项。无论为了保护哪个版本的数据库,信任中心都能提供极好的灵活性。

习　　题

一、简答题

1. 如何使用数据库密码为数据库加密?

2. 打包、签名和分发 Access 2010 数据库的步骤是什么?

3. 如何为数据库中的对象设置所有者?

4. 什么是数据库的权限?

二、选择题

1. 权限只能由(　　)来设定。

    A) 管理员组成员　　　　　　　　　　B) 普通用户

    C) 拥有管理员权限的用户　　　　　　D) A and C

2. 在 Access 中打开.accdb 或.accde 文件时,系统会将数据库的位置提交到(　　)。

    A) 临时文件　　　B) 信任中心　　　C) 数据库　　　D) 上述都不正确

3. 如果在信任中心的"加载项"窗格中选中"要求受信任发行者签署应用程序扩展"复选框,则 Access 将提示启用加载项,但该过程不涉及(　　)。

    A) 标题栏　　　B) 工具栏　　　C) 消息栏　　　D) 状态栏

4. 在 Access 2010 中 ,以(　　)打开要加密的数据库。

    A) 独占方式　　　B) 只读方式　　　C) 一般方式　　　D) 独占只读方式

5. 打包和(　　)功能会将数据库放在 Access 部署(.accdc)文件中,再对该包进行签名,然后将经过代码签名的包放在指定的位置。

    A) 汇总　　　B) 签名　　　C) 检索　　　D) 压缩

6. (　　)不是 Access 2010 安全性的新增功能。

    A) 信任中心

    B) 使用以往算法加密

    C) 以新方式签名和分发 Access 2010 格式文件

    D) 更高的易用性

7. (　　)是加密的电子身份验证图章。它用来确认数据库中的宏、代码模块和其他可执行组件来自签名者,并且自数据库签名以来未被更改过。

    A) 数字签名　　　B) 账户　　　C) 权限　　　D) 数据安全

8. 在向数据库添加表达式,然后信任该数据库或将它放在受信任位置时,Access 将在称为(   )的操作环境中运行此表达式。

    A)黑盒模式　　　　B)白盒模式　　　　C)沙盒模式　　　D)管理员模式

9. 将 Access 数据库放在受信任位置时,所有(   )代码、宏和安全表达式都会在数据库打开时运行。

    A)C　　　　　　　　B)VBA　　　　　　C)C++　　　　　D)C♯

10. 为用户创建了新密码后,必须(   )Access 应用程序并重新启动进入 Access 才能使刚才设置的密码生效,仅仅关闭数据库再打开是无法激活密码设置的。

    A)退出　　　　　　B)最小化　　　　　C)后台运行　　　D)最大化

三、填空题

1. 数据库的安全信息会被保存在工作组信息文件中,通常的默认文件名是_____。

2. _____是将数字签名应用于数据库内的组件的过程。

3. 在载入加载项或启动向导时,Access 会将证据传递到_____,信任中心将做出其他信任决定,并启用或禁用对象或操作。

4. 只能将_____个数据库添加到包中。

5. _____是指为打开数据库而设置的密码,它是一种保护 Access 数据库的简便方法。

实验(实训)题

1. 为"教务管理.accdb"数据库设置密码。

2. 为"教务管理.accdb"数据库撤销密码。

3. 在"教务管理.accdb"中,完成打包、签名、分布数据库操作。

4. 在"教务管理.accdb"中,完成数字签名的使用。

5. 压缩与修复数据库"教务管理.accdb"。

附录　图书借阅管理系统的设计

在信息时代,图书馆已经成为社会的重要公共信息资源,图书管理的重要性愈发突出。面对成千上万的图书和众多的借阅者,图书管理员应该妥善地管理图书和借阅者的信息。如果用人工来管理这些信息是不切合实际的。开发一个图书借阅管理系统,用计算机来管理图书和借阅者的信息,将大大降低工作强度。通过使用图书借阅管理系统,可大大降低管理图书的工作强度,提高工作效率。

在 Access 2010 数据库应用习题与实验指导教程中,将围绕使用 Access 2010 开发一个图书借阅管理系统。

1. 系统分析

本系统是为管理图书馆图书和借阅者的信息而设计的。图书馆中传统的数据处理工作量大,出错率高,且出错后不易更改。图书馆采取手工方式对图书借阅情况进行人工管理,由于信息众多,图书借阅信息的管理工作混乱而又复杂。借阅情况一般记录在借书证上,图书的数目和内容记录在文件中,如果进行查询,就要在众多的资料中翻阅、查找,使得查询费时、费力。

针对上述这些问题,有必要建立一个图书借阅管理系统,使图书管理工作规范化、系统化、程序化,利用数据库提高信息处理的速度和准确性,能够及时、准确、有效地查询和修改图书情况。

2. 功能描述

图书借阅管理系统数据库是为满足图书馆管理图书的工作而设计的,包括以下模块:分别是"图书信息管理"、"借阅者信息管理"、"借还书信息管理"和"报表显示"。它们的功能如下:

(1) 图书信息管理——实现图书信息的录入,当有新书进库时,则把该图书的信息录入计算。此外,还可以浏览和查询图书的详细信息,实现图书的统计等。

(2) 借阅者信息管理——实现借阅者信息的录入,可将新的借阅者的信息输入到计算机中。还可以浏览或查询借阅者的详细信息等。

(3) 借还书信息管理——实现借书信息的录入,同时还可以浏览借还书的信息。

(4) 报表显示——可以显示各类所需的报表。

图书借阅管理系统模块设计如图 A-1 所示。

图书借阅管理系统的设计实现可分为以下几个步骤完成:

(1) 数据表的创建和设计。首先创建"图书借阅管理"数据库,在此数据库中包含 5 张数据表,分别是"用户表"、"图书表"、"读者表"、"借阅表"和"罚款表",然后创建各表之间的关系。

(2) 图书借阅管理系统的查询功能是通过窗体与所建查询连接来实现。根据"图书借阅管理系统"查询的需求,创建选择查询、计算查询和参数查询等。

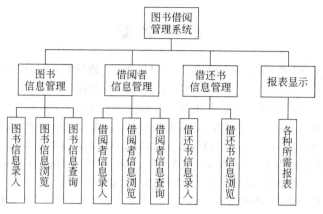

图 A-1 "图书借阅管理系统"模块设计

（3）窗体的创建。创建各种窗体，满足数据信息的存储和管理的要求。

（4）报表的设计。根据实际情况，创建各式报表。

（5）宏和模块的使用。利用宏和模块，增强图书借阅管理系统的功能，利用宏和模块将各种数据库对象联接起来，从而使其构成一个完整的系统。

参 考 文 献

[1]　科教工作室. Access2010 数据库应用(第 2 版)[M]. 北京：清华大学出版社，2011.7

[2]　付兵. 数据库基础与应用：Access2010 [M]. 北京：科学出版社，2012.2

[3]　姜增如. Access2010 数据库技术及应用[M]. 北京：北京理工大学出版社，2012.4

[4]　马星光，刘仁权. Access2010 中医药数据库实例教程[M]. 北京：中国中医药出版社，2012.9

[5]　创锐文化. Access2007-2010 从入门到精通[M]. 北京：中国铁道出版社，2012.5

[6]　张强. ACCESS 2010 中文版入门与实例教程[M]. 北京：电子工业出版社，2011.3

[7]　叶恺. Access 2010 数据库案例教程[M]. 北京：化学工业出版社，2012.8

[8]　张玉洁，孟祥武. 数据库与数据处理：Access 2010 实现[M]. 北京：机械工业出版社，2012.12

[9]　汤琛，李湘江. Access 数据库应用教程[M]. 北京：中国铁道出版社，2011.8

[10]　张满意. Access 2010 数据库管理技术实训教程[M]. 北京：科学出版社，2012.8